Matto Barfuss

Auf der Suche nach dem Paradies

Mein Leben mit Geparden

GOLDMANN

Umwelthinweis:
Alle bedruckten Materialien dieses Taschenbuches
sind chlorfrei und umweltschonend.

Der Wilhelm Goldmann Verlag, München,
ist ein Unternehmen
der Verlagsgruppe Random House GmbH.

1. Auflage
Vollständige Taschenbuchausgabe März 2005
Wilhelm Goldmann Verlag, München,
in der Verlagsgruppe Random House GmbH

Bildgestaltung und Textredaktion: Matto Barfuss

Umschlaggestaltung: Design Team München
Umschlagfoto: Matto Barfuss
Satz: DTP im Verlag
Druck: GGP Media GmbH, Pößneck
Verlagsnummer: 15311
KF · Herstellung: Sebastian Strohmaier
Made in Germany
ISBN 3-442-15311-5
www.goldmann-verlag.de

Vorwort

Der Mensch entstand aus der Masse der Sonne. Gott höchstselbst hat diese Masse ausgerollt und mit einer Backform die einzelnen Menschen ausgestochen. Als er damit fertig war, hatte er die weißen Menschen geschaffen. Die Teigreste knetete er erneut und walzte auch den kleineren Ballen flach. Er stach ein zweites Mal Menschen aus. Das Ergebnis waren nunmehr die schwarzen Menschen.

Diese Legende erzählen sich die Buschleute in der Kalahari.

Wahrscheinlich gibt es ähnliche Geschichten in vielen Teilen Afrikas. Sie alle haben eine Aussage, nämlich Afrika und seine Menschen in die zweite Reihe zu stellen. Aber warum? Haben wir es versäumt, den Afrikanern zu erzählen, dass nach heutigem Kenntnisstand das Leben in Afrika begann? Sind wir zu arrogant, uns einzugestehen, dass die Wildnis und einigermaßen stabile ökologischen Systeme knappe Ressourcen und damit ein unglaublicher Reichtum sind? Afrika ist nicht arm, Afrika ist anders, so anders, dass man viel Zeit und Neugierde aufbringen muss, um diese Andersartigkeit zu erfahren und nicht zu verletzen: Wem dies gelingt – dessen weiterer Lebensweg mag sich in ganz neue, ganz unvorhergesehene Richtungen entwickeln.

Das Paradies – wer sucht das nicht. Für mich schien die Suche ganz einfach zu sein. Erst habe ich mich aus meinem behüteten Umfeld befreit und bin dann in mein Paradies nach Afrika gereist. Dass in

Afrika die Suche nach dem Paradies aber erst begann, wurde mir erst viel später richtig bewusst. Der Weg ist das Ziel. Heute schaue ich zurück und sehe meine Spuren. Ich blicke nach vorne und sehe Visionen. Die Neugier treibt mich voran. Trotzdem ist es gut, einfach einmal stehen zu bleiben, zu lauschen, zu beobachten, sich zu besinnen. Denn die Eindrücke, die mir mein bisheriger Lebensweg geschenkt hat, sind nahezu unglaublich – und sie sind so unbeschreiblich schön, dass es für mich unabdingbar war, Künstler zu werden, wollte ich nur annähernd einen Teil davon weitergeben. Dies wurde mir klar, als ich dieses Buch schrieb. Genau betrachtet ist meine Suche nach dem Paradies eine logische Aneinanderreihung einschneidender Erlebnisse. Einer meiner Begleiter – ein Krieger der Masai – sagte stets: »Es gibt keinen Zufall. Alles ist vorbestimmt.« Er hat Recht. Die Geparden mussten es sein, die meinen Weg kreuzten und mir das Bewusstsein für Afrika gaben.

Ich habe den faszinierenden Reichtum der afrikanischen Wildnis so nahe und berührend erleben dürfen wie zuvor wohl selten ein anderer Mensch. Monatelang wurde mir die innige Freundschaft wilder Geparden in der Weite der afrikanischen Steppe beschert. Dabei habe ich die Großartigkeit und zugleich die Verletzlichkeit eines hinreißend schönen Naturraums und seiner Bewohner erfahren.

Im streng wissenschaftlichen Sinne ist der Gepard eine Sackgassenentwicklung der Evolution. Sachlich betrachtet kann er auf Dauer nicht überleben, weil er insgesamt zu sehr spezialisiert ist auf großflächige und zusammenhängende Lebensräume, die zunehmend dem Besiedlungsdruck zum Opfer fallen. Diese nachteiligen Veränderungen verlaufen auch in Afrika manchmal so rasant, dass die eleganten Raubkatzen kaum den Hauch einer Chance haben, sich anzupassen.

Für mich ist der Gepard eine der faszinierendsten Katzen überhaupt, sowohl Symbol für eine intensive Liebesbeziehung als auch Indikator für die Entwicklung der Ökosysteme Afrikas. Diese emotionale Überzeugung und Sicht der Dinge hilft mir, mich stets und unablässig für die Geparden und Afrika einzusetzen. Und diese Emotion ist es auch, die mir den Schutz von Tieren nachhaltig möglich macht. Das wird leider allzu häufig vergessen oder gar ignoriert. Selbstverständlich kann und muss ich Fauna und Flora sachlich erklären oder Zusammenhänge wissenschaftlich analysieren. Das ist eine wichtige Aufgabe. Ich selbst zolle Wissenschaftlern hohe Anerkennung, zumal auch ich stets die sachliche Forschung und Dokumentation betrieb. Jedoch erwächst aus der wissenschaftlichen Arbeit und Erlebnissen, wie sie mir mit den Geparden zuteil wurden, eine hohe Verantwortung für das Tier und seinen Lebensraum. Nur wenn es uns gelingt, die Begeisterung und Faszination mit hoher Emotionalität an viele Menschen zu vermitteln, werden wir grundlegende Veränderungen herbeiführen. Wir müssen Perspektiven für das Engagement verdeutlichen oder verbildlichen, wie ich es als Künstler tue. Bezogen auf Afrika bedeutet nachhaltiger Schutz der Tier- und Pflanzenwelt, die Menschen dort mit Blick auf ihre Bedürfnisse behutsam in Programme zu integrieren, ohne von vornherein als Besserwisser aufzutreten. Das ist die große Chance Afrikas.

Die Vielfalt der Arten, Kulturen und Meinungen zu erhalten und zu fördern ist nicht nur die Basis für eine friedliche Zukunft, sondern auch für eine friedliche Koexistenz zwischen Mensch und Tier. Afrika ist dieser Grundlage noch am nächsten. In afrikanischen Ländern, in denen *viele* Kulturen noch halbwegs intakt nebeneinander leben, sind die Verhältnisse stabil.

Fürwahr wurde und wird Afrika geknechtet durch seine Kolonialgeschichte. Die Industrienationen haben sich sträflich am schwarzen Kontinent versündigt. Doch dem nicht genug. Noch immer nehmen wir zu häufig Einfluss, ohne die betroffenen Menschen in Afrika mit einzubeziehen. Wir entwickeln Systeme des Naturschutzmanagements. Dass dies überhaupt erst nötig wurde, begründen wir nicht mit der Verstümmelung ganzer Landstriche zum Beispiel durch die Großwildjagd – also durch Weiße –, sondern wir ziehen diejenigen – nämlich Schwarze – zur Verantwortung, die jahrhundertelang in einem funktionierenden, sich stetig fortentwickelnden ökologischen System gelebt haben.

Ein eindrückliches Beispiel dafür ist eben die Serengeti, die ich im Familienverband einer Gepardenfamilie kennen lernte. Als die Kolonialherren zur Jahrhundertwende dieses Stück Afrika bereisten, war die Serengeti ein Tierparadies. Die riesigen Tierherden waren leider hervorragend geeignet, um seine Männlichkeit unter Beweis zu stellen. An manchen Jagdtagen wurden mehrere Dutzend Tiere wahllos geschossen und entsprechend lange Strecken gelegt. Ein grauenvoller Anblick, der sich bald auf die ganze Serengeti übertrug – und mit dem Tierreichtum ging es rapide zur Neige. Paradoxerweise waren es die Großwildjäger selbst, die zunächst ein Wildschutzgebiet errichteten. 1951 öffnete der erste Nationalpark Tansanias seine Pforten. Ein Dorn im Auge der britischen Kolonialherren waren allerdings die Masai, die noch immer in diesem Gebiet lebten und viele ihrer traditionellen und kulturellen Grundlagen eng mit diesem Teil Afrikas verknüpften. Doch gleichzeitig war es höchst bequem, die Masai für das Desaster in der Serengeti verantwortlich zu machen. Waren sie es doch, die traditionell mit Speer oder Lanze einen Löwen töten mussten, bevor sie zum Krieger ernannt wurden. Abgesehen davon, dass man über den Akt des Tötens streiten kann, ist dies eine beachtliche Leistung. Unbestritten ist hingegen die Tatsache, dass der Masai zunächst an seine Überlebenschance dachte und lediglich alte und schwache Löwen zur Strecke brachte. Damit haben die Masai selektiv auf den Bestand der Löwen eingewirkt und diesen damit gesund gehalten. Diesen positiven Aspekt wollte allerdings niemand anerkennen. Es gab nur einen Weg. Die Masai mussten weg. Als schließlich 1959 der Nationalpark Serengeti in seiner heutigen Form eingerichtet wurde, sind die Masai in eine Falle getappt. Sie glaubten nämlich, dass Rinder nur für sie geschaffen wurden. Demgemäß bedeutete seit jeher der Besitz vieler Rinder Reichtum. Dies wussten die britischen Kolonialherren nur zu genau. Sie überredeten die Masai im wahrsten Sinne des Wortes zu einem Kuhhandel. Die Masai verließen die Serengeti, im Gegenzug dafür erhielten sie Rinder überwiegend aus dem fernen Europa – und später die Maul- und Klauenseuche. Schlimmer noch, ein wichtiger Teil ihrer Kultur und Identität wurde zusehends verstümmelt, weil sie durch die Umsiedlung ihre ortsgebundenen Rituale nicht mehr ausüben konnten.

Dieses Beispiel ließe sich auf viele andere Projekte in Afrika übertragen. Der Raum für die Tiere und der Besiedlungsraum der Menschen wird strikt getrennt. Falsch! Der Mensch ist ein Teil des Ökosystems, aber die Chance, dies zu bewahren, schwindet Tag um Tag. Die weitere Entwicklung in der Serengeti ist ein Musterbeispiel für die schwer wiegenden Konsequenzen, die sich ergeben, wenn das Gleichgewicht gestört wird.

Zunächst entwickelte sich der Park prächtig. Die Tierbestände nahmen zu, später auch die Lodges und damit die Touristen. All das ist kein Problem, sofern Tourismus integrativ betrieben wird, und darum bemüht sich die tansanische Regierung sehr. Trotz alledem ist das Gesamtsystem nicht intakt, weil der Masai als Teil des ökologischen Kreislaufs fehlt. Hier ist der Gepard ein alarmierender Indikator. Nach dem Weggang der Masai entwickelten sich die Löwenbestände unkontrolliert. Zugleich nahm die Zahl der Hyänen – bestens mit Aas versorgt – kräftig zu, worunter die Geparden erheblich zu leiden hatten. Denn die Gepardenmütter sind stets allein erziehend. Sobald sie auf die Jagd gehen, sind die Gepardenbabys nahezu schutzlos den um die Nahrung konkurrierenden Löwen und Hyänen ausgesetzt. Kaum eine Gepardenmutter war in der Lage, ihre Jungen durchzubringen, bis 1994 ein großes Löwensterben einsetzte. Rund vierzig Prozent des Löwenbestandes wurden hinweggerafft. Der Verantwortliche war der Hundestaupevirus, wie sich im Nachhinein herausstellte. Natürlich war dieses Intermezzo nicht. Wo der Hundestaupevirus herkam, wurde nie mit hundertprozentiger Sicherheit nachgewiesen – genauso wenig, inwieweit der durch fehlende Selektion geschwächte Löwenbestand selbst für das Desaster verantwortlich war. Immerhin hatten die Geparden einen Vorteil. Plötzlich wurden Gepardinnen mit bis zu vier fast erwachsenen Zöglingen gesichtet. Zuvor hatte sich meist nur ein einziges Junges in das Erwachsenendasein hinübergerettet. Doch der Segen für die Geparden war nur von kurzer Dauer. Mittlerweile haben sich die Löwenbestände sehr gut erholt. Die Zukunft der Geparden in der Serengeti ist ungewiss, was um so fataler ist, als die Serengeti das Gepardenterrain schlechthin darstellt. Die Ökologie lässt sich eben nicht managen. Aber diese Erkenntnis ist Verschlusssache.

Stattdessen stellt man Überlegungen an, ob man professionelle Geschwindigkeitskontrollen in der Serengeti einführt, um Verkehrsrowdys zur Rechenschaft zu ziehen. Eine so genannte Naturschutzorganisation mit Wurzeln in Deutschland, die ganze Besitzansprüche auf die Serengeti erhebt, wirbt mittlerweile mit dem Slogan »Serengeti muss sich lohnen«.

»Für wen?«, stellt sich da die Frage. Vielleicht hätte man die Serengeti in der Hand der Masai lassen sollen. Dann gäbe es jetzt wohl nur wenige Zeltcamps, und die wenigen wirklich interessierten Besucher würden weitestgehend zu Fuß unter fachkundiger Führung der Masai einen großartigen Naturraum betreten und damit einen Beitrag zu dessen Schutz und Bewahrung leisten. Dann würde sich die Serengeti für alle lohnen, nämlich für Mensch und Tier, und zwar nachhaltig. Aber das ist ja das Schöne in Afrika. Die geballte Emotion, Vitalität und unglaubliche Vielfalt des Kontinents werden allzu leicht unterschätzt. Was heute ist, kann morgen schon ganz anders sein.

Vielleicht sollten wir das Glück als Maßstab für Reichtum sehen. Dann müssten wir die Welt neu einteilen. Regionen aus dem vergessenen Afrika würden plötzlich ganz obenauf sein. Ein Gedankenspiel, das lohnt, nicht nur für einen Künstler, der Träume fängt und lebt.

Und nun begleiten Sie mich auf der Suche ins Paradies.

Matto Barfuss und die Geparden

Das Wiedersehen

Die Trockenzeit in der Serengeti malt wunderschöne Bilder in den Himmel. Kumuluswolken türmen sich auf, fallen ineinander zusammen und spielen mit dem gleißenden Licht. Die Landschaft scheint sich unentwegt zu verändern. Meine Stimmung könnte ein Abbild dieser Kulisse sein. Ich weiß nicht, wie mir geschieht. Seit Wochen, nein, eigentlich seit vielen Monaten, fiebere ich auf diesen Moment hin. Und jetzt, da er gekommen scheint, ist alles ganz anders, als ich es mir vorgestellt habe.

Den ganzen Nachmittag saß ich mit meinem Begleiter Tobias in dem brütend heißen Geländewagen. Wir haben kaum gesprochen. Warum auch? Hin- und hergerissen zwischen Hoffnung und Zweifeln, einer brütenden Hitze ausgesetzt, versuchte ich meine Erinnerungen mit der Realität, kaum vierzig Meter von uns entfernt, in Einklang zu bringen.

Ich habe mit einer wilden Gepardenfamilie gelebt. Zwei Jahre sind seither vergangen, zwei lange Jahre, denn die bezaubernden Erlebnisse haben mich nie losgelassen. Genau genommen hat diese Erfahrung meinem Leben eine völlig andere Richtung gegeben Dabei hat alles ganz harmlos begonnen.

Eines Tages war ich einer Gepardenfamilie begegnet und ich wollte die Tiere lediglich aus einer anderen Perspektive fotografieren, aus der Froschperspektive nämlich und ohne diesen Geländewagen um mich herum. Plötzlich hatten mich die fünf Gepardenjungen umzingelt. Ich musste Vierbeiner spielen und einen Artgenossen mimen, um meine Haut zu retten. Offensichtlich war ich den Geparden sympathisch. Kaum eine Woche später konnte ich mir nichts anderes mehr vorstellen, als Diana, wie ich die Mutter genannt hatte, und ihren Jungen auf Händen und Knien zu folgen. Ganz besonders hatte ich mein Herz verloren an Dione, eines der kleinen Gepardenmädchen, und vergaß zuweilen, dass ich Mensch bin. Erst nach über vier Monaten wurde es mir schmerzhaft wieder bewusst. Die Wanderungen der Geparden wurden immer länger, und meine Kräfte schwanden zunehmend. Dann rückten die Tage näher, die die Menschen zu Hause »Weihnachten« nennen. Ich stellte mir vor, wie in Deutschland der erste Schnee fällt. In der Serengeti hingegen war ich abrupten Temperaturschwankungen ausgesetzt, und es regnete häufig. Dementsprechend oft war ich völlig durchnässt. Ich hatte die Grenze meiner Leistungsfähigkeit überschritten. Am 16. Dezember war es dann unweigerlich so weit. Ich musste die Geparden für immer verlassen. Während die Familie ziellos vor sich hin wanderte, blieb ich in der Steppe sitzen. Immer wieder schauten die Geparden zurück. Ich versuchte die fragenden Blicke der Katzen zu ignorieren. Ich war nass bis auf die Haut und so erschöpft, dass ich nicht einmal mehr die Kraft hatte zu heulen. Dabei hätte es mir geholfen. Schließlich verschwand Diana mit ihren Jungen. Die grauen Wolken hingen tief, und der heftige Regen verwehrte mir die Sicht. Es mögen zwei oder drei Minuten gewesen sein, in denen ich damals froh war, wieder in mein Leben als Mensch zurückzukehren. Aber schon sehr bald kamen die ersten Zweifel, und noch bevor ich wieder in Deutschland eintraf, hatte ich nur noch eines im Sinn: Ich wollte die Geparden wiedersehen.

In den zwei darauf folgenden Jahren bin ich immer wieder zurückgekehrt. Längst musste sich die Familie aufgelöst haben. Geparden sind Einzelgänger. Wie sollte ich einen einzelnen Geparden in einem unendlich großen Steppengebiet mit über 30 000 qkm wiederfinden? Doch es ließ mir keine Ruhe. Und jetzt könnte meine lange Suche ein Ende haben. Sie ist ganz nah, die Gepardin. Ich fühle, dass sie es ist, und weiß nicht, ob meine Hoffnung mich trügt.

Die Landschaft wird zunehmend farbiger. Die Sonne neigt sich, und die Wolken scheinen mit den wenigen durchdringenden Strahlen zu spielen. Endlich entspanne ich mich ein wenig, es ist, als würde ich eine gigantische Lasershow genießen. Erst als sich die Wolken zu einer dichten Trennscheibe zwischen Himmel und trockener Steppe zusammenschieben, ist das Spektakel zu Ende. Zumindest wird es jetzt etwas kühler.

»Hey, aufwachen«, flüstere ich und schlage Tobias mit der flachen Hand auf die Schulter.

Mein afrikanischer Freund flucht vor sich hin und versucht sich zu entknoten.

Glücklicherweise ist er klein und wendig. Ein alter Landrover ist kein Nobelschlafzimmer, da kann es schon mal passieren, dass man sich zwischen den Sitzen verheddert.

Vielleicht hat er etwas geträumt, was uns einen Hinweis geben könnte. Hoffnungsvoll frage ich ihn.

»Nein, ich habe keine Ahnung«, meint Tobias, und das ist ein großes Eingeständnis, denn Afrikaner kennen keine Probleme und wissen prinzipiell alles.

Wir fahren in ein benachbartes Tal. Die klassische Serengeti besteht zwar aus weit geschwungenen Steppentälern, doch wir müssen kaum zweihundert Meter fahren, dann sind wir für die Raubkatzen unsichtbar.

»Was machen wir jetzt?«, fragt mich Tobias.

»Sie ist es.«

»Ganz sicher?« Mein Freund schaut mich skeptisch an.

»Wir werden sehen«, grinse ich zurück, obwohl mir nicht zum Scherzen zumute ist.

Wir diskutieren alles, was uns am Nachmittag durch den Kopf gegangen ist, jetzt sprudelt es nur so hervor. Tobias will mit dabei sein. Ich hätte es lieber ohne Begleitung versucht, aber schließlich willige ich ein.

»Los geht's, das Licht schwindet«, mahne ich Tobias zur Eile.

Der Motor jault auf. Widerwillig bockt die Kiste einige Meter voran. Wenige Augenblicke später können wir über die Hügelkuppe ins Tal schauen. Tobias stellt den Motor ab. Unser Kompromiss ist erfüllt, näher möchte ich ihn den Wagen nicht heranfahren lassen.

»Sie sind da!«, flüstert Tobias. Er kann seine Aufregung nicht verbergen.

»Sie sind da, sie sind da, sie sind da…«, geht es mir pausenlos durch den Kopf. Plötzlich tue ich Dinge, die ich vor nur zwei Jahren mit wenigen Handgriffen erledigt habe, wie ein Anfänger. Ich streife die Knieschützer über und kriege sie kaum zu, weil sie entsetzlich eng sind. Als ich die Klettverschlüsse schließen möchte, bemerke ich, dass meine Hände so sehr zittern, dass ich noch einmal von vorne anfangen muss.

Tobias wirft mir mitleidige und fragende Blicke zu. Er sagt vorsichtshalber nichts. Das ist auch besser so.

Selbst die Lederfetzen, die ich zum Schutz der Hände dabeihabe, scheinen geschrumpft zu sein. Auf einen verzichte ich schließlich, den anderen sichere ich, indem ich ihn in einem Kopftuch um das Handgelenk wickle, das ich sorgsam zubinde. Auch dafür brauche ich eine Ewigkeit.

»Die Kamera«, schießt es mir in dem Moment durch den Kopf, als ich schon die Autotür öffnen möchte. Nach einigen Abwägungen entschließe ich mich dann aber doch, sie nicht mitzunehmen. Ich stehe hinter dem Auto, noch immer unsichtbar. Ich habe das Gefühl, vollkommen ausgesetzt zu sein. Sobald ich die rollende Blechkiste verlassen habe, bin ich in eine andere Welt getreten. Fieberhaft überlege ich, ob ich nicht doch etwas Entscheidendes vergessen habe. Aber ich kann mich nicht konzentrieren, meine Gedanken kreisen um das, was wohl in den nächsten Minuten passieren wird. Meine Gefühle fahren Achterbahn. Ich bin außer Kontrolle.

Vorsichtig berühren meine Hände das Steppengras. Meine Knie formieren sich in den Knieschützern. Sie rutschen in die beste Position, und jetzt fühlt es sich richtig komfortabel an. Ich stütze mich auf die Ellenbogen und linse unter dem Auto hindurch. Da ist nur Gras und der bewölkte Himmel der Serengeti. Ein letztes Mal rücke ich meine Klamotten zurecht.

»Alles okay?«, fragt mich Tobias. Er hat sich weit aus dem Fenster hinausgelehnt und sieht ein bisschen blass aus.

Ich antworte mit einem zufriedenen Gurren. Tobias verliert vor Schreck fast die Zigarette, die in seinem Mundwinkel glimmt. Augenblicke später verschwindet er im Auto. Ich bin endgültig allein.

»Sie sind da, sie sind da …«, ist das Einzige, was ich denken kann. Ich mache mich lang, kauere mich flach auf den Boden und rutsche Stück für Stück voran. Das Ganze dauert viel zu lange. Schnell wird mir klar, dass ich so nie zum Ziel komme. Trotzdem, für einige Zeit will ich noch unsichtbar bleiben. Ich muss einfach von diesem verdammten Auto wegkommen. Ich arbeite mich parallel zur Hügelkuppe voran. Noch immer ist mir der Blick ins Nachbartal nicht vergönnt.

Mir ist unglaublich heiß, obgleich die Luft kühl ist. Aber es ist nicht die körperliche Anstrengung, sondern die Nervosität, die Unsicherheit, ob ich nun tatsächlich am Ziel angelangt bin.

»Ist sie es jetzt, oder ist sie es nicht?«, hämmert es in meinem Kopf. »Klar, sie ist es! Schau das Gesicht an, die Art, wie sie sich bewegt. Sie hat dich erkannt«, sagt die Stimme in mir. »Du bist verrückt. Es ist völlig unmöglich, sie nach zwei Jahren in dieser riesigen Steppenlandschaft wiederzufinden«, widerspricht die andere.

Ich richte mich auf, wage den Blick über die Hügelkuppe. Nichts. Die Sonne ist fort, die Wolkendecke undurchdringlich. Das Licht ist so diffus, dass die Steppe zu einer braun-grünlichen Einheit verschmilzt. Der Blick gleitet hin und her, erst hektisch, dann gründlich und ruhig, und plötzlich …

»Da!« Mir schießt es wie ein warmer Strom durch den Kopf. Ich habe die Gepardin mit ihren beiden Jungen entdeckt. Sie haben mich noch nicht gesehen. Alles ist wie am Nachmittag.

Nahezu automatisch setzt eine Hand vor die andere. Die Knie ziehen mehr oder weniger freiwillig nach. Ich bin überrascht. Es geht ganz gut. Fast fühle ich mich auf dem Steppenboden schon wieder zu Hause. »Dione, ich komme!«, triumphiere ich in Gedanken.

Gerade als ich den höchsten Punkt des Hügels überwunden habe, bemerkt mich die Gepardin. Binnen des Bruchteils einer Sekunde steht sie auf. Ich erstarre, verharre in totaler Regungslosigkeit. Die Gepardin desgleichen. Es passiert nichts, aber auch überhaupt nichts. Nur die kleinen Gepardenkinder formieren sich hinter der Mutter und starren in meine Richtung.

Einer muss das Schweigen brechen. Ich gurre. Vermutlich wird die Gepardin es nicht hören, denn ich bin zu weit entfernt. Keine Reaktion.

»Sie flüchtet nicht, sie greift nicht an«, überlege ich. Ich bin nun fast überzeugt, dass ich die Gepardentochter Dione wiedergefunden habe. Und sie hat inzwischen selbst ihre ersten eigenen Jungen. Unglaublich!

»Los, krabble endlich näher«, feuere ich mich selbst an. Jedes Mal wenn ich eine Hand vor die andere setze, streift das störrische Steppengras mit seinen abertausenden Widerhaken scharf über meine Haut. Bisweilen muss ich aufpassen, dass ich mich nicht aufschürfe.

»Ich bin verletzlich«, schießt es mir durch den Kopf, »und dennoch krieche ich geradewegs in die Arme einer Raubkatze.« Fast muss ich schmunzeln. Ich halte inne und riskiere einen vorsichtigen Blick zu der Gepardin. Jetzt erkenne ich sie besser. Sie hat sich mir einige Schritte genähert, um auf einen kleinen Erdhügel zu steigen. Majestätisch steht sie da, ihre Blicke scheinen mich zu durchdringen. Ich glaube die Gepardenjungen zwischen ihren Beinen zu erkennen. Beschwören kann ich es nicht. Sie ist im Vorteil, denn sie hat die schärferen Augen.

Ich höre in mich hinein. Nein, ich habe keine Angst. Nur dieses letzte kleine Gefühl der Unsicherheit zerrt an meinen Nerven. Sollte ich mich doch geirrt haben? Ich warte auf das »Aha-Erlebnis«, aber ich empfange kein eindeutiges Signal. Für einige Augenblicke schließe ich die Augen und lausche angestrengt. Der Wind hat sich gelegt. Es herrscht Totenstille – nichts, kein Laut, nicht einmal das Zwitschern von Vögeln. Ich überlege, ob ich ein weiteres Mal gurren soll. Doch nach wie vor bin ich zu weit entfernt, uns trennen noch immer etwa hundertsiebzig Meter. Das muss sich ändern.

Ich versuche, mich eleganter auf allen vieren fortzubewegen. Vergebens, denn längst achte ich nicht mehr darauf, wohin ich meine Hand setze. Stattdessen wende ich kein Auge von der Gepardin ab. Die Bestrafung folgt auf dem Fuß, und ich tappe mitten in einen kleinen Dornbusch. Ich weiche zurück, stütze mich auf die Ellbogen und untersuche flüchtig meine Hände. Die Gepardin beobachtet das alles ohne eine nennenswerte Reaktion.

»Verrückt, das kann nur Dione sein!«, denke ich mir wieder und bin etwas verlegen, denn eigentlich wollte ich mich ihr »gepardisch« etwas eleganter nähern. Ich eigne mir das erweiterte Gesichtsfeld eines Fluchttieres an. Am unteren Bildrand kontrolliere und koordiniere ich meine »vier Beine«, am oberen Bildrand steht die Gepardin auf dem Erdwall, noch immer regungslos wie eine Statue. Wenn ich meine Beine nachziehe, wird die Stille durch ein mechanisch schleifendes Geräusch unterbrochen. Die Knieschützer machen mich doch recht unbeweglich.

Noch hundertfünfzig Meter, ich bin atemlos. Mein Herz schlägt bis zum Hals, aber ich möchte keine Pause machen. Zwei-, dreimal hole ich tief Luft und setze meine Reise in eine andere Welt fort. Die nächsten zwanzig Meter absolviere ich mit Leichtigkeit. Ich gurre, gurre immer wieder. Bisweilen verharre ich und lausche.

»Da, ich habe etwas gehört! Nur noch ein Mal, bitte«, denke ich mir. Es bleibt still, und ich krieche weiter.

Es mögen noch achtzig Meter sein. Aber jetzt weiß ich, dass die Gepardin gurrt. Ganz klar, das kann keine Täuschung sein. Ich bewege mich etwas schneller voran. Der Dialog mit der Raubkatze spornt mich an. Dabei vergesse ich die Gepardenjungen. Sie sind offenkundig ängstlich. Gelegentlich schauen sie über den Erdhaufen zwischen den Beinen der Mutter hindurch, dann verschwinden sie wieder im Nichts.

Ich überlege, was ich tun soll. Erneut taucht ein Gepardenköpfchen auf. Ich gurre. Noch immer bin ich nicht nahe genug, um seine Reaktion eindeutig zu erkennen. Jedenfalls weicht er nicht gleich zurück. Ich hauche dem Kleinen einige gute Wünsche zu und robbe vorwärts.

Die Gepardin ist mittlerweile klar zu erkennen. Sie hat herrliche Gesichtszüge. Eine durch und durch faszinierende Erscheinung in dieser unendlich weiten Steppe: Wenn ich gurre, schaut sie aufmerksam zu mir her. Wenn sie selbst gurrt, senkt sie den Kopf und lässt mich nie aus dem Blick. Und es ist Musik in meinen Ohren, denn sie gurrt hoch und freundlich. Zuweilen bebt ihr ganzer Körper, so aufgeregt ist sie.

Ich freue mich, dass es nicht nur mir so geht.

Jede andere Gepardin hätte mich schon längst attackiert oder wäre mit ihren Jungen davongezogen. Alle Zweifel sind aus dem Weg geräumt. Inzwischen kaum dreißig Meter vor mir steht Dione, die Gepardin, mit der ich hautnah siebzehn wundervolle Wochen auf allen Vieren verbracht habe. Die beiden Gepardenkinder sehen die Lage allerdings keineswegs so entspannt wie wir. Sie sind höchst aufgeregt und scheu. Sowie sie mich erspähen, gurren sie tief. Unmissverständlich geben sie damit mir – dem Fremden – gegenüber ihre Angst und Ablehnung zum Ausdruck. Ich habe kaum die Möglichkeit, sie mir näher anzuschauen. Taucht gerade ein kritisch fragender Gepardenkopf auf, ist er im nächsten Augenblick auch schon wieder verschwunden. Mitunter rennen die Gepardenkinder gut fünfzig Meter davon. Selbst Dione wendet dann ihren Blick ab und schaut nach dem ängstlichen Nachwuchs.

Mittlerweile sind wir nur noch höchstens zwei Meter voneinander entfernt. Wenn Dione gurrt, spüre ich den Hauch ihres Atems. Sie ist schrecklich aufgeregt, noch immer bebt ihr ganzer Körper. Sie streckt ihren Kopf weit nach vorne, scheint mich auf Distanz zu beschnüffeln, und ich verhalte mich genauso. Ihre beiden Zöglinge sitzen in sicherer Entfernung und beäugen uns ungläubig. Sobald ich ihnen auch nur minimale Aufmerksamkeit schenke, flüchten sie. Kaum bin ich abgelenkt, kehren sie zurück. Ich kann mich nicht entscheiden, auf wen ich mein Augenmerk konzentrieren soll. Es ist alles so unwirklich, was ich gerade erlebe, ich bin völlig verzaubert. Am liebsten würde ich Dione einfach um den Hals fallen. Die Gepardin ist hin- und hergerissen zwischen der Zuneigung zu mir und der Sorge um ihre Jungen. Am Ende gewinnt die Sorge die Oberhand. Sie folgt den kleinen Geparden, die allmählich wirklich mit der Situation überfordert sind. Zuweilen schaut sie zurück, kommt wieder ein paar Schritte auf mich zu. Doch es wird dunkel.

»Such jetzt lieber einen Schlafplatz«, werfe ich ihr in Gedanken zu. Sie sieht es ebenso. Im Zickzackkurs entfernt sich die Familie von mir.

Ich krieche um den Erdwall herum und bleibe auf dem Bauch liegen, um mir keine Bewegung der Katzen entgehen zu lassen. Das Tageslicht schwindet. Schon bald sind die Tiere ein Teil der Steppe und schließlich fast nicht mehr auszumachen.

»Tschüs, bis morgen. Ich freue mich auf euch«, schicke ich ihnen in Gedanken hinterher. Noch kann ich nicht fassen, was passiert ist. Bis heute war mein Leben mit den Geparden ein Refugium in meinem Kopf, jetzt bin ich plötzlich wieder mittendrin. Doch es wird Zeit, meinem Fahrer zu winken. Tobias hat wohl alles genauestens mitverfolgt. Ein Handzeichen genügt, und schon versucht er das Auto anzuwerfen. Nach dem zehnten Mal hat es dann wirklich geklappt.

»Du hast alles beobachtet, stimmt's?«, frage ich Tobias, als er endlich eintrifft und den lärmenden Motor zum Schweigen gebracht hat.

Und da ist es wieder, sein vertrautes breites Grinsen. Ohne etwas zu sagen, reicht er mir das Fernglas. Wir sind eben ein eingespieltes Team, da kann man sich allzu viele Worte sparen.

Ich setze mich auf den Boden und starre durch das Fernglas.

Nach einiger Zeit haben sich meine Augen an die Dunkelheit gewöhnt. Tatsächlich, da sind sie! Die Geparden sind Geister der Steppe. Mal nach rechts, mal nach links, ihre Wanderung scheint ziellos. Das ist gut so. Sie werden in der Nähe bleiben. Als keine Bewegung mehr zu erkennen ist, bin ich mir sicher, dass die Familie einen Schlafplatz gefunden hat.

»Lass uns aufbrechen«, schlage ich vor.

Tobias ist einverstanden. Er weiß, die Nacht wird spätestens um vier Uhr beendet sein. Unser Camp liegt in der Baumsteppe. Diese Region der Serengeti hat ihren ganz eigenen Reiz. Zwar ist es von unserem jetzigen Standort aus eine ganz schön weite Strecke bis zum Lager, aber ich bin dort nachts immer gut unterhalten. Löwen, Büffel, Stachelschweine und andere Zeitgenossen statten uns regelmäßig einen Besuch ab, und es gibt einige Hyänen, die sich nur allzu gerne an unserer Speisekammer bedienen würden.

Der Weg ins Camp ist ziemlich beschwerlich. Die ersten Kilometer müssen wir ohne Scheinwerferlicht auskommen. Schließlich wollen wir auf keinen Fall die Geparden stören. Als wir dann endlich angekommen sind, ist es stockdunkle Nacht. Thomas, unser Mann für alles, sieht besorgt aus.

»Alles okay!«, beruhige ich ihn. »Wir haben Dione getroffen. Sie hat bereits zwei Junge.«

Thomas mustert mich ungläubig. Ich muss ihm alles genau erzählen. Schließlich hat er mich seit meiner ersten Reise 1995 durch Tansania begleitet und alle Höhen und Tiefen meines Lebens mit den Geparden mitbekommen. Das war auch für ihn keine leichte Zeit.

In der Nacht bricht der Himmel wenigstens teilweise auf. Gelegentlich lugt der Mond durch eine Wolkenritze. Ich nehme mir einen Stuhl und schleiche mich aus dem Camp. Eine kleine Lichtung mit freiem Blick zum Himmel ist der richtige Ort zum Nachdenken. Ich muss einfach allein sein. Mein Kopf ist wie ein riesiger Saal mit weißen Wänden. Ich versuche die Bilder des Tages aufzuskizzieren. Es gelingt kaum, die Impressionen ziehen zu schnell an mir vorbei. Sie zu fangen ist unmöglich. Meine Gedanken landen in meiner Kindheit, als ich noch von Afrika träumte. All das, was ich viel später erleben durfte, war scheinbar unerreichbar weit entfernt.

Der lange Weg nach Afrika

April 1983. Ich lehne mich über eine graue Betonmauer. Ansonsten bin ich nur durch einen Wassergraben von einem mächtigen Löwen und zwei Löwinnen getrennt. Der Löwe geht auf und ab. Ein ausgetretener Pfad kennzeichnet seinen Weg. Bisweilen schrammt er an den Eisengittern entlang. Die dumpfen metallischen Klänge scheinen das imposante Tier nicht zu stören. Unbeirrt und rastlos setzt er seine gleichförmige Wanderung fort. Plötzlich weicht er von seiner Standardroute ab und beugt sich in Richtung Wassergraben. In dem Moment, als er umkehrt, trifft mich sein Blick. Er schaut durch mich hindurch.

Ich überlege, ob ich das Skizzenpapier auspacken soll, lasse es aber bleiben. Ich will mir noch die anderen Bewohner des Zoos anschauen. Das Raubtierhaus bietet einen Menge Attraktionen. Eine Tigerin hat zwei Junge. Die Racker lassen sich kräftig an allem aus, dessen sie habhaft werden. Allerdings gibt es da nicht viel, was die Kleinen beschäftigen könnte, und so muss die Katzenmutter dran glauben. Geduldig erträgt sie es, wenn die Jungen an ihren Ohren ziehen, den Schwanz malträtieren oder akrobatische Meisterleistungen auf ihrem Bauch und Rücken vollführen. Doch plötzlich hat die Tigermutter keine Lust mehr, sie wird merklich aggressiv. Unmissverständlich macht sie ihren Kindern klar, dass es nun mit dem Spaß vorbei ist. Stattdessen setzen sie sich nun untereinander zu. Schwupp – eine Tatze landet im Gesicht des anderen. Der ist gar nicht begeistert und faucht ärgerlich. Die Niederlage will er natürlich nicht so ohne weiteres hinnehmen, und die Attacke folgt auf dem Fuß. Die beiden fallen übereinander her und purzeln in die Ecke, doch die mächtigen Gitterstäbe der Käfigwand halten dagegen. Ein gewaltiges Krachen zeugt vom Ende des vielleicht fünf mal fünf Meter großen Reviers. Der Hall verbreitet sich im ganzen Haus. Nur einige Augenblicke später kommt ein nahezu identisches Donnern zurück. Auf der anderen Seite des Gebäudes ist wohl auch eine Katze gegen das Gitter gelaufen.

Ich skizziere. Den Zeichenblock jongliere ich auf der einen Hand, mit der anderen versuche ich, Formen und Umrisse festzuhalten, aber die kleinen Tiger halten nicht still. Immer wieder versuche ich zu verbessern oder neu anzufangen. Der Papierverbrauch ist enorm, und trotzdem sind zumeist nur Urzeitmonster zu sehen. Ich ärgere mich und zeichne stattdessen die Tigermutter, die mittlerweile in Seelenruhe schläft und sich durch nichts stören lässt. Die Zeichnung wird sogar ganz gut. Beim zweiten Mal stimmen auch die Proportionen, soweit ich das als Zwölfjähriger beurteilen kann. Übung macht eben doch den Meister. Im Nachbarkäfig läuft ein sibirischer Tiger unentwegt im Kreis. Er streift vorne am Gitter entlang, das unter seinem enormen Gewicht zu ächzen scheint. Ich folge ihm mit dem Zeichenstift, und prompt wird die Rückenpartie zu lang. Nächster Versuch, und noch einer, ich fluche und würde das Papier am liebsten zerreißen.

Der Tiger steht jetzt in seiner vollen Größe vor mir. Sein Blick ist melancholisch. Zumindest hat es durch die Gitterstäbe hindurch diesen Anschein. Gleichwohl bin ich natürlich froh, dass uns eine Käfigwand trennt. Schließlich vermag ich nicht eindeutig zu beurteilen, ob er mich nicht lieber fressen wollte. Jedenfalls ist er für mich eine äußerst imposante Erscheinung; auf dem erhöhten Käfigboden steht er quasi über mir. Für einige Augenblicke kann ich in aller Ruhe seine faszinierenden Augen betrachten. Ich bekomme eine Gänsehaut: grünbraune, klare und stolze Augen. Fast könnte man die Wälder Sibiriens in ihnen entdecken. Sie erzählen von Weite und Sehnsucht. Das Licht, das von rechts durch ein großes Fenster in den Raum fällt, erfüllt sie mit einem seidigen Glanz und formt quadratische Lichtpunkte. Die kahle graue Betonwand legt der brillanten Farbigkeit einen trübsinnigen Mantel um. Die Gitterstäbe teilen die Augen vertikal nahezu in der Mitte. Fast habe ich vergessen zu atmen, und meine Hand mit dem Zeichenstift ist erstarrt. Es gelingt mir nicht, einen weiteren Strich auf das Zeichenblatt zu bannen, ehe sich der stattliche Koloss wieder in Bewegung setzt.

Viele Jahre später werde ich mich fragen, was dieser Tiger wohl geträumt hat, und ihm ein Kunstwerk widmen. Träumte er von der Freiheit, von seinem eigenen großen Revier? Ich träume davon, Künstler zu sein. Das, was ich sehe, möchte ich mit sicheren Strichen auf Papier und Leinwand festhalten. So komme ich zeitweise fast täglich in den Heidelberger Zoo und lasse mich an unschuldigem Papier aus. Manchmal frage ich mich, wer eigentlich wen interessanter findet: die Tiere mich oder ich die Tiere. Die Zebras beispielsweise nehmen keinerlei Notiz von mir. Sie blasen durchweg Trübsal und scheinen sich in ihrem Gehege sehr unwohl zu fühlen. Je häufiger ich Zebras zeichne, umso klarer wird mir, dass sich die Skizzen mehr und mehr gleichen. »Zebras sind trübe Tassen«, denke ich mir.

Der Orang-Utan dagegen ist äußerst interessiert. Er klebt regelrecht an der Scheibe, wenn ich komme und meine Utensilien auspacke. Seine Mimik ist bestechend.

»Na du, auch mal wieder da?«, signalisiert er mit fragenden Blicken. Ich ärgere mich, denn irgendwie gelingt es mir noch immer nicht, seine Mimik in Bildern festzuhalten. So konzentriere ich mich stattdessen auf die Proportionen des gesamten Tieres. Ich vermesse den Orang-Utan regelrecht und vollführe dabei die unmöglichsten Bewegungen.

»Du bist ein verrückter Spinner«, scheint er mir sagen zu wollen. Aber lachen kann er darüber nicht. Überhaupt wirkt er ziemlich stumpfsinnig. Im Grunde genommen tut er mir sehr Leid. Je häufiger ich ihm einen Besuch abstatte, umso mehr. Dabei überlege ich mir sogar, wie ich ihn zumindest ein bisschen aufmuntern kann.

Manchmal zeige ich ihm eine fertige Zeichnung, natürlich nur, wenn sie schön geworden ist, denn ich schätze seine Ansprüche sehr.

»Weiterüben! Das kannst du ja niemandem zeigen«, lese ich aus seinen Blicken. Er versucht nach dem Papier zu greifen, aber das geht nicht. Schließlich trennt uns eine dicke Glasscheibe.

Ich ziehe die Zeichnung zurück und betrachte sie kritisch. »Ist doch ganz gut geworden«, verteidige ich mich und schaue böse. Ich fordere Anerkennung.

Der Orang-Utan sitzt in sich versunken da. Er starrt auf das Kunstwerk. Nochmals greifen seine Hände danach. »Eigentlich doch ganz hübsch«, denkt er vielleicht. Zumindest schaut er mich jetzt freundlicher an.

Ich nehme die Zeichnung wieder auf den Schoß, um einige Verbesserungen vorzunehmen. Alles, was ich tue, wird kritisch überwacht. Fairnesshalber zeige ich ihm die Ergebnisse von Zeit zu Zeit. Er beobachtet mich aufmerksam. Es ist jedoch schwer festzustellen, ob er mit meinen Verbesserungen einverstanden ist.

Als der Zoo am Abend schließt, habe ich eine ausgereifte Zeichnung vollendet: das melancholische Porträt eines »Waldmenschen«. Mit dem Kunstwerk bin ich zufrieden, mit der Situation ganz und gar nicht.

»Besuch mich bald wieder«, steht im Raum und noch viel mehr in seinen Augen, als ich gehen will.

»Ich muss jetzt wirklich los. Tschüs, mach's gut«, erwidere ich verlegen.

Auf dem Weg nach Hause wird mir bewusst, wie ungemein direkt die Kunst sein kann. Sie fordert mich geradezu auf, mich unablässig mit dem Orang-Utan zu beschäftigen. Er will mir nicht aus dem Kopf. Wie viele Menschen sind schon achtlos an dem Tier vorbeigegangen. Wie viele haben einfach dagestanden und sich gedacht »Hey, wie lustig« oder »Der arme Kerl« und haben ihn kurze Zeit später aus ihrem Gedächtnis gestrichen? Mich lässt das alles so schnell nicht los. Tagelang sitze ich in meinem Atelier, aber es gelingt mir nicht, das Erlebte auf die Leinwand zu bringen. Ich habe ein schrecklich schlechtes Gewissen. Erst wenn ich mir die Emotionen von der Seele gemalt habe, habe ich die Chance, meinen Kopf freizubekommen. Auf der Leinwand sind Gefühle besser aufgehoben.

Mein Atelier ist ein Kellerraum. Ich schätze, etwa sieben Meter lang und vier Meter breit. Die Deckenhöhe lässt allerdings zu wünschen übrig – Freudensprünge sollte man besser keine machen! Eigentlich war der Raum auch niemals als Atelier geplant, denn es ist ein typisch kleinbürgerliches Haus, in dem ich aufwachse: Küche, Wohnzimmer, Schlafzimmer, Kinderzimmer, darüber ein Dach, und außenherum natürlich ein ordentlicher Rasen. Dass der einzige Sohn zum Ärger der ganzen Familie den Hobbyraum zum Atelier umfunktionieren würde, war nicht vorgesehen. Wer konnte schon ahnen, dass der Knabe im zarten Alter von zwölf Jahren, nur weil er gerade einen landesweiten Jungkünstlerwettbewerb gewonnen hat, der Kunst auf immer und ewig verfallen würde? Meine Eltern jedenfalls hatten das unterschätzt. Doch zunächst sollte der Junge seinem Hobby ungestört nachgehen können. Aus dem scheinbaren Hobby habe ich allerdings gleich meinen Beruf gemacht, und da ich schließlich schon als Künstler auf die Welt gekommen bin, malte ich bald sechs, manchmal sieben und häufiger acht Stunden am Tag. Der Raum war freilich nicht ideal: Fehlendes Tageslicht habe ich mit billigen Leuchtstoffröhren ersetzt, und meine Staffelei war mehr als behelfsmäßig – nämlich zwei Honigeimer als Staffeleitisch und einige Holzlatten, die das Bild vor dem Kippen bewahren sollten. Doch proportional zu meiner Arbeitswut nahmen auch die Stapel von Skizzen, Zeichnungen und Aquarellen zu, zahlreiche Ölgemälde auf Keilrahmen versperrten den Weg. Manchmal landete die Farbe auch nicht auf der Leinwand, sondern zierte diverse Möbelstücke oder gar den Boden, was bei meinen Eltern am wenigsten gut ankam. Ich fand es stets beeindruckend, denn es ist das Markenzeichen eines leidenschaftlichen Künstlers.

Die Sorgenfalten meiner Eltern wurden währenddessen immer tiefer. Es wurde der Retter in der Not gesucht – und der sollte ausgerechnet mein Kunstlehrer sein.

Herr P. ist ein Kunstlehrer, wie man sich ihn vorstellt. Seine Haare sind kurz geschoren, und er ist Kettenraucher. Möglicherweise aus genau diesem Grund hat er fortwährend ein knallrotes Gesicht. Kunst hat er nur studiert, weil ihm nichts Besseres einfiel, und irgendetwas musste er ja nach dem Abitur machen. Immerhin bis zum Kunstpädagogen hat er es gebracht, obwohl er stets betont, dass er nicht in der Lage sei, auch nur einen geraden Strich zu ziehen. Das ist genau das, was mich am meisten an dem Mann begeistert. Wahrscheinlich wird er mit meiner Kunst nichts anfangen können, davon bin ich vollauf überzeugt. Auf jeden Fall bin ich äußerst gespannt auf den Besuch von Herrn P. in meinem Atelier.

Endlich ist der Tag gekommen. Herr P. fährt vor und steigt voller Schwung aus dem Auto. Meine Mutter beobachtet natürlich alles genauestens vom Küchenfenster aus. Intuitiv macht Herr P. genau das Richtige: Er packt seine Sonnenbrille weg, denn die würde meiner Mutter überhaupt nicht gefallen. Als sie bereits zur Tür eilt, mustert sie mich noch einmal von oben bis unten. Ich kenne diesen Blick. Sie prüft, ob ich mich auch anständig gekleidet habe. Es scheint alles zu passen. Wir stehen bereit. Just in dem Moment ertönt die Hausglocke.

Eins, zwei, drei: »Einen wunderschönen guten Tag, Herr P.!«

Herr P. ist zögerlich, die Angelegenheit scheint ihm ein wenig peinlich. Schließlich weiß er noch nicht, was ihn in den Kellergemächern erwartet. Im Kunstunterricht selbst konnte ich ihn bis dato noch nicht von meiner Fertigkeit überzeugen. Aber das hat nicht viel zu bedeuten, denn Kunstunterricht ist für mich die Reglementierung der Kreativität und wird von mir deshalb prinzipiell nicht ernst genommen oder gar boykottiert.

»Nach Ihnen«, weist meine Mutter höflich den Weg. Wir steigen hinab in ein dunkles Nichts, denn der Lichtschalter im Keller ist unten.

»Ob Herr P. um sein Leben fürchtet«, denke ich mir schmunzelnd und schleiche hinterher.

Herr P. ist wohlbehalten unten angekommen. Augenblicke später legt Mutter den Lichtschalter um. »Es ist nicht aufgeräumt. Erschrecken Sie nicht«, fügt sie hinzu, als ich bereits den Türgriff zum Atelier in der Hand habe. Ich drehe mich um. Der Kunstlehrer grinst. Mutter hingegen setzt ihre Leidensmiene auf, und doch ahne ich in ihrem Gesicht die Hoffnung, der Lehrer möge mir ein für alle Mal beibringen, dass Kunst brotloser Schwachsinn sei.

»Hereinspaziert!« – die Tür fliegt auf, das Licht geht an, und für die nächsten Minuten herrscht verblüffte Stille.

»Wow, das ist klasse!«, meint Herr P. schließlich, während meine Mutter verzweifelt ein Gegenargument nach dem anderen aufbringt.

»Der Junge malt oft die ganze Nacht«, sagt sie besorgt.

»Hm«, antwortet Herr P.

»In der Schule könnte er auch besser sein.«

»Hm«, weiß der Kunstlehrer nur zu sagen.

Langsam fällt Frau Mama keine Kritik mehr ein, und da sie keine Antwort bekommt, zieht sie es vor, uns alleine zu lassen.

Offenbar hat sich Herr P. inzwischen ziemlich intensiv mit meiner Kunst beschäftigt. Ihm gefallen vor allem die großen Bilder, auf denen die kräftigen Pinselstriche ins Auge fallen, aber dann beginnt er auch mit sichtlichem Interesse die Skizzen durchzusehen. Ich erzähle ihm von meinen ausgiebigen Zoobesuchen, wie ich versuche, Bewegungsabläufe mit schnellen Strichen einzufangen, und wie schwierig das ist. Herrn P. gefallen ausgerechnet die ersten Skizzen am besten, nämlich die, auf denen die Proportionen vorne und hinten nicht stimmen.

»Typisch«, denke ich mir und würde ihn am liebsten rausschmeißen. Doch ich bin geduldig und erzähle ihm, wie sich die Qualität der Arbeiten im Laufe der Zeit verbessert hat. Als wir zu den Zeichnungen des Orang-Utan kommen, berichte ich von meinem trübsinnigen Freund, von den traurigen Zebras und dem Tiger und den Löwen, die sich nicht richtig bewegen wollen.

»Das ist doch alles nichts«, meint Herr P. »Du solltest schleunigst nach Afrika. Das muss man alles in natura erleben. Du wirst sehen, da kommt noch viel mehr beim Betrachter an.«

Mein Herz macht einen Sprung. Langsam wird mir Herr P. richtig sympathisch. Afrika, ja Afrika, wenngleich ich einwenden muss, dass mir das nötige Kleingeld dazu fehlt.

Dennoch lässt Herr P. nicht nach, mir von Afrika vorzuschwärmen. Es stellt sich zwar heraus, dass er nie dort gewesen ist, aber in mir wachsen Bilder und Vorstellungen. Ich spüre, wie die Sehnsucht steigt: Ich muss nach Afrika, egal wie.

»Dein Duktus ist wie geschaffen für die Darstellung afrikanischer Landschaften«, schmeichelt mir Herr P. Für ihn ist Afrika strotzende Lebensenergie, Spontaneität und Bewegung, all das, was er in meinem schwungvollen Pinselstrich wiederfindet. Das gibt mir zu denken. Im Zoo habe ich nichts von all dem gespürt. Plötzlich fühle ich mich leer und hilflos. Doch wir reden weiter, schaukeln uns gegenseitig hoch, wir, die wir noch nie auf dem Schwarzen Kontinent waren. Wir entwickeln Bilder von Afrika, die durch meine Kunst vorgegeben sind: Steppenlandschaften, über die der Wind jagt, Tierherden, die über Hügel ziehen und panikartig davonstieben.

Als wir dann nach sehr langer Zeit aus dem Kellergeschoss nach oben kommen, steht meine Mutter schon kampfeslustig in der Küchentür: »Und? Was meinen Sie?«

»Super, hervorragend, immer weiter so, Übung macht den Meister!«, schmettert ihr Herr P. entgegen und verabschiedet sich.

»Was hat er wirklich gesagt?«, stellt mich meine Mutter zur Rede, als Herr P. mit den kurzen Haaren und dem vermeintlichen Kunstverstand aus dem Haus ist.

»Ich muss nach Afrika«, teile ich ihr so selbstbewusst mit, als habe ich das Flugticket bereits in der Tasche.

»Nach Afrika?«, fragt Mutter entsetzt.

»Nach Afrika«, wiederhole ich, »und zwar schnellstmöglich, denn Zoos sind scheiße.«

Für meine Mutter bricht eine Welt zusammen, für mich tut sich eine neue auf. Ich beschließe, in Zukunft noch intensiver zu arbeiten. In der Nacht sortiere ich meine Skizzen. Auf die eine Seite lege ich die, in denen die Vitalität und die Kraft Afrikas zum Ausdruck kommen. Auf die andere Seite kommen die, bei denen die Atmosphäre eines Gefängnisses zu spüren ist. Noch nie ist mir der Unterschied so bewusst gewesen.

Die Monate vergehen, ich hatte viele Ausstellungen. Doch der Traum von einer Reise nach Afrika hat sich noch immer nicht erfüllt. Ich bin enttäuscht, alles was ich mir erhofft habe, scheint in unerreichbarer Ferne. Mein Gang in den Zoo ist zunehmend ein Automatismus. Ich will endlich die Möglichkeit haben, meine Träume frei auf die Leinwand zu bannen, ohne über den nächsten Pinselstrich nachzudenken.

An der Zookasse bin ich bestens bekannt. Immerhin habe ich den Großteil meines bescheidenen Kapitals in Eintrittsgelder investiert. Heute kommt mir die Kassiererin wie eine Gefängniswärterin vor. Gerade passiert ein Zoobesucher den Ausgang, das Drehtor setzt sich quietschend und scheppernd in Bewegung. Der Herr fällt fast in die Freiheit, und ich glaube, er ist froh darüber.

Meinen Antrittsbesuch mache ich bei meinem Freund, dem Orang-Utan. Irgendwie habe ich die Vorstellung, dass er heute zur Abwechslung einmal etwas anderes tut. Fehlanzeige, er sitzt da wie eh und je und glotzt durch die Scheibe, die so trüb ist wie die ganze Einrichtung.

»Halli, hallo«, sage ich beinahe, aber ich kann es mir verkneifen. Ich gehe in die Hocke, verschränke die Arme auf der Metallbrüstung und lege den Kopf darauf.

»Na, gibt's was Neues?«, funkt er reglos durch die Scheibe.

Ich ertappe mich, wie ich mit den Schultern zucke. Zumindest reagiert er darauf. Doch, da fällt mir was ein. »Ich geh nach Afrika«, erzähle ich ihm.

»Na prima, und mich lässt du hier. Schöner Freund!«, scheint er zu sagen. Ich sitze noch eine ganze Weile da. Allerdings habe ich keine Ahnung, was ich ihm noch erzählen soll. Für Afrika scheint er sich nicht zu interessieren, und dass meine Kunst immer besser wird, kann ich ihm freilich kaum beweisen. Außerdem beschließe ich, ihn heute nicht zu zeichnen. Ich brauche Tiere in Bewegung, ja, genau so wie in Afrika.

»Mach's gut«, winke ich ihm zu, als ich gehe. »Vielleicht war es heute das letzte Mal.« Bei diesem Gedanken zucke ich zusammen, aber ich nehme mir keine Zeit, länger darüber zu sinnieren.

Ich schlendere durch die Tiergartenanlage auf der Suche nach Leben. Die Eulen in den engen Volieren schlafen. Ich bezweifle, dass sie nachts tatsächlich aktiv sind. Der Esel, der sich mir in den Weg stellt, macht auch einen eher müden Eindruck. Sogar als ich ihm durch die zottige Mähne streife und damit eine Staubwolke freisetze, passiert nichts. Er reagiert in keiner Weise, sondern bläst weiter Trübsal. Na, da steht er den Zebras in nichts nach. Dagegen macht es Spaß, den Seehunden zuzuschauen. Die mühen sich immerhin redlich, ihre Fische zu ergattern, mit denen sie gefüttert werden. Bei Gelegenheit gibt es Streit, aber es ist genügend für alle da.

Mir fällt ein, dass ich noch keinen einzigen Strich zu Papier gebracht habe. »Das muss sich ändern«, denke ich mir und setze meinen Streifzug durch den Gitterdschungel fort.

Ein Löwe brüllt durchdringend.

»Afrika!«, schießt es mir durch den Kopf. Endlich weiß ich, wo ich hin muss. Nur einige Minuten später bin ich im Raubkatzenhaus. Jetzt gibt der Löwe keinen Laut mehr von sich, und hingelegt hat er sich auch noch – schade. Haben sich denn alle Parkbewohner gegen mich verschworen? Einen letzten Versuch unternehme ich noch, bevor ich mich aus dem Staub mache, und gehe zum Tigerkäfig. Das überaus kräftige Tier müsste mich im Grunde bestens kennen, denn es mögen weit über hundert Besuche gewesen sein, die ich ihm im Lauf der Zeit abgestattet habe. Dabei war ich völlig von der unwiderstehlichen Faszination des Tigers vereinnahmt gewesen – seine triste Umgebung habe ich nie wahrgenommen. Ich schäme mich dafür. Nichtsdestotrotz will ich ihn zeichnen, seine Bewegungen auf Papier festhalten.

»Hey, bleib stehen«, sage ich zu dem Tiger, der unablässig hin und her wandert. Die Raubkatze nimmt nicht die geringste Notiz von mir. Ich werde richtig wütend, bis ich merke, dass ihr in dem abscheulich kleinen Käfig nichts anderes übrig bleibt.

Mir fährt der blanke Schreck in die Glieder. Rums – der Koloss ist geradewegs gegen das Metallgitter gerannt. Voller Entrüstung kritzle ich einige abstrakte Figuren auf den Zeichenblock. Mit einem Tiger hat das bei weitem nichts zu tun. Ungeduldig reiße ich mit einem heftigen Schwung das Papier aus dem Block, werfe es auf den Boden und stelle meinen Fuß darauf. Dann bin ich aber doch neugierig und wage einen Blick auf das Kunstwerk. Die Sohle meines Schuhes hat sich auf dem Wirrwarr von Strichen verewigt. Das Bild sieht grauenvoll aus. »Könnte man glatt bei der Documenta versteigern«, stelle ich mir vor. »Da gibt es einige Pseudoexperten, die einen Haufen Geld dafür hinblättern würden. Damit könnten wir dem Tiger zumindest ein größeres Gehege bauen.« Der Gedanke gefällt mir. Er könnte mir sogar ein Lächeln entlocken, wenn mich nicht genau in dem Moment ein weiterer Schlag aus meinen Gedanken reißen würde. Erneut hat das Tier Kopf voraus sein ganzes Gewicht gegen die Metallstangen geworfen.

»Verdammt – hör auf damit!«, raune ich dem Tiger zu. Wieder nimmt er keinerlei Notiz von mir. Es tut nur noch weh. Ich fühle mich, als wäre ich selbst mit dem Kopf gegen das Gitter gerannt. All die Jahre ist mir das niemals aufgefallen, ich kann es kaum glauben. Wütend zerreiße ich mein Documenta-Kunstwerk und knülle die Überreste in die Tasche mit den Stiften.

Vielleicht schaffe ich es doch noch, eine Tigerzeichnung fertig zu stellen. Ich möchte hartnäckig sein. Doch irgendwie will es mir nicht gelingen. Mit einem hellgelben Stift zu skizzieren macht keinen Sinn. Ich suche mir einen braunroten. Gehetzt markiere ich mit einigen Strichen den Kopf. Das sieht recht passabel aus. Gerade betrachte ich mein Modell, da ahne ich, was kommt. Im nächsten Augenblick presse ich meine Hände an die Ohren. Der Aufprall ist so heftig, dass sich die Erschütterung über die folgenden Käfige fortsetzt. Noch nachdem ich die Hände wieder heruntergenommen habe, hallt das Donnern nach. Ich versuche wieder, einen Strich nach dem anderen zu setzen. Von Augenblick zu Augenblick werde ich immer schneller. Hoffentlich werde ich vor der nächsten Kollision fertig. »Scheiße!«, brülle ich ungehemmt. Der letzte Rest meines Schreis geht in dem Getöse des nächsten Aufpralls unter. Jetzt bin ich endgültig am Ende. Ich muss hier raus! Schnell stopfe ich alles in meine Tasche. »Mir reicht's. Ich geh nach Afrika«, schmettere ich dem Tiger entgegen, während ich auf den Käfig zuhaste. Selbst das bringt die Raubkatze nicht aus dem Rhythmus. Ich schnaube ihn an – ein Gruß auf »tigrisch«. Sofort hält er inne und mustert mich. Diese Augen – er tut mir so unendlich Leid.

»War nicht so gemeint, entschuldige«, verabschiede ich mich. »Nichts wie weg hier!«

Verwirrt suche ich den Ausgang und stürze hinaus. Ich schaue nicht nach rechts oder links, es ist mir alles egal. Mit voller Wucht werfe ich mich gegen das Drehgitter am Ausgang. Beinahe hätte ich dem Tiger Konkurrenz gemacht. Allerdings ist mein Kopf nicht so widerstandsfähig, aber Kopfschmerzen habe ich ohnehin schon. Sobald ich die andere Seite des Gitters erreicht habe, wird alles besser. Ich hole tief Luft. Die Freiheit hat mich wieder. Und in diesem Moment spüre ich, was das bedeutet.

»Ich war heute das letzte Mal hier!«, rufe ich der Kassiererin zu. »Auf Nimmerwieder sehen«, füge ich in Gedanken hinzu.

Die Dame schaut sichtlich irritiert. Und das ist das Beste, was mir heute widerfahren ist.

Neun Jahre später hat sich mein Afrikatraum immer noch nicht erfüllt. Im Grunde genommen bin ich selbst schuld. Ich hätte ja einen anständigen Beruf erlernen können, wie es mir meine Eltern stets nahe gelegt haben. Stattdessen bin ich das geblieben, was ich von jeher war, nämlich ein Künstler, der die Welt verändern will und die Konsequenzen daraus tragen muss. Wir – ich bin mittlerweile mit Monika verheiratet – haben eine höllische Zeit hinter uns. Denn es gibt zwar Gegenden in Deutschland, in denen Kunst ein hohes Gut ist, in denen Ausstellungen von einem potenten und interessierten Publikum besucht werden und man als Künstler akzeptiert und gerne gesehen ist. Aber es gibt auch Regionen – zumeist kleine Punkte auf der Landkarte – in denen Kunst als Krebsgeschwür einer fehlentwickelten Gesellschaft verpönt ist.

Frei nach dem Motto »Nur wer gegen den Strom schwimmt, kommt zu den Quellen« haben wir uns für den letzteren Standort entschieden und dort 1991 auch noch eine Galerie eröffnet. Wir waren also Missionare der Kreativität, was uns viele Prügel einbrachte. Doch auch dort fanden wir Menschen, die an die Veränderung glaubten und uns unterstützten. So konnten wir uns wenigstens durchs Leben schlagen. Vorsichtshalber habe ich meiner Frau nie sehr enthusiastisch von Afrika erzählt. Sie hätte sich möglicherweise so sehr dafür begeistert, dass sie umgehend eine Reise gebucht hätte. Monika ist nun mal ziemlich impulsiv, und das schätze ich auch sehr. Aber in den damaligen Verhältnissen hätte uns eine solche Reise glatt ruiniert. Das wollte ich vermeiden, denn ich habe niemals die Hoffnung aufgegeben, eines Tages zu den Quellen zu gelangen.

Die Zeit gab mir Recht. Tatsächlich ging es 1994 aufwärts. Unser Winterurlaub 1994/95 geht im Kino zu Ende. Walt Disney's »Der König der Löwen« steht auf dem Programm. Und auch wenn der Film das Klischee eines idealisierten Afrika mit seinen Löwen und riesigen Tierherden transportiert, gibt es kein Halten mehr. Fortan rede ich meiner Frau ein, sie stamme von einem Löwen ab, Afrika sei klasse und wir müssen dort hin. Unablässig streue ich Afrika in unsere Gespräche ein, um auch bei ihr Neugierde zu wecken. »Nur wer sät, wird ernten«, denke ich mir und fahre fort in meiner beharrlichen Strategie. Mitunter bin ich ein wenig frustriert, denn meine Frau reagiert nicht so, wie ich mir das vorstelle.

Samstag – einer, den man gut und gerne aus dem Kalender streichen könnte. Man möchte keine Katze vor die Tür schicken. Es regnet, wie schon seit Tagen. Zu allem Überfluss ist es so trübe, dass ich bereits zur Mittagszeit das Licht anschalten muss, um einigermaßen malen zu können. Ich male Löwen, man höre und staune: Löwen! Aber es will mir nicht recht gelingen, und ich quäle mich von Pinselstrich zu Pinselstrich. Bisweilen überkommt mich ein Anflug der Euphorie, und ich stelle mir vor, ich war in meinem früheren Leben in Afrika. Aber kaum einige Minuten später entgleiten mir die Bilder davon wieder, als ob meine Erinnerung zu schwach sei. Da springt die Tür zum Atelier auf, und eine gut gelaunte Monika wedelt mit einem Stück Tageszeitung in der Luft.

»Sonderangebot!«, ruft sie triumphierend.

»O Gott, nicht schon wieder«, brumme ich. »Drei Kilo Weißbrot und zwei Pfund Margarine, ich kann das Zeug nicht mehr sehen.«

»Eine Reise nach Kenia«, fügt sie hinzu.

»Hoppla!« Jetzt reißt es mich im wahrsten Sinne des Wortes vom Hocker. Schweigend nehme ich den Zeitungsausriss. Ich will ja kein Miesepeter sein, aber muss es denn unbedingt ein Sonderangebot sein? Freilich ist Monika in den letzten Jahren auch Gschäftsfrau geworden, aber ob das bei der Planung einer Afrikareise so gut ist – da bin ich mir nicht sicher.

»Strandhotel«, knurre ich. Gelinde gesagt dreht sich mir der Magen um. »Indischer Ozean«, lese ich argwöhnisch. »Da gibt es doch keine Tiere außer Touristen, und schon gar keine Löwen.«

Das Letztere wirkt. Monika wird nachdenklich. Doch dann kommt mir der Gedanke, dass die Reise möglicherweise gar nicht so schlecht ist. Zunächst einmal fliegen wir nach Kenia, und wie das Ganze dann weitergeht, steht in den Sternen. Wir könnten ja in einer Art gemeinschaftlicher Einsicht feststellen, dass der Strand todlangweilig ist, und selbigen kurzerhand weit hinter uns lassen.

»Aber eigentlich hast du Recht. Vielleicht eine durchaus gute

Idee«, steuere ich schleunigst entgegen. »Der Trip ist billig. Und wenn uns Kenia nicht gefällt, haben wir wenigstens kaum Geld zum Fenster rausgeworfen.«

»Ach was, Kenia ist bestimmt toll!«, protestiert Monika.

Genau das wollte ich hören. Ich bin höchst zufrieden. Die Entscheidung ist gefällt, und über einige Kleinigkeiten werden wir uns schnell einig.

Der Tag ist gerettet. Von mir aus kann sich der Dauerregen in einen endlosen Wolkenbruch verwandeln. Das kann mir nichts anhaben. Sogar meine Löwen auf der Leinwand kriegen noch richtig ausdrucksstarke Gesichter. Es ist, als lachten sie mich an und wollten mir zurufen: »Wir glauben, wir spinnen – es geht nach Afrika!«

Allein die Vorstellung, demnächst nach Afrika zu fliegen, setzt unglaubliche Kräfte frei. Ich arbeite einige Stunden mehr pro Tag, und in der Nacht kann ich trotzdem oft nicht einschlafen. In meinem Kopf entwickeln sich Bilder und Vorstellungen von Afrika, so stark, dass ich mitunter die Erde zu riechen glaube. Auch die Löwen auf meiner Leinwand entwickeln sich prächtig. Eine weitere Ölfarbenschicht ist hinzugekommen. Sie lachen immer noch!

Mittlerweile habe ich die neue Fotoausrüstung bestellt, die ich unbedingt benötige, und der Rechnungsendbetrag hat mindestens eine Ziffer zu viel. Glücklicherweise habe ich schon ein bisschen Suaheli, die kenianische Amtssprache, gelernt.

»Hakuna matata«, tröste ich Monika. »Das heißt so viel wie ›kein Problem‹ und ist die wichtigste ostafrikanische Weisheit neben ›pole-pole‹, langsam-langsam«, schiebe ich stolz hinterher. Monika kann immerhin gequält darüber lachen. Außerdem hat die Rechnung ein Zahlungsziel von vier Wochen. Bis dahin sind wir längst in Kenia, und wer weiß, vielleicht bleiben wir sowieso dort.

Die Erfüllung meines Kindheitstraums rückt grausam langsam näher. Die Zeit scheint stehen geblieben zu sein, selbst wenn ich in einem Malrausch nach dem anderen versinke. Mein Löwenbild ist schließlich vollendet. Ich kann mich noch nicht für einen Bildtitel entscheiden, denn erst muss ich den Trip in die afrikanische Savanne machen, um festzustellen, ob Löwen wirklich lachen können. Wenn ich mich an die Gesichter der Löwen im Zoo erinnere, bezweifle ich es. Die schauten durchweg wie sieben Tage Regenwetter. Ich hoffe zutiefst, dass ich die beklemmenden Erlebnisse aus dem Zoo in Kürze überwinden kann. Wir werden es sehen.

Der Traum wird wahr

Der Tag ist gekommen. Der Wind treibt großvolumige Kumuluswolken über den Himmel. Ich stelle mir vor, sie wandern gen Afrika. Freilich stimmt die Richtung nicht so ganz, aber das ist mir egal.

Es ist Rosenmontag 1995. Während die Narren landauf, landab noch ihren Rausch ausschlafen, legen wir letztmalig Hand an unser Gepäck. Ich habe meinen Rucksack, mit dem ich 1989 barfuß die Alpen überquerte, wieder herausgekramt. Mindestens zwei der 25 Liter fassenden Kunststoffkanister müssen mit. Sie sind mit Gebirgsmotiven bemalt, und auf einem steht in dicken Buchstaben: »killing the feet, save the mountains« (zerstöre die Füße, schütze die Berge). Irgendwie freue ich mich schon auf das Geplänkel am Flughafen. Die Kenianer werden uns wahrscheinlich für vollkommen durchgeknallt halten. »Hakuna matada« (kein Problem), summe ich vor mich hin und überlege, was ich wohl sage, wenn mich jemand von der Gepäckkontrolle fragt, was in den komischen Kanistern ist. »Der Geist Afrikas« oder »aufgestaute Träume«. Quatsch, ich muss noch überlegen.

Monika rätselt, ob sie den Kosmetikkoffer mitnehmen soll. Nein, ich sage dazu nichts. Stattdessen ziehe ich eine so grässliche Grimasse, dass sie von selber darauf kommt, dass das keine gute Idee ist.

Wir machen uns natürlich viel zu früh auf den Weg nach München. Unterwegs kaufen wir noch einige Berliner – unser Beitrag an die diesjährige Fastnachtssaison. Ansonsten sind wir mit unseren

Gedanken längst nicht mehr in Europa. Am Flughafen verläuft alles überraschend zügig und ruhig. Nur an der Gepäckkontrolle gibt es die erwarteten Schwierigkeiten. Ich entscheide mich, keine Scherze mit dem Kontrolleur zu treiben, und zeige ihm bereitwillig den Inhalt des ungewöhnlichen Gepäcks. Dafür ernte ich viel Bewunderung, doch ich kann es kaum erwarten, endlich abzuheben.

Die Nacht im Flugzeug ist unruhig, an Schlaf zunächst nicht zu denken. In der Sitzreihe hinter uns hat sich eine Gruppe von Österreichern eingenistet. Einerseits freuen sie sich auf Kenia, andererseits sind sie zutiefst betrübt, den Schlusspunkt des diesjährigen Karnevals zu verpassen. Zu unserem Leidwesen kommen sie auf die Idee, Vorfreude und Karneval in einem gemeinsamen Saufgelage zu feiern. Sie erzählen sich Witzeleien, über die man allenfalls mit zwei Promille im Blut lachen kann. Nach jeder Erzählung werfen sie sich mit ihrem ganzen Gewicht – und das ist beachtlich – gegen den Vordersitz. Zunächst bin ich damit beschäftigt, bei diesen plötzlichen Erdbeben das Abendessen bei mir zu behalten, später werde ich in meinen Träumen gestört. »Die werde ich den Löwen zum Fraß vorwerfen«, stelle ich mir bissig vor.

Irgendwann wird es ruhig. Offensichtlich hat mein stiller Protest gewirkt, und ich nicke wenigstens für ein, zwei Stunden ein. Die Landung ist für 6.30 Uhr geplant. Als ich die Augen öffne, liegt ein schwacher silberner Schimmer über der Erdkrümmung. Auf dem Monitor im Flugzeug erkenne ich, dass wir in etwa zu diesem Zeitpunkt den kenianischen Luftraum erreichen. Angestrengt starre ich in das grauschwarze Nichts unter uns. Die Struktur der Landschaft ist nur mit Mühe zu erkennen. Die wenigen Anhaltspunkte, die sich meinem Auge bieten, füge ich zu einem plastischen Bild zusammen: Es ist trocken und kalt. Die Umgebung ist steinig und karg. – »Blödsinn – da gibt es bestimmt Grasebenen und Wälder«, denke ich. Das gefällt mir besser. – »Nein, der Norden Kenias ist verdammt trocken«, korrigiert mich mein angelesener Verstand.

Ich erkenne einen großen Flusslauf. Mit Wasser scheint er aber nicht gefüllt zu sein. Die ersten Lichtstrahlen, die eben über die

Erdkrümmung lugen, müssten sich im Wasser spiegeln. Meine Augen folgen der weitläufigen Niederung – Fehlanzeige. Der Jet fliegt einfach zu schnell, und das Flugzeugfenster bietet lediglich einen eingeengten Blickwinkel. Wenig später sehe ich nochmals das vermeintliche Flusstal, aber erneut spricht nichts für die Existenz von Wasser. »Okay, der Reiseführer hat doch Recht, der Norden Kenias ist trocken«, kapituliere ich und revidiere mein inneres Bild.

Die Sonne springt regelrecht über die Erdkrümmung und breitet binnen kürzester Zeit einen goldenen, warmen Seidenteppich aus. Die Schatten wirken aus der beträchtlichen Höhe bedrohlich tief, während sich die flugs wachsenden Lichtflächen imposant emporschwingen. Meine Neugier, diese Landstriche zu bereisen, wächst immer mehr. Ich kann mir gut ausmalen, welch großartiges Fotolicht dort unten jetzt herrscht. Ich spüre, wie das Fieber in mir steigt. Ich muss hier raus.

Der Flugkapitän scheint etwas dagegen zu haben. Er wünscht den Fluggästen einen wunderschönen guten Morgen und kündigt erst einmal das Frühstück an.

Ich esse, ohne es richtig zu bemerken. Den Jungs in der Sitzreihe hinter uns ist übel. Solange sie die Angelegenheit unter sich ausmachen, ist mir das nur recht. Linker Hand taucht ein mächtiges Bergmassiv auf. Wenn mich meine Erinnerung nicht im Stich lässt, müsste das laut einiger Abbildungen der Mount Kenia sein. Um den nackten Gipfelaufbau formieren sich phantastische Waldgebiete.

»In Kenia gibt es wohl keine Flurbereinigung«, stelle ich belustigt und zugleich erleichtert fest. »Alles ist so herrlich unförmig.« In der Tat ist es ein wahres Schauspiel der Formen, Farben und Lichtspiele, das sich uns bietet. Je mehr wir an Höhe verlieren, desto konkreter werden die Formen, desto klarer die Farben. Wir nähern uns Mombasa.

Plötzlich überkommt mich die Vermutung, wir seien über dem Tsavo Nationalpark. Ich springe auf und eile zum Notausstieg.

Dort gibt es ein größeres Fenster. Auf keinen Fall will ich etwas verpassen. Ich presse meine Stirn an die Scheibe und schiele nach unten. Bald, als wir noch weiter unten sind, erkenne ich einzelne Buschgruppen oder Waldinseln. Je mehr Details ich erkennen kann, umso häufiger bilde ich mir ein, einen Elefanten oder eine Herde Zebras zu sehen. Ich bestimme Punkte im Gelände und lege mich auf eine Tierart fest. Im nächsten Augenblick muss ich meinen Irrtum einsehen, aber das macht nichts, weil ich gleich darauf etwas Neues entdecke. Vollkommen verloren in meinem Such- und Bestimmungsspiel, bin ich mir gar nicht bewusst, dass die Baumspitzen dem Flugzeug schon bedrohlich nahe kommen. Die Stewardess ermahnt mich mit bösem Gesicht, mich sofort zu meinem Platz zu begeben und mich anzuschnallen. Ich folge der Anweisung nicht, ehe ich bewiesen habe, dass ich ein noch viel böseres Gesicht machen kann.

Afrika – es ist 6.30 Uhr und überraschend warm. Die Luft ist schwer und feucht, es riecht nach Freiheit und Abenteuer. Wir lassen uns Zeit. Ich fühle mich in einer anderen Welt und muss mich mit der Situation erst einmal vertraut machen. Nachdem sich die Menschenschlangen vor der Kontrolle gelichtet haben, betreten wir das Flughafengebäude. Wir testen unsere spärlichen Suaheli-Sprachkenntnisse. Der freundliche Afrikaner an der Tür ist sogleich begeistert, zumal wir noch nachlegen. Wir erzählen ihm, dass wir aus einem scheußlichen Land kommen, in dem zurzeit entsetzliches Wetter ist, und dass wir Kenia wahrscheinlich nie mehr verlassen werden. Das gefällt dem Beamten. Er kann darüber herzhaft lachen, und fast klingt ein wenig Schadenfreude mit. Bei der Passkontrolle sind wir dann etwas verhaltener, denn der Kontrolleur ist überaus korrekt und stempelt wild durch die Gegend. Wir passieren den Zoll, ohne angehalten zu werden – und das trotz meiner bemalten Kunststoffkanister, die ich ganz oben auf den Gepäckwagen gestellt habe. Beinahe bin ich enttäuscht.

Kaum treten wir ins Freie, halten uns gut aufgelegte Kenianerinnen irgendwelche Druckwerke unter die Nase. Es handelt sich sozusagen um eine Checkliste zum Ankreuzen, welche und wie viele Tiere man gesehen hat.

»So ein Schwachsinn. Da geht es schon los mit dieser Sonderangebots-Pauschalreise«, rege ich mich klammheimlich auf. Ich gebe die Liste zurück. »Die Checkliste ist zu klein. Wir werden viele tausend Tiere mehr sehen«, rechtfertige ich die Rückgabe und lache. Die Dame ist verwirrt, findet es aber auch lustig.

Die Situation auf dem Parkplatz des Flugplatzgeländes ist gelinde gesagt chaotisch. Eigentlich wäre es ganz einfach gewesen, die Touristen von vornherein nach Hotels aufzuteilen. Stattdessen müssen wir einige Male den Bus wechseln. Manche Leidgenossen fluchen schon grässlich und wünschen sich, zu Hause geblieben zu sein. Ich finde es amüsant, zumal ich nicht genau weiß, in welches Hotel die Fahrt führt. Aber mir ist das egal. Ich habe sowieso keine Lust aufs Hotel. Ich will in die Wildnis, und zwar sofort. Anscheinend sieht man mir das an, denn die bunt gekleideten Mitfahrer betrachten mich kritisch. Ich aber habe beschlossen, in Afrika zu sein, und schaue strikt auf meiner Seite aus dem Fenster. Die Grünanlage um den Flughafen hat britisches Flair. Sie ist äußerst gepflegt.

Wir bringen eine letzte Kontrolle hinter uns. Gleich danach beginnt Afrika wirklich. Durch das offene Fenster dringt Staub ins Wageninnere. Auch der dichte tropische Pflanzenbewuchs beiderseits der Straße ist mit einer dichten Staubschicht überzogen. Das sieht interessant aus: unten fahlbeige, in halber Höhe ein schmutziges Pastellgrün, gekrönt von leuchtendem Grün. Die wallenden, breitblättrigen Pflanzen lassen mich an ein riesiges Gewächshaus denken. Ich kann es immer noch nicht ganz glauben. Erst die Palmen, die das Landschaftsbild prägen, machen mir klar: »Du bist wirklich in Afrika. Heute geht dein Kindheitstraum in Erfüllung!«

Der Busfahrer legt ein höllisches Tempo vor. Mit ihrer Flughafenstraße haben sich die Kenianer für meinen Geschmack zu viel Mühe gegeben. Gewiss, es gibt das eine oder andere Schlagloch, welches jedoch mit Schotter und anderen widerstandsfähigen

Gegenständen sorgsam aufgefüllt wurde. Unser Fahrer überwindet solcherlei Hindernisse vorzugsweise ungebremst. Dem Bus indes schadet es nicht viel, dem Inhalt kaum mehr, und mir kann es gar nicht holperig genug sein.

Die Menschengruppen, die die Straße säumen, lassen vermuten, dass wir uns Mombasa nähern. Dementsprechend drosselt unser Chauffeur die Geschwindigkeit. Gut so, es gibt uns zum ersten Mal die Möglichkeit, afrikanisches Lebensgefühl einzusaugen. Aus dem Wageninneren raunt eine Dame in schwer verständlichem Dialekt: »Schaut nur, wie die Schwarzen rumlaufen.« Ich zwinge mich wegzuhören.

Zugegeben, Deutschland ist mental noch so nah, dass es eines gewissen Einfühlungsvermögens bedarf, um sich auf die Situation in den Vorstadtsiedlungen Mombasas einzulassen. Fast kommt es mir vor, als würde ich vor dem Fernseher sitzen. Wir fahren in einer isolierten Blechkiste an Menschen vorbei, die uns zunächst noch so fremd sind. Viel lieber würde ich aussteigen, um ein Stück des Weges mit ihnen zu gehen. Ich möchte mehr wissen, mich mit ihnen unterhalten. Leider kann ich kaum Suaheli sprechen.

Ich schäme mich etwas dafür.

Wir können allenfalls erahnen, wo wir uns befinden. Nach meinem Dafürhalten sind wir nun mitten in Mombasa. Die Menschenmassen nehmen immer noch zu. Das macht mir Angst. Überall im Busch tauchen Hütten auf. Manche sind liebevoll und aufwändig errichtet, andere vermitteln den Eindruck eines Provisoriums oder sind gar nur Holzgerüste mit einer Plastikplane. Zunehmend ist der Fahrweg von Kiosken oder Marktständen flankiert. Für uns ist es meist nicht ersichtlich, was eigentlich verkauft wird. Der eine oder andere Stand scheint allerdings ziemlich beliebt zu sein, große Menschenansammlungen bilden sich davor. Unser Busfahrer muss häufig abbremsen und abenteuerliche Lenkmanöver vollbringen, was nicht ganz einfach ist, zumal die Straße überwiegend nur noch Schotterbelag aufweist. Bei alledem überkommt mich eine magisch anziehende Neugierde. »Mombasa und das Leben seiner Bewohner ist mehr als einen Besuch wert«, denke ich mir. Ich bin gespannt, wie meine Frau darüber denkt.

Da hupt es. Es kracht. Es scheppert. Es geht weder vor noch zurück. Die Touristen im Auto schauen sich fragend an und sagen wohlweislich gar nichts mehr. Ich finde es schlicht und ergreifend spannend. Monika pflichtet mir hör- und sichtbar bei. Und der Fahrer, der nimmt das ohnehin alles gelassen. Wir müssen die Stadtmitte Mombasas erreicht haben. Menschen, die vorn, hinten und seitlich an dem stehenden Bus vorbeischlendern, Häuser, die sich scheinbar willkürlich in das Stadtbild bohren, und eine bombastische Geräuschkulisse nähren diese Vermutung. Die Atmosphäre hat einen eigenen Rhythmus. Wir vertreiben uns die Zeit, indem wir den neu erfahrenen Takt und die vielfältigen Eindrücke in uns aufsaugen.

»Das ist in Mombasa normal«, entschuldigt sich der Busfahrer.

»In Deutschland ist es noch schlimmer«, meint Monika scherzhaft.

»Moment!«, interveniert ein Mitfahrer scharf und preist die Vorzüge europäischer Verkehrsleittechnik.

Ich schaue mir den Schlauberger genau an, damit ich weiß, wem ich künftig am besten aus dem Weg gehe. Gerade als der Herr über die Rückständigkeit der Afrikaner zu schwadronieren beginnt, können wir wieder einige Meter weiterfahren. In seiner Verwunderung darüber schaut er mich kurz an und ihm wird klar, dass sich niemand für sein Geschwätz interessiert. Er verstummt, dem Himmel sei Dank. Möglicherweise versteht unser Fahrer ja zu allem Unglück ein wenig Deutsch. Dann hätten wir uns mal wieder alle gründlich blamiert.

Die Stadt am Indischen Ozean hält uns noch für eine Weile gefangen. Stück für Stück lockern sich die Fesseln. Die Lücken werden größer. Entsprechend kann unser Fahrer jetzt längere Strecken zurücklegen, ohne dauernd anhalten zu müssen. Am Stadtrand reicht ein Ausläufer des Ozeans rechter Hand bis an die Fahrstraße. Der Busfahrer quittiert die zurückgewonnene Freiheit mit einem rasanten Zwischenspurt. Wir fliegen durch die Vororte Mombasas. Ab und zu zeigt unser Chauffeur in verschiedene Richtungen und ruft etwas in den Wagen, was ohnehin niemand versteht.

Links abseits der Straße erahnen wir erstmals, was mit Buschland gemeint sein könnte. Rechter Hand zeichnet sich kaum eine Veränderung ab. Das Land ist locker besiedelt. Jede Familie hat sich ihr kleines Reich entsprechend ihrer Möglichkeiten aufgebaut. Holzbaracken wechseln mit Lehmhütten, die zum Teil grell bunt bemalt sind. Alles ist reichlich verziert mit mehr oder weniger großen Werbetafeln. Es ist unschwer zu erkennen, ›Coca Cola‹ war auch schon da. Zumindest gewinnen die knallroten Schilder optisch die Oberhand.

Des Kenianers liebstes Kind scheint das Fahrrad zu sein. Das ist plausibel. Bloß scheinen sie zu vergessen, dass sie im Wettbewerb mit den motorisierten Vierrädern eigentlich im Nachteil sind. Dennoch wechseln sie die Straßenseiten nahezu nach Belieben. Das wichtigste Handwerkszeug unseres Fahrers ist die Hupe.

»Sei ehrlich, wie viele Fahrradfahrer hast du schon ins Jenseits befördert?«, frage ich unseren Mann am Lenkrad.

»Keinen einzigen!«, gibt der empört zurück. Aber als er merkt, dass meine Frage nicht wirklich ernst gemeint war, fällt ihm doch eine ganze Menge wilder Geschichten ein.

»Du bist ein Scherzbold«, unterbreche ich die Schilderung seiner grausamen Erfindungen. Das gefällt ihm dann noch besser, und er unterstreicht sein neu gewonnenes Image mit allerlei Späßen. Er heißt Bill und lebt, wenn er nicht gerade Touristen durch die Gegend fährt, irgendwo in einer Hütte zwischen den Palmen. Sein Whirlpool ist der Indische Ozean.

»Nicht schlecht«, denke ich mir. Gerne würde ich noch ein bisschen mit ihm plaudern und mehr über das Leben hier erfahren, aber dafür bleibt keine Zeit. Wir biegen rechts von der Hauptstraße ab, und vor uns erstreckt sich die Hotelanlage. Das Tor ist gründlich bewacht, was mich kaum wundert, denn auf der anderen Seite ist Afrika zu Ende. Im Schritttempo werden wir durch die Anlage chauffiert. Besonders der saftig grüne englische Rasen fällt auf – ich bin begeistert. Leider sind zu viele Schläuche und Sprinkleranlagen in Betrieb. Da fliegt der Schwindel gleich auf.

Wir sind im kleinsten der vier Hotels in der Anlage untergebracht. Das ist ein Lichtblick. Immerhin haben die Erbauer sich alle erdenkliche Mühe gegeben, afrikanisches Flair zu verbreiten. Auch die Hotelmanagerin ist offensichtlich sehr stolz darauf und verweist auf die raffinierte Konstruktion der Eingangshalle und des angeschlossenen Restaurants. Der riesige Rundbau ist nach nahezu allen Seiten offen. Die feuchte und bereits zu früher Morgenstunde warme Luft erobert ungehindert den Innenraum, und natürliche Baustoffe verbreiten einen intensiven Duft. Durch die offene Bauweise ist auch sichergestellt, dass keine Klimaanlage die Atmosphäre beeinträchtigt. Fürs Erste bin ich versöhnt.

Wir üben uns in afrikanischer Bedächtigkeit und lassen den anderen Touristen gerne den Vortritt. Die Zimmerboys schleppen die Koffer weg, und allmählich wird es ruhig in der Halle. Das gibt uns Gelegenheit, mit einigen der Angestellten zu plaudern und einige Nettigkeiten auszutauschen. Schließlich ist nur noch unser Gepäck da. Ein freundlicher junger Mann versucht sich an den schwersten Stücken, den Rest übernehmen wir, was er zunächst nicht akzeptieren will.

»Kein Problem«, beruhigen wir ihn auf Suaheli und gehen zu unserem Zimmer. Dort kam der afrikanische Architekt nicht mehr zum Zuge, wie wir leider feststellen müssen. Selbstverständlich lassen wir uns die Enttäuschung darüber nicht anmerken.

»Das Zimmer ist toll«, schwindeln wir beide einhellig, nachdem uns der Boy auf alle möglichen Defizite hingewiesen hat. Als der Junge mit seinem Vortrag fertig ist, bedanken wir uns höflich auf Suaheli, was ihn sehr freut, und drücken ihm einen Dollar in die Hand.

Kaum fällt die Tür ins Schloss, beginnt die Diskussion: Wir sind in einer Hotelanlage in Afrika gelandet, und das ist genau der Zustand, den es zu ändern gilt. Hundertprozentig können wir uns auf die Schnelle nicht einigen. Die erste und wichtigste Maßnahme besteht jedoch darin, auf keinen Fall irgendein Gepäckstück auszupacken, weil wir uns sicher sind, in Kürze dem Status von Pauschalreisenden abzuschwören.

Wir flüchten aus dem Hotelzimmer. Draußen muss ich erst mal tief durchatmen. Vor der Tür des Nachbarzimmers steht eine ansehnliche Wasserpfütze. Die Klimaanlage hat ihren Geist aufgegeben. Ich kann mir ein gehöriges Maß an Schadenfreude nicht verkneifen.

Zwischen Hotel und Ozeanstrand gibt es einen Swimmingpool. Damit mussten wir rechnen. Meines Erachtens war das auch so im Prospekt beworben. Auf der Wiese außen herum gammeln einige leblose menschliche Körper auf Liegestühlen in der prallen Mittagssonne vor sich hin. Es fällt schwer, den dahinter stehenden Persönlichkeiten diese törichte Dummheit zu verzeihen. Nun gut, irgendwie müssen sie ja beweisen, dass sie in Afrika waren. Im Grunde genommen ist mir das auch egal. Im Gegenteil, ich finde sogar Gefallen daran. Auch den zahlreichen Meerkatzen in der Anlage scheint es so zu gehen. Sie streunen zwischen den Sonnenanbetern herum und versuchen, interessante Gegenstände oder Leckereien zu klauen.

Ein wohl rund zehn Meter hoher Abbruch trennt die Hotelanlage vom Strand des Indischen Ozeans. Doch statt rauschender Wellen erwartet uns ein silbrig gleißendes Mosaik, das sich bis weit ins Meer erstreckt. Es ist Ebbe. Fast sieht es aus, als hätte das Meer vom Tourismusrummel die Nase voll und sich deshalb zurückgezogen. Lediglich einige unerschrockene Badenixen tummeln sich in den Tümpeln und Pfützen, die übrig geblieben sind. Dementsprechend ist am Strand auch nicht allzu viel los. Eine Gruppe Palmen lacht uns an, in deren Schatten wir ein wenig Ruhe finden könnten.

Könnten – denn sicher ist das keineswegs. Meine plötzliche Erscheinung sorgt für Wirbel bei den Strandjungs, die den Badenden Souvenirs aufschwatzen wollen: »Hey, Mann, brauchst du was zu rauchen?«, schmettert mir ein Händler aus gut fünfzig Meter Entfernung entgegen. Er ist sich fast sicher, verkörpere ich doch das Idealbild eines Kiffers: lange, wilde Haare und als kleines Gastgeschenk an Kenia habe ich meinen Schnurrbart zur Hälfte abrasiert. Das sieht im wahrsten Sinne des Wortes schräg aus.

Da ich nicht sofort reagiere, wiederholt der Typ sein Angebot. Ein anderer fällt ihm barsch ins Wort und bietet seinen Stoff zum – man höre und staune – »Neckermann-Preis« an. Außerdem ist er sich sicher, dass ich mit Jesus verwandt sein muss.

»Verflucht, wo bin ich hier eigentlich gelandet?«, frage ich mich. Mit dem Afrika, von dem ich seit jeher träume, hat das auf jeden Fall nichts zu tun. Am liebsten würde ich den Herrschaften vermitteln, dass sie sich zum Teufel scheren sollen, aber ich bleibe freundlich. Ich lache, winke ab und sage gar nichts dazu – basta. Nach einer gewissen Zeit werden sie von selbst merken, dass sie mit mir nicht ins Geschäft kommen. Ansonsten ist der Platz unter den Palmen wirklich schön. Wir genießen den Komfort eines Liegestuhls und lassen uns obendrein auch noch eine Cola servieren. Ich strecke die Waffen, für heute bin ich Tourist.

Die Hotelchefs haben keinen Aufwand gescheut, ihr Reich gegen den Rest Afrikas abzugrenzen. Rotweiße Plastikbänder markieren den Bereich, der den Gästen vorbehalten ist. Für die Strandjungs ist das eine Grenze, die sie nicht zu überschreiten wagen. Um ins Meer zu gelangen, bleibt einem hingegen nichts anderes übrig, als den abgesteckten Bereich zu verlassen. Aber wehe dem, der das wagt. Der Weg ins kühle Nass ist lang, und die Händler sind hartnäckig: Es gibt kein gültiges Argument, das gegen einen Kauf spricht. Manche Touristen regen sich über die lästigen Kaufleute sicht- und hörbar auf – das hilft. Über sie hinwegzusehen ist eine weniger gute Methode, denn der eine oder andere Händler geht mit einem solchen Ignoranten gleich noch schwimmen, damit der auch wirklich begreift, welch tolle Angebote ihm möglicherweise entgehen.

Nach einem kurzen Nickerchen können wir der Versuchung dennoch nicht widerstehen und huschen vorbei an Freund und

Feind ins Wasser. Das ist eine ziemlich warme Brühe und hält nicht, was es verspricht. Als wir zurückkehren, sind die Strandjungs bereit für neue Kunden. Es gibt kein Entrinnen, hoffnungsfroh grinst man uns an. Nun, wir wollen nicht unhöflich sein. Einige Skulpturen sind wirklich sehr gelungen. Ich nehme die eine oder andere Elefantenfigur in die Hand.

»Das ist echtes Ebenholz«, beteuern zwei Jungs gleichzeitig, was die Sache eher verdächtig macht. Dem Gewicht nach zu urteilen, könnten sie aber Recht haben.

Die Händler wollen alles über uns wissen. Wir geben bereitwillig Auskunft. Bestätigen immer wieder, wie schön die Ausstellungsstücke sind, dass wir jetzt aber noch nichts kaufen können, weil wir noch kein Geld gewechselt haben. Die zwanzigste Wiederholung dieser Phrase führt zum Erfolg. Wir haben unsere Freiheit zurück und können unseres Weges ziehen.

Gegen Abend spielen wir unsere Rolle als Touristen schon mit einer gewissen Leidenschaft, wobei die Betonung eher auf »Leiden« liegt. Wir beteiligen uns an der offiziellen Begrüßung der neu angekommenen Gäste, und zwar nicht nur, um uns den Begrüßungscocktail nicht entgehen zu lassen.

Zunächst gibt es eine ganze Menge technischer Anmerkungen bis hin zum Fluchtweg.

»Es gibt nur einen Fluchtweg, nämlich ab durchs Haupttor, rein ins wahre Afrika, und zwar auf Nimmerwiedersehen«, ergänze ich in Gedanken und bin sogleich ganz Ohr, da es doch richtig spannend wird, denn uns wird Afrika erklärt.

»Die Hotelanlage ist gut gesichert«, beruhigt der Hotelmanager die Gemüter.

»Gut zu wissen«, werfe ich stillvergnügt ein.

»Vergessen Sie nicht, hinter dem Zaun beginnt die Wildnis«, fährt der Manager fort.

»Ach, sag bloß«.

»Verlassen Sie am besten niemals das Hotelgelände, es sei denn in organisierten Ausflügen. Lassen Sie sich niemals von einem wildfremden Afrikaner ansprechen, geschweige denn zu einem Kauf überreden. Buchen Sie niemals eine Safari außerhalb des Geländes, denn die Afrikaner sind durchweg Betrüger. Bestenfalls kommen Sie mit leeren Taschen zurück«, warnt uns der Manager fürsorglich. Schade, eigentlich hätte er noch den schlechtesten Fall schildern können, dann wären wir alle ohne große Umschweife mit der nächsten Maschine nach Deutschland zurückgeflogen.

Nachdem der Hotelmanager uns weisgemacht hat, dass wir von blutrünstigen Tieren, Betrügern, Wegelagerern und Mördern umgeben sind, beendet er seine Ansprache und wünscht uns einen guten Aufenthalt.

»Vielen Dank auch dafür«, grummle ich.

Immerhin hat er nicht ganz unerwähnt gelassen, dass die Afrikaner eigentlich sehr freundlich und offen sind. Außerdem glaube ich, genau dann ein begeistertes Blitzen in seinen Augen bemerkt zu haben.

Beim Abendessen wägen wir ab. Wir entscheiden uns, genau entgegen den Warnungen vorzugehen. Der Gedanke gefällt mir so gut, dass ich in der Nacht tief und fest wie ein Löwe schlafe.

Die Schlacht am Frühstücksbüffet bekräftigt unseren Beschluss. Es ist ein Graus zu sehen, wie manche Menschen Nahrungsmittel auf Teller laden und dann doch nur die Hälfte davon essen. Ich beobachte die Gesichter der schwarzen Bedienungen, und es ist pure Verzweiflung darin zu lesen. Mir vergeht jeglicher Appetit. Wir versuchen, uns besser zu benehmen, begnügen uns mit einigen köstlichen Scheiben frischer Ananas und schlürfen eine Tasse Kaffee. Unsere Tischnachbarn sind glücklicherweise auch von der vernünftigen Sorte. Jedoch die Auswüchse einiger Hotelbewohner wirken. Wir führen eine heiße Diskussion und schimpfen lauthals auf Englisch, um den Afrikanern zu zeigen, dass nicht alle Bleichgesichter so gedankenlos sind.

Und dann nichts wie hinaus ins wirkliche Leben: Wir wollen nach Mombasa, um einige Kontakte zu knüpfen und uns vorbehaltlos ins afrikanische Getümmel zu stürzen. Zwar könnten wir auch ein Matada, einen Kleinbus, benutzen, doch ich will mit Sicht auf eine spätere Rundreise lieber einen Taxifahrer anheuern. Das ist gar nicht so leicht. Nach einigem Hin und Her gelangen wir schließlich an einen netten jungen Mann, der sich als Taxifahrer ausgibt und offenbar auch ein solches besitzt. Das Auto sieht ein bisschen heruntergekommen aus, aber es ist quietschgelb und hat in der Tat ein Taxischild auf dem Dach. Wir einigen uns auch überraschend schnell auf einen Preis: zwanzig US-Dollar nach Mombasa und am Abend wieder zurück. Wir sind gespannt, ob das klappt.

Muema, so heißt unser Chauffeur, hat dem Busfahrer gestern einiges voraus. Er stellt einen neuen Geschwindigkeitsrekord auf. Afrika fliegt auf beiden Seiten der Straße an uns vorbei. Das Klappern der Karosserie und der vollkommen überdrehte Motor machen einen Höllenlärm. Wir verstehen unser eigenes Wort kaum und können uns schon gar nicht mit Muema unterhalten. Trotzdem gefällt mir der Junge, er hat es faustdick hinter den Ohren. Das ist unser Mann. Monika ist weniger euphorisch. Sie will erst einmal abwarten, ob uns Muema tatsächlich, wie vereinbart, am Abend wieder abholt. Als Erstes bringt uns Muema zu Fort Jesus, einer ehemaligen portugiesischen Festung in Mombasa, weil er glaubt, wir seien Touristen, und die müssen eben dort gewesen sein. »Außerdem ist das ein guter Treffpunkt für den Abend«, meint Muema, und wir sind sicher, dass er Recht hat.

Kaum haben wir das Taxi verlassen, sind wir von einer Menschentraube umlagert. Von verschiedensten Seiten und in den verschiedensten Versionen werden wir darauf aufmerksam gemacht, dass es besser sei, mit einem Führer unterwegs zu sein.

»Keine Sorge, wir können selbst auf uns aufpassen«, versuche ich den Jungs klar zu machen, muss aber bald einsehen, dass wir keine Chance haben. »Okay, okay – du«, entscheide ich ins Blaue hinein.

Und tatsächlich erweist es sich als hilfreich, einen Führer mitzunehmen, zumal, wenn er einen so wundervollen Namen hat. Er nennt sich nämlich Hans Meier. Wie sein wirklicher Name ist, will er uns nicht verraten.

Wir irren ziellos durch die Straßen und Gassen. Besonders beeindruckend sind die kunstvoll geschnitzten Ebenholztüren der ehemaligen portugiesischen Kolonialherren. Alles in allem ist es ein riesiges Sammelsurium an Eindrücken, das gnadenlos auf uns eindrischt. Jeden Moment gibt es irgendetwas Neues zu entdecken, und weil unaufhörlich Menschen an uns vorbeiströmen, kapitulieren die Sinne zuweilen. Plötzlich stehen wir vor einem überraschend aufwändig renovierten Haus, das von zwei Polizisten mit Gummiknüppeln bewacht wird. Darin verbirgt sich ein Juwelier. Die Schaufenster sind mit schweren Eisengittern gesichert. Unser Begleiter – Herr Meier – drängt uns in den Laden. Natürlich wittert er in uns als vermeintlich reichen Europäern die Chance, ein Geschäft zu machen. Leider wollen wir ihm den Gefallen nicht tun, und so geht er heute ohne Provision aus.

Der Tag in Mombasa hat uns viel abverlangt. Wir sind ziemlich geschafft, als wir wieder am Fort Jesus ankommen. Aber auch dort ist uns keine Pause vergönnt. Wir werden umzingelt und nach allen Regeln der Kunst ausgefragt, über Politik, Fußball und was sonst noch alles von Interesse ist. Und wir fragen zurück. Ich habe meinen Spaß, die Kenianer auf die Probe zu stellen, was sie von Europa zu wissen glauben.

»Alles ist besser«, antworten sie pauschal. Aber als wir immer weiter nachfragen, bringen wir sie doch in Verlegenheit. Sobald ich dann auch noch beginne, für Kenia zu schwärmen, ist die Konfusion perfekt. Schließlich sind sie es, die Geschichten aus ihrem Land erzählen.

»Kennt ihr den Shimba Hills Nationalpark?«, stifte ich kurzzeitig Verwirrung.

»Klar kenne ich den, der ist toll«, behauptet einer. Und plötzlich kennen ihn alle. Je mehr sie erzählen, umso sicherer bin ich mir, dass keiner von ihnen jemals dort gewesen ist. Trotzdem, die Runde ist einfach nett. Ich zücke Postkarten meiner Bob-Marley-Gemälde, die ich vor einiger Zeit habe anfertigen lassen, und verteile sie. Das sorgt für Begeisterungsstürme. Alle lieben Bob Marley Wir singen und tanzen, und das bei einer Affenhitze.

Genau genommen war mein Geschenk allerdings ein Fehler. Zum einen haben wir zu wenige Postkarten dabei, zum anderen halten mich jetzt alle für einen passionierten Kiffer. Ich bekomme die unglaublichsten Angebote, und einige werden dabei ganz schön aufdringlich. So bin ich Muema zu größtem Dank verpflichtet, als er nur eine Stunde zu spät auftaucht, um uns abzuholen. Er wird reichlich bewundert, einen so ungewöhnlichen Fahrgast zu haben. Muema ist der Star! Entsprechend zelebriert er den Abschied, und zwar mit einer bemerkenswerten Bedächtigkeit. Uns ist es egal. Wir haben uns längst in den afrikanischen Lebensrhythmus verliebt und finden es höchst amüsant, die lauten Wortduelle ringsherum mitzuverfolgen. Muema gestikuliert wild mit den Händen, brüllt, lacht und klopft den Umstehenden bisweilen so heftig auf die Schulter, dass denen das Lachen vergeht. Nachdem wir uns bis zum Taxi vorgearbeitet haben und unserem Chauffeur offensichtlich auch nichts mehr einfällt, was er loswerden könnte, reißt er elegant die Fahrertür auf. Mit einem gekonnten Schwung nimmt er Platz und dreht seine Musikanlage bis zum Anschlag auf. Es scheppert, kracht, und die Autotüren, in denen die Lautsprecherboxen eingebaut sind, schwingen mit. Es bedarf einiger Augenblicke, ehe wir erkennen, dass Muema eine Kassette mit Reggae-Musik aufgelegt hat. Die Begeisterung ringsumher kennt keine Grenzen.

Wir sind nunmehr eine fahrende Stereoanlage, die sich im Schritttempo ihren Weg durch das Verkehrschaos von Mombasa bahnt, bis wir schließlich am Indischen Ozean ankommen und Muema richtig Gas gibt. Selbst der verdutzte Aufpasser an der Hotelanlage kann unseren Triumphzug nicht stoppen. Als wir mit quietschenden Reifen vor der Rezeption zum Stehen kommen, können wir unseren Fahrer nur mit Mühe davon überzeugen, die Musik auszuschalten.

»Bist du schon in den Shimba Hills gewesen?«, frage ich Muema, als endlich Ruhe eingekehrt ist.

»Na klar«, antwortet er nach anfänglichem Zögern.

»Würdest du mit uns dorthin fahren?«, lege ich nach. Damit habe ich mein Gegenüber beträchtlich in Verlegenheit gebracht. Er zögert wieder und überlegt.

»Es ist verdammt weit«, wendet er schließlich ein.

»Trotzdem«, beharren wir.

Einige Momente vergehen, ehe er sein Okay gibt. Als ich mich dann aber nach dem Preis erkundige, muss der quirlige Afrikaner endgültig passen. Wahrscheinlich hat er mit einer solch spontanen Entscheidung nicht gerechnet. Wir vereinbaren, uns eine halbe Stunde später noch einmal zu treffen. Muema ist erleichtert und verschwindet samt seinem gelben Flitzer ohne Umschweife.

»Wie war der Tag?«, begrüßt uns der Hüter des Hotels, während er uns den Zimmerschlüssel reicht.

»Superklasse«, schmettert ihm Monika mit einem charmanten Lächeln entgegen. Mehr Fragen lassen wir auch gar nicht zu.

Nahezu pünktlich erscheint Muema dreißig Minuten später vor dem Hotel. Schon allein das verwirrt uns mächtig und der Preis obendrein. Er will so wenig dafür haben, dass ich darauf verzichte nachzuverhandeln, sondern ihm lieber einige Bob-Marley-Karten in die Hand drücke. Er ist vollauf zufrieden und überglücklich. Wir würden ihn gerne noch zu einem Drink einladen, doch diese Idee ist weniger gut. Der Eintritt ins Hotel bleibt ihm verwehrt. An der Schwelle des Touristencontainers hört Afrika auf.

Als wir uns im Morgengrauen mit allerlei Gepäck aus dem Hotel schleichen wollen, gibt der Herr an der Rezeption Alarm.

»Wo wollen Sie hin?«, fragt er barsch.

»Ach, wir werden für ein paar Tage das Land erkunden«, erwidern wir.

Der Afrikaner macht ein betont besorgtes Gesicht und beginnt einen Vortrag, den er nur schlecht auswendig gelernt hat. Er erklärt, wie gefährlich sein Land sei und dass wir uns unmöglich für längere Zeit auf eigene Faust vom Hotel wegbewegen könnten.

»Ich bin doch ständig im afrikanischen Busch«, schwindle ich den Hotelmitarbeiter an. Da ich auch so aussehe, weiß er nicht recht, was er tun soll. Den Hotelmanager wecken, damit der die Angelegenheit klärt?

Wir verhandeln einen Kompromiss, mit dem wir alle leben können: Er notiert sich das Kennzeichen des Taxis und das vorläufige Ziel, wir bekommen dafür freies Geleit. Kurz nach sechs Uhr braust ein knallgelbes Taxi die Palmenallee entlang und verlässt die Hotelanlage, die ich zunehmend als Gefängnis empfinde. Den ersten Teil des Weges nach Mombasa kennen wir zwar schon, doch im fahlen Morgenlicht hat alles seine ganz eigene Faszination. Die ersten Sonnenstrahlen spiegeln sich im Ozean und beleuchten die Unterseite der morgendlichen Dunstwolken. Ich öffne das Autofenster, lasse die feuchte Meeresluft herein und stelle mir vor, wir reisten in eine andere Welt. Diese Vision fällt nicht schwer: Der Wind saust mir um die Ohren und spielt eine Sinfonie in Dur. In dem Moment, in dem wir die Brücke nach Mombasa erreichen, zaubert die Morgensonne ein wunderbares Farbenspiel, das das wogende Meerwasser tausendfach bricht und auf die angrenzende Kulisse der Stadt projiziert. Doch sobald wir am anderen Ende der Brücke angelangt sind, ist es mit der friedlichen Stimmung vorbei. Wir tauchen ein in das Getümmel der scheinbar niemals schlafenden Stadt.

Muema schaltet seine Musikanlage ein. Bei der Regelung der Lautstärke finden wir einen bestechenden Kompromiss zwischen schlicht und ergreifend Krach und der Eigendynamik der Reggae-Klänge. Unsere Tour durch Mombasa wird auf diese Weise ein gelebtes Musikvideo. Unser Freund hat noch ein paar Sachen in der Stadt zu erledigen – was genau, das bleibt sein Geheimnis.

Schließlich verlassen wir die Stadt in südlicher Richtung. Allerdings hat sich der Indische Ozean bis tief ins Binnenland ausgebreitet. Eine Brücke gibt es nicht, und so müssen wir die Fähre benutzen. Unser Fahrer hat sich bei einem seiner Zwischenstopps eine elegante Sonnenbrille besorgt und legt nun einen entsprechend saloppen Fahrstil an den Tag. An der abschüssigen Straße, die zu dem Autotransporter führt, steht ein Kassenhäuschen und davor folgerichtig ein Herr, der die Fährgebühren eintreibt. Doch das fällt Muema dummerweise erst auf, als er schon gut und gerne 20 Meter weiter ist. Hinter uns kommt fürchterliches Geschrei auf. Sogar die Stereoanlage kann dagegen kaum ankämpfen. Gerade drehen wir uns erschrocken um, als ein schwer bewaffneter Askari – so heißen die Wachmänner in Ostafrika – im Heckfenster erscheint. Seine Faust schlägt wütend auf die Karosserie des Kleinwagens, und im nächsten Moment schon packt er mit festem Griff das Lenkrad, um mit der anderen Hand den Zündschlüssel zu drehen. Muema ist mit einem Mal ein Bleichgesicht. Er möchte am liebsten im Fahrersitz versinken. Der Askari brüllt wie verrückt und zwingt ihn, aus dem Auto zu steigen. Muemas »Hakuna matata« (kein Problem), das er uns zuruft, klingt wenig überzeugend. Zwei weitere Askaris kommen hinzu und führen Muema ins gegenüberliegende Gebäude.

»Das sieht schlecht aus«, kommen wir nicht umhin festzustellen.

Zunächst einmal wollen wir abwarten, doch als sich nach langen Minuten immer noch nichts tut, beschließen wir, uns in die Angelegenheit einzuschalten.

Muema erscheint umringt von Askaris vor dem Polizeigebäude. Er ist sichtlich bemüht, sein Vergehen zu entschuldigen, aber die drei Polizisten schimpfen munter auf ihn ein.

Ich versuche mich in das Wortgefecht einzumischen, doch vergeblich. Die Askaris vermitteln mir in aller Deutlichkeit, dass sie an meiner Meinung nicht interessiert sind. Wieder bekommen sich die Streithähne in die Haare, aber diesmal beteilige ich mich ungehemmt an der Diskussion: Wenn zwei gegen drei anbrüllen, sollten sich unsere Chancen verbessern. Nach einer Weile drängt mich Muema ab. »Sei unbesorgt. Wir kommen da schon rüber«, meint er.

»Ich bin aber besorgt«, halte ich dagegen und versuche meinem ganzen Ärger Ausdruck zu verleihen.

Neuerlich verschwinden die vier Afrikaner in der Polizeistation, ich kehre zum Auto zurück, und wir üben uns in afrikanischer Geduld. Es vergehen fünf Minuten, zehn Minuten, und wieder passiert nichts. Es dauert eine Ewigkeit, bis Muema mit versteinertem Gesicht aus dem Office zu seinem Taxi marschiert, einsteigt und losfährt. Seine Stimmung ist schlecht. Die Angelegenheit war nicht ganz billig.

Die Fähre ist bedrohlich überfüllt. Emsige Ordnungshüter dirigieren die Autos Stoßstange an Stoßstange. Die Reihen sind so eng, dass man kaum die Tür öffnen kann. Glücklicherweise parken wir ganz außen. Doch sobald ich den Versuch unternehme auszusteigen, werde ich zurückgepfiffen. Muema schließt alle Türen des Wagens.

Als wir auf der anderen Seite des Meeresarms ankommen, sind wir heilfroh, das Kapitel Fähre endlich abzuschließen. Wir haben viel Zeit verloren. Palmenhaine fliegen an uns vorbei. Muema holt aus seinem geliebten Gefährt alles heraus, was der schwermütig vor sich hin jaulende Motor hergibt. Unablässig presst er das Gaspedal gegen das Bodenblech. Ich bin kein Freund rasanter Fahrten, aber die Vorstellung, bald wilde Tiere zu beobachten, lässt mich alles andere vergessen.

Die Straße biegt im Neunzig-Grad-Winkel nach rechts ab. Es geht beständig aufwärts. Die vor uns liegende Piste durchschneidet das Buschland kerzengerade, ihr Ende verliert sich in der dunstigen Horizontlinie. Uns beschleicht das beklemmende Gefühl, niemals im Shimba-Hills-Naturpark anzukommen, denn kaum haben wir den vermeintlichen Horizont überschritten, breitet sich die nahezu gleiche Szenerie vor uns aus. Doch nachdem wir ein letztes Buschdorf durchquert haben, klettern wir auf eine Anhöhe und erblicken endlich von weitem das Eingangstor zum Park.

Die Ranger an der Zufahrt haben einen Heidenspaß mit unserem ungewöhnlichen Safariauto. Solche quietschgelben Kleinfahrzeuge finden wohl eher selten den Weg hierher, und die Parkwächter machen allerhand Witze. Auch Monika und ich amüsieren uns köstlich. Nur Muema weiß nicht so recht, was er von der Sache halten soll. Aber als wir ein paar belanglose Phrasen ausgetauscht haben, habe ich das Gefühl, die Ranger wollen sich einfach mal wieder nett unterhalten.

Und dann heißa Safari – rein ins Tierparadies! Mein Herz tanzt Tango, und die Glückshormone schlagen Purzelbäume. Wir folgen einer Schotterpiste, die sich durch dichtes Buschland schlängelt. Mein inneres Auge malt Tierherden, die den Weg überqueren, in die Landschaft. Kaum einige hundert Meter nach dem Eingang werden meine Erwartungen sogar erfüllt.

»Paviane!«, rufen wir begeistert wie aus einem Mund.

Tatsächlich überqueren einige Tiere die Piste. Sobald sie uns sehen, verschwinden sie auf der anderen Seite hinter einer Wand aus Büschen und kleinen Bäumen. Obwohl Muema sein Auto zu einem Zwischenspurt zwingt, sind sie verschwunden, als wir die Stelle erreichen.

»Sei nicht traurig«, muntere ich unseren Fahrer auf und klopfe ihm auf die Schulter. Immerhin hat er sich alle Mühe gegeben und soll dafür auch Anerkennung finden. Außerdem gehe ich davon aus, dass wir noch viele Tiere mehr auf unserer ersten Safarifahrt beobachten können.

Das Auto stottert munter vor sich hin. Es geht im Schritttempo voran. Zunächst ist der Wirrwarr aus Pflanzen so dicht, dass wir das Gelände kaum überblicken können. Unterdessen erzählt uns unser Freund von seiner Familie. Er lebt am Tsavo-Nationalpark, weit entfernt von seiner Arbeitsstelle. Nur selten kommt er nach Hause. Je nachdem, wie viele Kunden er hat, klappt es höchstens einmal in vier Wochen. Seine Frau und die drei Kinder müssen eben ohne ihn auskommen.

»Das ist schade«, meint Muema wehmütig, und seine Stimmung wird erst besser, als er von den Familienausflügen in den Tsavo-Nationalpark erzählt. »Die Elefanten im Tsavo sind richtig groß«, erklärt er stolz.

Im Geiste vergleiche ich die Dimension eines ausgewachsenen Elefanten mit dem fahrbaren Untersatz, in dem wir sitzen. Mir kommen gewisse Bedenken. Und gerade, als könnte unser Begleiter Gedanken lesen, erzählt er, dass er auch dort selbstverständlich nur in seinem knallgelben Taxi unterwegs sei.

»Und was machst du, wenn so ein großer Elefant kommt?«, wende ich ein.

»Mein Auto ist schneller.« Muema grinst über das ganze Gesicht.

Je weiter wir in den Nationalpark vordringen, umso schlechter wird die Straße. Eigentlich kann man von einer solchen kaum noch sprechen. Aus Schottersteinen werden zunehmend beachtliche Felsbrocken. Mitunter ist die Piste zu einer Seite hin so abschüssig, dass wir Mühe haben, uns auf der Sitzbank zu halten. Unser Fahrer hält manchmal an, um zu überlegen, wie das nächste Hindernis so zu überwinden ist, dass sein Auto möglichst keinen Schaden erleidet. Besonders schwierig sind die tiefen Schlaglöcher. Das eine oder andere müssen wir auffüllen, damit das Gefährt nicht aufsetzt und unsere Safari unfreiwillig beendet ist. Auf jeden Fall haben wir uns die Sache anders vorgestellt, und Muema auch. Ihm ist alles andere als zum Lachen zumute. Die Furcht um sein allerheiligstes Auto verursacht Sorgenfalten, die immer tiefer werden. An die Beobachtung von Tieren ist vorerst nicht zu denken.

Zur Mittagszeit treffen wir ein weiteres Safarifahrzeug, einen Geländewagen. Der Fahrer kann sich das Lachen kaum verkneifen. Immerhin gewährt er uns höchste Anerkennung. Er kann kaum glauben, dass wir so weit in den Park vordringen konnten.

»Habt ihr Tiere entdeckt?«, fragen wir, da uns auf einmal wieder der Sinn und Zweck unserer Exkursion bewusst wird.

Der Mann zuckt mit den Schultern. Er macht uns keine großen Hoffnungen. Als Muema merkt, wie enttäuscht wir sind, gibt er uns zu verstehen, dass er überhaupt nicht daran denkt aufzugeben. Gut so – Tiere sehen wir zwar trotzdem nicht, aber dafür eine grandiose Landschaft. Der Park erstreckt sich über die sanft geschwungenen Höhenzüge, die sich über die Küstenregion erheben. Weit in der

Ferne schimmert silbern der Ozean, das Land ist von dunstigen Schweifen überzogen. Im gleißenden Licht der hoch stehenden Sonne präsentiert sich die Ebene nahezu farblos. Umso mehr erquickt uns das frische Grün der vom feuchten Ozeanstrom verwöhnten Waldhänge. Ich kann mir gut vorstellen, wie wohl sich Elefanten dort fühlen müssen. Der artenreiche Pflanzenwuchs und die zahlreichen Wasserlöcher sind ein Paradies für sie.

Wir stellen uns vor, dass hinter den Büschen und Bäumen eine Unmenge an Tieren verborgen sein muss. Doch das Warten raubt der besten Phantasie auf Dauer den Nährboden. Wir erreichen einen Aussichtspunkt, stoppen und beraten uns. Wir machen irgendetwas falsch, darin sind wir uns einig. Aber was?

Muema würde uns liebend gern jede Menge Tiere zeigen, da sind wir uns sicher. Trotzdem ist er spürbar erleichtert, als wir den Vorschlag unterbreiten, in die Baumlodge zu fahren, die es angeblich in dem Park geben soll. Freilich ist die Rückfahrt nicht einfach, aber wir wählen denselben Weg. Immerhin, die gefährlichsten Schlaglöcher haben wir schon hinter uns gebracht, und so kommen wir gut voran.

Von den Rangern am Tor ernten wir Hohn und Spott, aber das stört uns nicht; sollen sie ihren Spaß haben. Mittlerweile ist der Nebelwald so dicht, dass es den Eindruck erweckt, als sei die Zufahrt zur Lodge förmlich in den Wald hineingeschnitten. Wir fühlen uns eingeengt in diesem Tunnel, und als wir dann auch noch frischen Elefantenmist finden, wird uns allen ein bisschen mulmig zumute. Mal eben schnell davonzubrausen, wenn Gefahr im Verzug ist, ist hier unmöglich, das weiß auch Muema.

Wir erwarten nach jeder noch so kleinen Biegung ein erlösendes Zeichen von der Lodge. Nichts. Sind wir etwa falsch? Da wir ohnehin nirgends wenden können, verschwenden wir daran keinen Gedanken. Das ist auch gut so, denn keine zehn Minuten später sind wir tatsächlich da. Zumindest ist da eine Schneise, die offensichtlich zum Abstellen von Fahrzeugen dient, und wir entdecken ein eher unscheinbares Schild »Shimba Hills Lodge«. Von dem Gebäude fehlt jede Spur.

Wir schnappen unsere Sachen und machen uns auf den Weg. Muema lässt sich nicht überreden mitzukommen. Er will sich um sein Auto kümmern, damit wir am Abend eine weitere Pirschfahrt unternehmen können.

Die Shimba Hills Lodge ist ein Juwel. Sie ist quasi ein Baumhotel in schwindelnder Höhe. Das Fundament besteht aus einer Baumgruppe, auf deren unterste mächtige Äste sich die erste Etage stützt. Durch so genannte Gänge und Zimmer der Lodge winden sich die starken Arme der Bäume oder bohren sich die Stämme, die diesem Naturbauwerk Halt geben. Zu Füßen der Lodge ist ein Wasserloch, welches wiederum von einer dichten grünen Wand aus Büschen und Küstenwaldriesen eingefasst ist. »Bitte seien Sie leise«, steht überall angeschrieben, aber das ist nicht schwer, denn außer uns sind ohnehin keine Gäste da.

Den ersten Afrikaner, der uns in die Quere kommt, begrüßen wir nahezu flüsternd, und er heißt uns in gleicher Weise willkommen, zeigt uns die Anlage und bittet uns an den Essenstisch. Wir folgen der Einladung, auch wenn wir ein ziemlich schlechtes Gewissen haben, weil wir an Muema denken müssen, der wahrscheinlich verzweifelt an seinem Gefährt herumschraubt.

Das Mahl ist köstlich. Wir ignorieren sämtliche Tipps aus dem Reiseführer und trinken sogar eisgekühlte Fruchtcocktails. Ein riesiger Trupp Papageien stattet dem Wasserloch einen Besuch ab. Für einige Zeit ist es vorbei mit der Ruhe, doch in dem Moment, in dem ein Schreiseeadler sein Stelldichein gibt, verstummt das Geschwätz der Papageien schlagartig. Die herrliche Erscheinung des Greifvogels nimmt unsere ganze Aufmerksamkeit in Anspruch. Majestätisch sitzt er, wo eben noch die Papageien wild durcheinander plapperten. Erst plustert er sich auf, ordnet mit einigen gekonnten Schnabelbewegungen das Brustgefieder, spreizt dann ausgiebig beide Schwingen und fixiert die Wasseroberfläche. Nicht die kleinste Bewegung im See scheint ihm zu entgehen. Ich erwarte eine Jagdszene und tausche Messer und Gabel gegen meine Fotokamera. Lange passiert nichts. In der Aufregung hätte ich fast die Ankunft einer Warzenschweinfamilie übersehen, die einige Schlucke Wasser aufnimmt und dann ebenso leise verschwindet, wie sie erschienen ist.

Mist, diese Ablenkung war schon zu viel. Der Schreiseeadler greift an. Im nächsten Moment schießt er über die Wasserfläche und fängt elegant seinen Sturzflug ab. Seine Füße tauchen ins Wasser, erscheinen erneut und verschwinden für einen weiteren Wimpernschlag im trüben Nass. Sekunden später hat der mächtige Vogel mit kräftigen Flügelschlägen bereits wieder an Höhe gewonnen. In seinen Fängen glitzert etwas – der Lohn seiner Mühe. Ein genauerer Blick ist mir nicht vergönnt, der Adler wird vom Wald gegenüber verschluckt.

Beim Nachmittagstee lernen wir Matthew kennen. Er trägt den olivgrünen Overall eines Wildhüters, und in unserer Neugier auf alles nehmen wir ihn sogleich in Beschlag. Matthew hat eine Art, die zu der Lodge und dem ganzen Umfeld passt. Er spricht leise und bedächtig, bewegt sich sacht, und selbst wenn er ins Gespräch mit uns vertieft ist, entgeht ihm nichts, was ringsumher geschieht. Er kennt den Shimba Hills Park wie seine Westentasche. Seit zwanzig Jahren ist er hier und hat all die Veränderungen, die seither im und um den Park stattgefunden haben, miterlebt. Natürlich kommen wir auch auf unsere heutige Fahrt in dem Gebiet zu sprechen.

Matthew beruhigt uns. »Es ist gar nicht so einfach, Tiere in der Mittagszeit anzutreffen«, meint er. Und wir glauben ihm, dass es ihm selbst auch manches Mal so ergangen ist. »Die Elefanten sind zurzeit auf dieser Seite des Parks. Gestern waren sie am Wasserloch vor der Lodge, aber ich glaube, sie sind heute Morgen über die Hügel gezogen«, sinniert Matthew und fährt nach einigen Augenblicken fort: »Mit dem Auto habt ihr keine Chance. Wir könnten es am Abend zu Fuß versuchen.«

»Ja, ja, ja!«, schreit alles in mir. »Das wäre mein Traum«, flüstere ich einigermaßen gefasst, nachdem ich den ersten Gefühlsüberschwang bezähmt habe.

»Okay, wir treffen uns in einer Stunde. Ruht euch gut aus, und genießt die Stille«, schlägt der Afrikaner vor und zieht sich zurück.

Ich kann dem Tipp des Wildhüters hingegen nur schwer folgen. Eine Fußpirsch auf Elefanten – ich könnte jubilieren vor Glück. Die Stunde dauert eine Ewigkeit.

Dann holt uns Matthew mit einem Schießprügel im Arm ab. Wir steigen zur Schneise mit dem Parkplatz hinauf und treffen dort auf Muema, der noch immer mit seinem Auto zugange ist. Er befürchtet schon das Schlimmste, doch ich überrasche ihn mit guten Nachrichten. Die Pirschfahrt fällt aus. Stattdessen kann er sich in der Lodge vergnügen. Muema ist begeistert.

Für uns steht ein uralter offener Landrover bereit.

»Hi, ich bin Frank«, begrüßt uns ein älterer Kenianer im graugrünen Parka. Wir machen uns bekannt, wechseln einige Worte und springen dann hinten auf die Ladefläche.

Matthew mustert unser Schuhwerk und erläutert seinen Plan: »Wir umfahren die Hügelkette und gehen dann zu Fuß ins Buschland. Wenn wir zügig vorankommen, könnte es uns gelingen, den Elefanten den Weg abzuschneiden.«

Die Fahrt dauert kaum zwanzig Minuten. Der Pfad endet im Busch, wir halten und springen von der Karre.

Während Matthew dem Fahrer allerlei Anweisungen gibt, prüfe ich, aus welcher Richtung der Wind kommt. »Der Wind treibt unsere Witterung gegen den Hang. Wenn die Elefanten sich dort aufhalten, haben wir schlechte Karten«, ziehe ich unsere Strategie in Zweifel. Matthew ist überrascht, und ich erzähle ihm, dass ich mich bereits seit Kindesbeinen an allerlei scheues Getier meiner Heimat herangepirscht habe.

Wir ändern unseren Schlachtplan. Anstatt den Elefanten den Weg abzuschneiden, beschließen wir, die Anhöhe zu erklimmen und uns von hinten auf ihrer eigenen Spur der Herde zu nähern. So verhindern wir, dass die Elefanten uns wittern, bevor wir sie im Pflanzengewirr ausfindig machen konnten. Nicht selten passiert es dann, dass ganz unvermittelt ein Elefant vor einem steht, und das ist mehr als gefährlich.

Matthew hetzt voraus, wir halten uns dicht hinter ihm. Wo auch immer eine Schneise eine Aussicht ermöglicht, verharren wir für einige Momente. Der Weg auf den Bergrücken ist weiter, als wir dachten, zumal wir nie geradlinig vorankommen.

Wir erstarren. Es riecht eindeutig nach Elefanten. Der Geruch ist annähernd so intensiv, wie ich ihn von den Elefanten im Zoo kenne.

»Sie sind da?«, hauchen wir und wagen es kaum, den Mund zu bewegen.

Der erfahrene Wildnisgänger sagt nichts. Uns stockt der Atem. Da wir ohnehin nichts sehen können, strengen wir unsere Ohren umso mehr an. Kein Geräusch deutet auf die schweren Tiere hin. Als wir wieder Luft holen, ist er wieder da, der beißende Geruch, und wir werden das beklemmende Gefühl nicht los, dass ein grauer Koloss hinter dem nächsten Gebüsch lauert.

»Die Elefanten wandern manchmal sehr schnell, wir müssen uns beeilen«, bricht Matthew endlich das Schweigen. »Los, oben ist ein guter Aussichtspunkt.«

Die letzten Meter nehmen wir wie junge Gazellen. Auf dem Felsen angekommen, den wir als höchsten Punkt ausgemacht haben, suchen wir die Umgebung mit dem Fernglas ab. Minuten vergehen…

»Hier!«

»Wo?«

»Nein, eher nicht.«

»Doch, da sind sie«, klingt der Wildhüter im nächsten Moment ganz sicher.

Ich bin so aufgeregt, dass Matthew mehrere Versuche benötigt, um meinen Blick in die richtige Richtung zu dirigieren. Monika indes hat sowieso eine Ansammlung von Felsen in der Ferne zu einer weiteren Elefantengruppe gemacht.

Elefanten! Ich bin auf Wolke sieben. Und es ist mir vollkommen egal, dass ich lediglich deren Ohren, die über die Büsche ragen, erspähe. Überdies hat das Tageslicht spürbar nachgelassen, was den optischen Genuss zusätzlich beeinträchtigt.

»Unser Weg zurück zum Wagen führt direkt an den Elefanten vorbei«, stellt uns Matthew auf die Probe.

»Okay« Wir reagieren so gelassen, wie es uns möglich ist.

Wir gehen zügig, aber nicht hastig voran. Immer wieder signalisiert uns Matthew, unnötige Geräusche zu vermeiden. Ich glaube, das gelingt uns auch recht gut. Doch als wir in etwa die Stelle erreichen, wo wir die Elefantenohren gesichtet haben, scheinen die Dickhäuter bereits weitergezogen zu sein. Wir bleiben stehen und spitzen die Ohren. Die Dämmerung hat sich mittlerweile wie ein geheimnisvoller Schleier über die Landschaft gelegt.

»Da!« Ich glaube etwas zu hören.

»Mag sein, etwas unterhalb von uns ist eine Quelle«, fällt Matthew ein.

Trinken die grauen Riesen etwa? Das könnte das Geräusch verursacht haben. Freilich bin ich mir längst nicht mehr sicher.

Im Kopf planen wir jeden Schritt vor. Anfänglich geht das ganz gut. Je mehr uns die einbrechende Nacht umhüllt, desto häufiger knackst ein Ast unter den Schuhen. Wir hangeln uns unter Büschen hindurch, und unsere Blicke, die sich zuweilen treffen, sind geprägt von Zweifel und Verärgerung über die Geräusche des anderen.

Dann ist es endlich so weit, kein Zweifel, wir hören die Elefanten trinken. Zuweilen bricht einer einen Zweig ab und scheint ihn zu malträtieren. Wir können die Geräuschkulisse lediglich interpretieren. Matthew schätzt die Entfernung zu den Elefanten auf etwa zwanzig Meter. Das ist nicht ohne Risiko. Auch wenn wir uns nichts sehnlicher wünschen, als die Elefanten zu sehen, sind wir doch froh, als sie sich von uns fortbewegen.

Wir bleiben ganze zwei Tage in der Baumlodge in den Shimba-Hügeln, und ich kann mir keinen schöneren Einstieg in meine Liebesbeziehung zu Afrika vorstellen. Gewiss, in den Shimba Hills gibt es keine Tierbeobachtung auf Bestellung, doch hinter jedem Busch verbirgt sich ein Traum, um jeden Hügel weht ein Geheimnis, und was eben noch lautlos aus dem Wald getreten ist, ist Augenblicke später auf Nimmerwiedersehen verschwunden.

An dem Abend, an dem wir in die Hotelanlage in Mombasa zurückkehren, überschütten wir den Manager mit unserer Begeisterung, und wir werden sogar fast noch zu Freunden, denn wir buchen stehenden Fußes eine Safari in die Masai Mara. Denn die Masai Mara ist die nördliche Fortsetzung der Serengeti, und die muss ich unbedingt sehen.

Mit einer zweimotorigen Twin Otter machen wir uns auf den Weg in die Masai Mara. Leider haben wir Pech: Der Kilimandscharo ist mal wieder nicht zu sehen. Stattdessen haben sich Haufenwolken zu ganzen Gebirgen formiert, die die Maschine von einer Turbulenz in die nächste schicken. Wenigstens spürt man so noch, dass man fliegt, aber das scheinen nicht alle Passagiere so aufregend zu finden.

Seit wir die Küstenregion verlassen haben, ist das Land unter uns einzig und allein grau und braun, jedenfalls schrecklich verdorrt und alles andere als ein Sinnbild für das sprühende Leben. Erst auf Höhe des Ostafrikanischen Grabenbruchs, der sich wie eine überdimensionale Treppenstufe von Nord nach Süd ausbreitet, kommt Leben in das Farbenspiel. Allmählich gewinnen die Grünmodulationen die Oberhand. Mitunter bahnt sich die Sonne ihren Weg durch Wolkenlücken, und da, wo das Licht die Erdoberfläche mit aller Kraft trifft, bilden sich phantastische Smaragde.

Der Kopilot hangelt sich durch die Reihen, damit die Fluggäste sich anschnallen, denn wir erreichen just die Masai Mara. Je weiter die Maschine sinkt, umso mehr reizt das intensive Grün die Sehnerven. Geblendet von der Farbe Grün verlieren sich meine Blicke in den Weiten, und ich erstarre vor Verwunderung. Einige hundert Meter unter uns grast eine ansehnliche Herde Zebras, einige Steinwürfe weiter zieht eine Gruppe Gnus ihres Weges. Der Pilot fliegt eine enge Kurve, und die Twin Otter neigt sich zu meiner Seite. Ich habe das ganze Paradies unter mir, es ist, als säße ich im größten Panoramakino der Welt. Mir fällt auf, was ich in meiner ersten Begeisterung alles nicht gesehen habe. Ich schätze, mehrere hundert Punkte, die allesamt Tiere sein könnten. Vielleicht sind es Gazellen? Erst als wir wenige Meter vom Boden entfernt dahingleiten, bestätigt sich meine Annahme. Und dann entdecke ich auch noch zwei Warzenschweine, diese lustig hässlichen Gesellen, die im letzten Augenblick vor dem landenden Flugkoloss das Weite suchen.

Die Ankunft im Camp ist mal wieder ganz nach meinem Geschmack. Der Campmanager hält einen brillanten Vortrag, den man gut und gerne unter der Bezeichnung Jägerlatein im Archiv der Vorträge, die die Welt nicht braucht, verschwinden lassen könnte. Aber der erste Eindruck täuscht. Er wird noch nerviger. Ich habe gute Lust, den Herrn im angrenzenden Mara-Fluss zu entsorgen, wobei mir im nächsten Moment die Krokodile Leid tun. Der zweite Eindruck des Hüttencamps wird nicht positiver. Ein Masaikrieger in traditioneller Kleidung reicht uns Tee mit Rum – Pardon, Rum mit Tee. Jedenfalls hat er längst die Kontrolle über seine Sinne verloren und ist stockbesoffen. Immer wenn er den Rum eingießt, lallt er lauthals »Halleluja« und schüttet einen guten Teil daneben, manchmal auch absichtlich, nämlich in seinen Rachen. Die Touristen finden den schwarzen Eulenspiegel klasse.

»Masai, Gehirn kaputt«, gibt der schwarze Barkeeper daneben – wohlgemerkt auf Deutsch – im Dreißigsekundentakt zum Besten. Irgendwie ist bei dem die Platte hängen geblieben.

Ich frage ihn, ob er sein Geschwätz wirklich so toll findet.

»Ich bin Christ«, erwidert der mit stolz geschwellter Brust, und mir zieht es um ein Haar die Schuhe aus. Zur Hölle mit dieser Irrenanstalt!

Die Masai Mara ist für mich ein Wechselbad der Gefühle. Da sind zum einen paradiesische Ebenen, zauberhafte Höhenzüge und der unvergleichliche Mara-Fluss. Da sind der strahlende afrikanische

Himmel, die kurzen und heftigen Regenfälle, die alles in neuen Glanz tauchen, und nicht zuletzt die Tausende von Tieren, die diesem Stück Erde seine geballte Ladung Leben einhauchen. Und es sind die ein oder anderen netten Leute, die wir kennen lernen.

Auf der anderen Seite bin ich entnervt von diesem dekadenten Camp und dem Zwang, sich in Begleitung von einigen Ignoranten und Besserwissern zu bewegen. Besonders schlimm ist es, mit anzusehen, wenn Löwenrudel oder Geparden von zehn und mehr Touristenfahrzeugen umringt sind und sich sichtlich gestört fühlen. Glücklicherweise stresst das Safariprogramm die Teilnehmer unserer Gruppe über alle Maßen. Die Moral der Truppe sinkt. In aller Frühe um sechs Uhr aufstehen, für ein spätes Frühstück ins Camp zurückkehren und alsdann wieder rausfahren, das alles findet zunehmend Kritiker.

Monika und ich beobachten diese Entwicklung mit Genugtuung. Und so kommt es, dass wir eines Nachmittags allein in die Steppe fahren. Unser Fahrer ist Simon, ein Rüpel, an dem ein Rennfahrer verloren ging. Wir müssen ihn im Fünfminutentakt bitten, langsamer zu fahren. Die Masai Mara ist zurzeit ziemlich feucht, weil es täglich mindestens einmal regnet. Wer sein Fahrzeug nicht mit Bedacht durch das Gelände lenkt, hinterlässt tiefe Narben, die oft noch Wochen später zu erkennen sind. Außerdem ist es in der Masai Mara üblich und erlaubt, die Schotterpisten zu verlassen. Warum also sollten die Fahrer nicht leidenschaftlich ihre Fahrkünste zur Schau stellen? Leider sind es zu wenige, die sich den Respekt vor dem phantastischen Naturraum bewahrt haben, der ihm eigentlich gebührt.

Trotzdem, Simon erweist sich im Großen und Ganzen als ein prima Kerl. Wir haben im Auto viel Spaß zusammen. Und wenn wir einmal streiten, trägt er es uns nicht allzu lange nach.

Heute fahren wir endlich in Richtung Serengeti, der großen Schwester der Masai Mara. Simon steuert auf eine kleine Anhöhe zu, von der aus man einen guten Blick nach Tansania hat. Das großartige Panorama raubt uns für Momente den Atem. Man sollte es kaum für möglich halten, wie wenige Höhenmeter den Blick über das Land vollkommen verändern. Simon erklärt uns, wo die Grenze zwischen Kenia und Tansania verläuft. Die Baumsteppen zu unseren Füßen, die das Bild des Masai Mara Naturschutzgebietes prägen, werden zum Horizont hin immer offener, nur wenige Inselgehölze trotzen der offenen Steppe. Das Gras dort ist gut und gerne hüfthoch. Tiere sind nicht auszumachen. Allein zwei Strauße ziehen ihres Weges, wie wir im Fernglas erkennen können.

Simon erklärt uns, dass die großen Herden, die aus bis zu zwei Millionen Gnus und Zebras bestehen, in der Serengeti sind. Der Masai-Mara-Nationalpark ist jetzt nahezu ohne Tierbestand. Erst im Oktober kommt der riesige Zug hier vorbei, wenn er den Marafluss von West nach Ost überquert. Simon zeigt in die Ferne. Dort glitzert das Wasser in der Sonne. Fast erweckt es den Eindruck, als würden Edelsteine den Weg des Flusses nachzeichnen. Ich stelle mir vor, wie die gewaltigen Tiermassen den seichten, aber breiten Mara durchpflügen und Stück für Stück die Savanne besiedeln. So manche Reportage, die ich in meiner Kindheit verschlungen habe, beflügelt meine Vision. Es muss ein unbeschreiblicher Anblick sein.

»Wie weit sind die Tierherden von uns entfernt?«, erkundige ich mich mit leuchtenden Augen, und ich spüre, dass ich den Drang, ihnen einfach zu folgen, kaum unterdrücken kann.

»Die Grenze zwischen Kenia und Tansania ist dicht. Von hier kommen wir nicht in die Serengeti«, sagt Simon und holt mich auf den Boden der Tatsachen zurück. Er geht zum Auto und lässt mich mit meiner Enttäuschung allein.

»Serengeti, ich komme«, sage ich halblaut vor mich hin. Monika widerspricht mir nicht. Das ist ein gutes Zeichen.

Die letzten Tage in Kenia vergehen wie im Flug. Glücklicherweise verbringen wir nur noch wenige Stunden in dem Hotelbunker am Indischen Ozean. Es reicht gerade, um nach der Rückkehr aus der Masai Mara das Gepäck für die Heimreise vorzubereiten. Morgens gegen sechs Uhr werden wir vom Hotel abgeholt. Doch die Abreise aus Kenia ist für mich kein Abschied von Afrika. Es ist, als würden wir nur kurz nach Hause zurückkehren und einige Sachen holen, die wir vergessen haben. Während des Flugs meldet sich allerdings ein leises Unbehagen, denn es bleibt nicht aus, dass wir den einen oder anderen Gedanken an Deutschland verschwenden. Wir denken an die Post, die sich auf dem Schreibtisch stapelt, und an alle anderen Aufgaben, die zu erledigen sind, bevor wir überhaupt im Entferntesten an eine Rückkehr nach Afrika denken können. Monika und ich vermeiden es, darüber zu reden. Bei solchen Gesprächen bauen sich Pflichten und Aufgaben häufig zu unüberwindbaren Hindernissen auf. Das frustet und hat obendrein nichts mit der neu gewonnenen afrikanischen Lebensphilosophie zu tun.

Der Flieger gleitet über ein nahezu wolkenloses Afrika. Das Busch- und Bergland Äthiopiens, die ersten Ausläufer der Sahara und die Wüste selbst machen Lust auf neue Entdeckungen. Wir spielen »Ich sehe was, was du nicht siehst« und sind uns einig, dass wir all dies eines Tages aus der Bodenperspektive erleben wollen.

Schließlich überfliegen wir die schneebedeckten Alpen. Wir erinnern uns, dass es bei uns noch immer Winter ist. Auf diesen Umstand verweist uns auch der Pilot: Die Temperaturen in München sind weit unter null. Im Augenblick können wir uns das überhaupt noch nicht vorstellen. Anders als die meisten Passagiere, die sich das eine oder andere warme Kleidungsstück aus dem Handgepäck kramen, halten wir hartnäckig an unserer Afrikaerinnerung fest.

Nach der Landung holt uns die harte Realität ein. Es ist gelinde gesagt saukalt und dazu bereits dunkel. Viel schlimmer aber ist die Hektik. Am Gepäckband geht es los, und bis wir uns durch das Gewirr des Flughafens zum Ausgang durchgekämpft haben, sind wir ziemlich erledigt. Wir halten eine regelrechte Krisensitzung ab und kommen zu dem Ergebnis, dass wir die afrikanische Geruhsamkeit für einen Tag weiterführen wollen. So begeben wir uns nicht auf eine der geschäftigen Autobahnen, sondern ins nächstgelegene Hotel in München.

An der Station, an der wir die S-Bahn verlassen, sind wir beinahe allein. Die riesige unterirdische Halle wirkt vollkommen unwirklich auf mich, und die Röhren, in denen die S-Bahnen verschwinden, kommen mir vor wie Schlünde gähnender Ungeheuer. Es bläst ein kalter Zugwind. Wir frieren schrecklich und wünschen uns nichts sehnlicher, als schnell das Hotel zu erreichen. Doch just als ich die Treppe an die Oberfläche hinaufsteige, trifft es mich wie ein Schlag: »Serengeti«, lacht mich ein Dutzend Plakate an. Ich muss erst einmal die Packstücke absetzen. Tatsächlich, ich habe mich nicht getäuscht. Ein mächtiger Löwenmann wirbt mit seinem Bild für einen IMAX-Film über die große Tierwanderung.

»Das ist der perfekte Abschluss unserer ersten Afrikareise«, sind wir uns kurzerhand einig, nachdem wir uns vergewissert haben, dass der Film auch am nächsten Vormittag zu sehen ist.

Es ist unglaublich, wie sich das Schauspiel der »Großen Migration« auf der überdimensionalen Leinwand entfaltet. Die massigen Leiber der Gnus werfen sich frontal in das tosende Wasser und springen scheinbar über den Zuschauer hinweg. Nicht selten ertappen wir uns dabei, wie wir uns ducken oder seitlich ausweichen. Doch die Faszination der Bilder konkurriert mit der schauerlichen Seite der Flussüberquerungen. In unmittelbarer Nähe des Betrachters prallen erschöpfte Tiere gegen die steilen Erdwälle. Kraftlos sind die vergeblichen Versuche, sich vom gefährlichen Nass doch noch ans Ufer zu retten. Zu spät – die scharfen Zähne der Krokodile verhaken sich in die Leiber. Es gibt kein Entrinnen. Die Körperreaktionen des Opfers werden immer schwächer. Das Krokodil geht auf Nummer sicher und zieht sein Beutetier so lange gen Flussmitte, bis es endgültig den Boden unter den Füßen verloren hat. Der Kampf ist aus, aber die Herde zieht weiter, bis in die Masai Mara.

Wir schwelgen in Erinnerungen. Ich finde zuweilen Bilder, die ich mir bei unseren Fahrten durch das Gebiet tief eingeprägt habe.

Ich weiß nicht, wie viel später wir ans Tageslicht treten. Wir sind geblendet, wie hypnotisiert. München nehme ich überhaupt nicht mehr wahr. Für mich gibt es nur noch ein Ziel. Ich muss nach Tansania, und zwar spätestens im Juli, wenn die Tiere beginnen zu wandern.

Es hätte genügend Gründe gegeben, die dagegen gesprochen haben. Doch die Erfüllung eines Traumes ist allemal ein Risiko wert, zumal ich ein verdammt gutes Gefühl dabei hatte.

Monika und ich sitzen in einer Air-France-Maschine mit Ziel Kilimandscharo Airport in Tansania. Ich trage in mir die Überzeugung, dass ich mit dieser Reise ein neues Kapitel in meinem Leben aufschlagen werde. Dafür bin ich bereit zu kämpfen. Und ich habe mich entsprechend vorbereitet, indem ich eine gehörige Stange Geld in eine professionelle Fotoausrüstung investiert habe – mehr nicht. Mit dem Ziel unserer Reise haben wir uns absichtlich kaum beschäftigt. Wir haben lediglich auf einer Landkarte einige Stellen eingezeichnet, die uns interessieren, ohne zu wissen, ob die Karte überhaupt stimmt. Ansonsten wollen wir uns dem Land vollkommen unvoreingenommen nähern. Aufgeregt sind wir natürlich schon, aber ist dies nicht eine gute Basis, um neue Türen aufzustoßen?

Der Pilot legt eine gute Landung hin. Wir sind froh, denn es scheint nicht immer zu gelingen. Die Landebahn ist extrem kurz, und etwas abseits steht ein ausgebranntes Flugzeugwrack, ein schauerlicher Anblick. Das Flughafengebäude ist mehr oder minder eine Betonbaracke und an Schlichtheit kaum zu überbieten. Das hat eine gewisse Spannung. Fürs Erste sind wir zufrieden. Schade, dass uns der Kilimandscharo, der doch laut Beschreibung vom Fluggelände aus zu bewundern sein soll, seinen Anblick verwehrt.

Die obligatorischen Kontrollen dauern ihre Zeit, alles wird mit großer Gemächlichkeit abgewickelt. Jenseits von alledem überfällt uns eine unbeschreibliche Hektik. Eine Heerschar von Afrikanern empfängt uns, als wir in die viel zu kleine Ankunftshalle treten. Die Vielzahl der uns zugerufenen Informationen und Grüße können wir meistenteils nicht verstehen, geschweige denn verarbeiten. Menschen versperren uns den Weg. Es werden uns Schilder mit Namen von Safarifirmen und Fluggästen unter die Nase gehalten. Der eine fragt, ob wir ein Taxi nach Arusha benötigen, der andere möchte wissen, in welchem Hotel wir absteigen.

»Wir wollen einfach nur in die Wildnis, Serengeti, Tarangire und so«, versuchen wir den afrikanischen Wirrwarr um uns herum zu durchdringen. Da verändert sich die Situation schlagartig. Das Werben um uns als mögliche Kunden endet in einer heillosen Keilerei. Unser Blick fällt auf einen jungen Afrikaner, der am Ausgang steht. Vielleicht kann er uns weiterhelfen. »Hallo«, grüßen wir und stellen uns vor.

»Hallo, ich bin Nyangusi«, antwortet er. Er ist ziemlich schüchtern.

Gerade deshalb lege ich ihm unsere Absichten dar. »Wir wollen den Norden Tansanias erkunden, und zwar im Zelt, individuell und ganz schlicht. Wir möchten nach Kolo, Tarangire, in die Serengeti, nach Manyara, zum Ngorongoro-Krater und zum Lake Natron. Und wir möchten in Kontakt mit der Bevölkerung kommen«, warne ich ihn. Aber er sagt immer nur »okay« und wieder »okay« und nickt dazu heftig.

»Und du hast einen Geländewagen?«, bohre ich skeptisch nach.

»Nein, aber ich kenne einen Inder, der ab und zu einen verleiht«, gibt Nyangusi zu. Nyangusi spricht ganz gut Englisch. Mitunter schleicht sich zwar eine Passage auf Suaheli ein, aber das können wir uns dann schon zusammenreimen. Wir sind uns einig, und er schlägt ein.

Nyangusi ist mit einer Blechkonstruktion auf vier Rädern zum Flugplatz gekommen. Ob er damit auch wieder zurück nach Arusha gelangt, steht in den Sternen, zumal mit uns und unserem nicht unbeträchtlichen Gepäck beladen. Ich äußere Bedenken, aber Nyangusi schaut mich nur höchst verwundert an. Und siehe, es geht, auch wenn wir eine halbe Ewigkeit für die Strecke brauchen.

Arusha ist eine typisch afrikanische Stadt ohne erkennbare

Struktur. Es dauert seine Zeit, bis man sich in ihr zurechtfindet. Unser Fahrer hält auf einen orientalisch anmutenden Gebäudekomplex am Ende einer Allee zu. Wir fragen nicht viel, weil das Auto zu laut ist und der Afrikaner verhältnismäßig leise antwortet. Kurzum, wir sind wohl da. Nyangusi hält an, und weiter führt die Straße nicht. Nichtsdestotrotz sind wir ein klein wenig verwundert, denn an den Gebäuden steht ein Schild »National Museum«, wobei das Haus ehrlich gesagt nicht danach aussieht.

»Hier ist das Büro des Inders«, winkt uns Nyangusi aus dem Auto. Wir folgen ihm in die Anlage und gelangen zu einem kleineren Haus, das offensichtlich als Büro dient. Der Verschlag steht sperrangelweit offen, und als wir eintreten, heißen uns zwei Damen willkommen. An den Wänden hängen zahlreiche Landkarten, vergilbte und weniger vergilbte Fotos, einige wenige bis zur Unkenntlichkeit verwackelt. Oben auf dem Regal stehen Porträts von islamischen Religionsführern.

»Willkommen, mein Name ist Shakir«, begrüßt uns ein drahtiger Inder aufs Freundlichste.

Wir setzen uns in seinem Büro, das sich vom Vorraum kaum unterscheidet, außer dass es kein einziges Fenster hat, um einen niedrigen Holztisch und bekommen nach einiger Zeit indischen Tee gereicht. Schließlich kommen wir ins Gespräch. Ich erzähle meinem Gegenüber von der ersten Reise nach Afrika und versuche, Vertrauen zu erwecken, denn ich weiß nicht, wie gut er Nyangusi kennt. Bei der Schilderung unserer geplanten Route unterschlage ich einige Passagen, weil ich mutmaße, Shakir könnte um das Schicksal seines Autos bangen und es lieber nicht verleihen. Am Ende meiner Ausführungen beginnt ein längeres Palaver zwischen Shakir und Nyangusi. Die beiden sprechen Suaheli, und wir verstehen nahezu nichts.

»Okay, wie lange braucht ihr das Auto?«, will Shakir endlich wissen.

»Sechs Wochen.«

Shakir zieht die Augenbrauen hoch. Das scheint wohl nicht so oft vorzukommen. Ich hoffe doch, Shakir lässt sich davon einigermaßen beeindrucken und gewährt uns Mengenrabatt. Von wegen – der Preis, den er uns nennt, ist glatter Wucher. Ich nenne ihn nicht gleich einen Halsabschneider, sondern denke es mir lediglich. Zu guter Letzt durchschreiten unsere Verhandlungen kritische Phasen, ehe wir ein einigermaßen akzeptables Ergebnis erreichen. Wir gehen als Geschäftspartner auseinander. Nyangusi bringt uns in ein nahe gelegenes Hotel und verabschiedet sich hurtig. Vor ihm liegt viel Arbeit, und einen Koch muss er auch noch auftreiben.

Der Landrover, den uns Shakir überlässt, ist in einer guten Verfassung. Wir inspizieren am Morgen alles aufs Genauste, denn wir hegen die Hoffnung, den einen oder anderen Grund für einen Preisnachlass ausfindig zu machen. Wir finden nichts, oder andersherum ausgedrückt, unsere Kenntnisse über Autos sind zu bescheiden.

Währenddessen belädt Nyangusi zusammen mit Thomas – dem frisch angeheuerten Koch – das Auto. Shakir beobachtet alles kritisch. Uns wird es etwas mulmig, denn das Fahrzeug platzt aus allen Nähten. Mittlerweile beraten unsere Begleiter, wie sie die notwendigen Utensilien auf dem Dachgepäckträger verstauen. Wir fürchten, Shakir könnte sich die ganze Sache noch einmal überlegen. So beschwatzen wir ihn mit allerlei Belanglosigkeiten und lotsen ihn sogar in sein Büro, damit der Gute abgelenkt ist.

Als Nyangusi endlich in der Tür erscheint und zum Aufbruch ruft, machen wir uns schnellstmöglich davon. Die Verabschiedung geht so fix, dass Shakir sein Auto nur noch von hinten sieht, und das ist auch gut so. Wir tauchen in die Straßen Arushas ein denn Thomas muss noch Proviant besorgen. Dabei bekommen wir Einblick in die Safarimetropole, in der es insgesamt weniger temperamentvoll zugeht als in der Hafenstadt Mombasa. Trotzdem sind wir froh, Arusha in westlicher Richtung zu verlassen, man höre und staune auf einer geteerten Straße. Nach der holprigen Stadtrundfahrt hätten wir das niemals erwartet.

Gegen Mittag erreichen wir den Tarangire-Nationalpark. Dieses

Reservat ist berühmt für seine riesigen Affenbrotbäume und die beträchtlichen Elefantenherden, die insbesondere in der Trockenzeit dem Tarangire-Fluss regelmäßig Besuche abstatten.

Im Tarangire gibt es aber auch noch eine ganz andere Spezies, eine äußerst blutrünstige, der niemand entkommt, nämlich die Tsetsefliege. Diesem Insekt verdankt der Park im Grunde genommen seine Existenz, denn es überträgt die Schlafkrankheit. Vor allem Rinder und andere Nutztiere sind von dieser Krankheit bedroht, und deshalb wird dieses Gebiet von Hirtenvölkern gemieden. Ob die Schlafkrankheit auch auf Menschen übertragen werden kann, ist noch nicht erwiesen.

»Lasst euch nicht von allzu vielen Tsetsefliegen stechen«, rät uns Nyangusi, »man wird nämlich sonst sehr viel schneller müde.«

»Medizinisch wohl nicht ganz korrekt«, sinniere ich, aber es gibt noch einen anderen Grund, weshalb man sich nicht von diesen Viechern stechen lassen sollte. Der Biss tut nämlich höllisch weh und geht noch dazu durch relativ dicken Stoff. Das kann sich zu einem ziemlichen Problem auswachsen, denn nicht selten passiert es, dass durch ein offenes Autofenster dreißig bis fünfzig dieser Quälgeister in den Innenraum gelangen und die Insassen auf das Schlimmste malträtieren. Obendrein lassen sich die Biester auch nicht so einfach totschlagen. Die Afrikaner hassen Tsetsefliegen abgrundtief. Nyangusi fängt die Fliegen, reißt ihnen mit höchstem Genuss die Beißwerkzeuge heraus, um sie dann mit einer bewundernswerten Gründlichkeit in ihre Einzelteile zu zerlegen. Wir für unseren Teil müssen noch einige Tage länger in diesem Gebiet unterwegs sein, ehe wir uns der afrikanischen Abneigung gegenüber Tsetsefliegen nahezu vorbehaltlos anschließen können.

Unser Camp steht ganz oben an einer Abbruchkante. Unter uns liegt der Fluss. Für uns ist es der schönste Platz der Welt. Wir beobachten alle Tiere – groß und klein –, die irgendwann einmal Wasser trinken müssen und deshalb an den Fluss kommen.

Mit Thomas und Nyangusi verstehen wir uns hervorragend. Sie sind zwar stets sehr zurückhaltend, fast schüchtern, aber im Lauf der Zeit ergibt sich zunehmend ein Vertauensverhältnis, und wir hoffen, mehr von unseren Begleitern über ihre Geschichte zu erfahren.

Thomas schenkt meiner Kameraausrüstung große Beachtung und ist überhaupt brennend an allem Neuen interessiert. Schnell lernt er das eine oder andere Wort auf Deutsch.

Am letzten Abend in Tarangire haben wir Nyangusi endlich so weit, dass er sich mit uns an den Abendtisch setzt. Nyangusi ist Masai, und das allein macht uns schon unheimlich neugierig. Wir reden zunächst über den Park als solchen, den lustigen Fluss, der mal für einige hundert Meter fließt und dann eine ebenso lange Strecke einfach vollkommen trocken ist. »Daher der Name des Gebietes«, weiß der Masai Bescheid. »Tarangire heißt ›Fluss, der nicht zu Ende fließt‹.«

Die Masai sind ein überaus stolzes Volk. Dieser Stolz hat eine Basis, nämlich das herrliche und in jeglicher Hinsicht großartige Land, in dem sie leben und mit dem sie tief verwurzelt sind. Sie sind animistisch geprägt, das heißt, sie deuten die Zeichen der Natur und verstehen sich als Teil derselben. In diesem Sinne gehen sie sehr bewusst mit ihrer Umwelt um: Mythen und Geschichten ranken sich um nahezu alle Orte, auch dann, wenn sie ihnen genommen wurden, weil ein Nationalpark ihnen ihre Anwesenheit verweigert.

Nyangusi ist traditionell aufgewachsen. Wie es die Ausbildung zum Masaikrieger verlangt, hat er ein ganzes Jahr in der Wildnis gelebt. Doch dass er gemäß eines alten Brauchs einen Löwen zum Zeichen seiner Reife tötete, war ihm verwehrt. Die Gesetze des Landes verbieten dies seit geraumer Zeit. Lieber vermittelt man teure Abschüsse an ausländische Jäger. Dabei wird nicht berücksichtigt, dass ein Masaikrieger mit Lanze und Speer ohnehin nur einen kranken oder schwachen Löwen erbeuten kann und somit eine wichtige Rolle im Kreislauf der Natur spielt.

Wir sind auf hundertachtzig und ertappen uns dabei, wie wir uns für unsere Herkunft entschuldigen. Schließlich verkörpern wir auf den ersten Blick die gegnerische Seite.

»Ja, dass man den Masai ihre Tradition verweigert, ist ein Problem«, sagt Nyangusi in seiner ruhigen Art. Er zeigt kaum eine Regung, auch nicht, als er davon spricht, wie er sein Heimatdorf verlassen hat. Der Stolz des Masaikriegers ist seitdem gebrochen. Die Anerkennung, die er als Masai nicht bekam, sucht er jetzt in seiner neuen Karriere als Safarifahrer. Uns wird klar, weswegen Nyangusi bis dato seine Geschichte verschwiegen hat. Die Kultur der Masai droht zu einer bloßen Touristenattraktion zu verkommen. Wir versuchen, ihm zu zeigen, dass wir am Schicksal seines Volkes wirkliches Interesse haben und wollen alles genau wissen. Häufig muss Nyangusi lange nachdenken, der Bruch mit seiner Vergangenheit hat sich auch im Kopf vollzogen. Doch zunehmend macht ihm die Unterredung Freude. Immer wieder versichert er uns, dass er all das, was er uns jetzt nicht beantworten kann, im Zuge seines nächsten Besuches bei seinen Eltern in Erfahrung bringen will.

Der Abend endet mit der Erzählung einer Legende der Masai. Der Affenbrotbaum nämlich hat eine erstaunliche Figur. Auf dem äußerst dicken Stamm thront eine unproportional kleine Baumkrone, die in der Trockenzeit ohne Laub nahezu kümmerlich wirkt. Für die Masai jedoch ist diese Erscheinung keineswegs verwunderlich. Wollte doch der Affenbrotbaum von Ostafrika aus die ganze Welt erobern. Der Baum zog also los, was dem lieben Gott nach einer Weile auffiel. Und er war nicht sehr erfreut darüber, im Gegenteil, er beschloss sogar, den Baum zu bestrafen. So riss er den Affenbrotbaum in der Fremde kurzerhand aus, brachte ihn zurück nach Afrika und pflanzte den Abtrünnigen verkehrt herum wieder ein. Damit zeigt die Wurzel in den Himmel, und die Baumkrone, die wohl äußerst mächtig sein muss, bleibt im Erdreich verborgen.

»Vielleicht hat diese Erklärung sogar etwas für sich«, vermute ich still. Schließlich kann der Affenbrotbaum bis zu zweitausend Liter Wasser aus der Erde sammeln und in seinem Stamm speichern. Eine enorme Leistung, die ihm mitunter aber auch zum Verhängnis wird. Sobald die Elefanten kein Wasser mehr finden – und das sind im Tarangire nicht wenige –, beginnen sie sich an die Wasserressourcen des Baumes heranzumachen. Das hinterlässt deutliche Spuren. Oft werden die stattlichen Bäume empfindlich verletzt oder gar vollkommen zerstört.

Als wir am nächsten Morgen schweren Herzens unser Camp im Tarangire-Park abbauen, hält uns eine enorme Elefantenherde von der Arbeit ab. Ein Bild für Götter: Gut einhundert Tiere mögen es sein, die in unmittelbarer Nähe zu unseren Füßen am Fluss trinken. Alle Altersstufen sind vertreten. Wenn sie das Wasser aufgesaugt haben, werfen sie ihren Kopf nach hinten und lassen sich vergnüglich das kühle Nass in den Rachen rinnen. Wir sind nur etwa zwanzig Meter entfernt, fotografieren und freuen uns über dieses wundervolle Abschiedsgeschenk.

Heute ist der 25. Juli 1995. Bis jetzt liegt eine faszinierende Reise hinter uns. Ganze vierzehn Tage sind wir bereits in Tansania unterwegs. Längst haben wir vergessen, wie es einmal in Deutschland war. Wir haben Kolo mit seinen rund zweitausend Felszeichnungen besucht. Wir sind durch den Manyara-Nationalpark auf der Suche nach den berühmten Baumlöwen gepirscht. Wir waren fassungslos beim Anblick des sagenhaften Ngorongoro-Kraters auf dem Ostafrikanischen Grabenbruch. Und wir haben sogar dem Empakai-Krater ganz im Norden einen Besuch abgestattet, dort, wo das mächtige Massiv aus Kraterlandschaften und Hochebenen zum Lake Natron abfällt. Doch der Höhepunkt der Reise, die Erfüllung eines Traumes, weswegen wir zu Hause alles liegen und stehen ließen, steht noch bevor – die Serengeti.

Thomas ist heilfroh, als wir endlich beschließen, unsere Zelte auf dem Kraterrand am Ngorongoro abzubrechen, um in die Serengeti weiterzufahren. Morgens ist es extrem feucht am Krater, denn der dichte Nebel versorgt die Wälder an den Hängen außenherum auch dann mit genügend Wasser, wenn von Juni bis Oktober nahezu kein einziger Regentropfen fällt. Doch die Feuchtigkeit ist das eine, das andere ist die verdammte Kälte. Wir frieren durchweg die ganze Nacht. Allein die Aussicht auf das wärmende Lagerfeuer und die anstehende Safari kann uns am Morgen im Halbdunkel aus dem Zelt locken. Wer als Erster auf den Beinen ist, bemüht sich, die spärliche Glut in ein kleines Feuer zu verwandeln und hurtig Wasser zu kochen. Alle freuen sich auf den heißen Tee. Auch Nyangusi, der ein leidenschaftlicher Langschläfer ist, kriecht spätestens jetzt aus den Decken.

»Es ist zu kalt«, jammert Thomas regelmäßig vor sich hin, »oh, oh«. Er ist ein Häufchen Elend. Seine dicke Wollmütze, die er auf einem Markt in Moshi am Kilimandscharo erstanden hat, zieht er tief ins Gesicht und über beide Ohren. Er tut mir richtig Leid, aber uns geht es auch nicht viel besser.

Am Abreisetag ist Thomas unser Abbaumanager. Er tüftelt bereits, während wir noch im Zelt liegen. Wir möchten ihm helfen, doch davon will er nichts wissen. Er ist bester Stimmung und summt Reggae-Rhythmen vor sich hin. Immer wenn ich ihn frage, ob er sich auf die Serengeti freue, sagt er mit strahlender Miene: »Serengeti ist gut, Serengeti ist viel besser! Da ist es nicht so kalt!«

Ich lasse die Mannschaft das Auto beladen. Lieber genieße ich in aller Stille die Gefechte der aufgehenden Sonne mit den Nebelmassen. Einige Lücken zwischen den Dunstfetzen geben den Blick auf den sonnigen Kratergrund frei. Das allein ist schon ein großartiges Naturschauspiel.

Offensichtlich haben unsere beiden afrikanischen Begleiter in ihrem Überschwang den Geländewagen nur provisorisch geladen. Es scheppert und kracht. Des Öfteren schaut Nyangusi kritisch in den Rückspiegel. Tatsächlich, einen Wasserkanister haben wir verloren. Von Zeit zu Zeit überprüfen wir sorgsam die Gummiseile.

Das Land jenseits des Ngorongoro ist stetig abfallend und mündet – so vermute ich – in der Ebene der Serengeti. Ich frage in immer kürzeren Abständen, wie weit es noch ist, und Nyangusi zeigt nach vorne, mehr nicht. Wir verstehen ja kaum unser eigenes Wort. Die Fahrtgeräusche auf einer Straße, die die Stoßdämpfer des Autos aufs Schlimmste malträtiert, sind eben enorm. Glücklicherweise gibt es kaum Gegenverkehr, denn dann müssen wir alle schleunigst die Autofenster hochkurbeln, weil wir für einige Zeit in einer Staubwolke verschwinden, und der Staub sollte besser draußen bleiben. Sobald die Sicht wieder frei ist, öffnen wir die Fenster. Wir tauschen vielsagende Blicke und lachen kapitulierend. Ohnehin ist alles gnadenlos eingestaubt, was soll also der ganze Stress.

Nach einer stundenlangen Holperfahrt ist es dann so weit: Wir betreten – vielmehr befahren – heiliges Land. Wenigstens weist ein Holzschild an der Piste darauf hin. Der obligatorische Büffelschädel, der an einem der Stützpfosten befestigt ist, besagt, dass wir in das Reich der Löwen vordringen. Mein Herz macht einen Sprung – Serengeti! Jetzt bin ich da, endlich!

Doch zunächst bin ich tief enttäuscht. Wie anders war das Bild, das ich mir aus Büchern und Filmen, in meiner Phantasie und meinen Träumen gemacht hatte! So weit meine Blicke schweifen, alles ist verdorrt und braun. Der Himmel ist reich mit Wolken verziert, doch ein Staubschleier verleiht ihm einen Hauch Trostlosigkeit. Beiderseits der Schotterstraße mühen sich einige Grant- und Thomsongazellen, das spärliche Essbare aus der Steppe zu picken. Ich weiß zwar, die große Wanderung ist längst im Gange. Die großen Grasfresser wie Gnus und Zebras müssten bereits die Flüsse im Westen und Norden erreicht haben. Dennoch versetzt mir diese gnadenlose Dürre einen Schock. Ich brauche vierzehn Tage in der Serengeti, bis ich diese Zusammenhänge akzeptiere. Die Serengeti ist ein Land, in dem Leben und Tod ganz eng nebeneinander liegen. Und selbst der Tod hat hier eine faszinierende Dynamik

Eines Tages beobachten wir eine Löwin im Seronera-Tal. Zunächst fällt sie uns überhaupt nicht auf. All unsere Aufmerksamkeit konzentriert sich nämlich auf eine Gruppe Zebras. Sie sind durstig und wollen an ein Wasserloch, doch dort lauert der Tod, ein Krokodil. Wir haben es entdeckt, obwohl nicht mehr als ein Augenpaar über die Wasseroberfläche ragt. Ahnen die Zebras die Bedrohung? Es scheint so: Die Augen weit aufgerissen, den Kopf nach vorne gestreckt, trippeln sie beinahe Zentimeter um Zentimeter voran. Dann bleiben sie ruckartig stehen. Keine Bewegung, stattdessen wandern ängstliche Blicke auf dem Wasser auf und ab. »Sie spüren die Gefahr«, schießt es mir durch den Kopf. Es dauert Minuten – vielleicht auch länger. Die gestreiften Wildpferde müssen nicht näher an das Wasser treten. Sie wissen Bescheid. Kraftvoll drehen sie sich auf den Hinterläufen und preschen durch die Büsche davon. Draußen auf der offenen Fläche jenseits des Pflanzengewirrs muss ihre Herde sein. Es ist ein Höllenlärm, und der Boden bebt, wenn die Herde in Bewegung kommt. Wehmütig denke ich an die gestreiften Kollegen im Zoo, die immer nur mit hängendem Kopf dastanden. Zebras in der Freiheit sind das sprühende Leben!

»Es riecht nach Löwe«, sagt da Nyangusi unvermittelt. Ich schaue ihn ungläubig an.

»Riechst du es nicht?«, fragt er fast vorwurfsvoll. Für einen Augenblick bin ich verunsichert. Ich lehne mich aus dem Auto und schnuppere. Ich schließe die Augen und versuche es erneut. Nyangusi hat Recht. Irgendetwas riecht anders als das Wasser und die Pflanzen. Mit einem Mal wird mir klar, wie sehr unsere Sinne in unserer Gesellschaft verkümmern.

Monika hat bereits die unmittelbare Umgebung mit dem Fernglas abgesucht – ohne Resultat. Gerade will ich es ebenso versuchen, da zeigt Nyangusi mit seinem Finger vor uns. Ich folge der Richtung und hoppla, eine Löwin, höchstens 30 Meter von uns entfernt. Sie sitzt ganz in der Nähe der Stelle, an der eben noch die Zebras standen. Warum hat sie nicht gejagt? Unser Masaifreund weiß auch keine Antwort darauf.

Die Löwin lässt sich durch nichts auf der Welt ablenken. Ihr Blick klebt im wahrsten Sinne des Wortes auf einer Buschgruppe. Zumindest ich kann durch das Fernglas kein Objekt der Begierde dort entdecken.

»Da ist nichts«, flüstert Nyangusi, und ich bin erleichtert, dass er mich bestätigt.

Wir warten. Zehn Minuten später warten wir immer noch. Gut 20 Minuten danach verharrt die Löwin noch immer in gleicher Anspannung.

»Da drüben ist auch noch ein Wasserloch«, haucht uns der Masai zu.

Nach wenigen Augenblicken ist mir klar, was er meint. Es kommt Bewegung in die Szenerie auf der anderen Seite des Gestrüpps. Zwar ist nichts zu erkennen, dafür »malen unsere Ohren« Bilder des Geschehens.

»Jetzt gehen sie ins Wasser«, murmelt Nyangusi nach einer Weile leise vor sich hin.

»Es sind wohl auch Fohlen dabei«, meinen wir, weil Tiere den Geräuschen nach zu urteilen geradewegs in den Tümpel galoppieren, was von Unerfahrenheit zeugt oder auf eine Störung schließen lässt. Kurzzeitig sind wir irritiert. Wir interpretieren eine Jagdszene, indessen dürfte die Herde bereits geflüchtet sein. Die Löwin lässt das alles eiskalt.

»Sie hat gar keine Lust zu jagen«, stellen wir schließlich fest und wissen nicht so recht, ob wir das gut oder schlecht finden sollen.

Jenseits der Grenze unseres Blickfeldes wird es nun ruhig. Die Zebras sind zwar immer noch da, fühlen sich aber wahrscheinlich sicher und trinken.

»Okay, dann eben nicht«, drückt das Gesicht der Löwin in aller Deutlichkeit aus. Sie steht auf, dreht sich einmal um die eigene Achse und schlendert gemächlich direkt auf uns zu. Am Rand des Schotterwegs bleibt sie stehen. Sie scheint die Unschuld auf vier Pfoten. Dann täuscht sie unvermittelt nach rechts an, bevor sie sich nach links wendet und die Piste entlangtrottet. Mit einem Mal wird uns klar – sie hat alle genarrt. Die Löwin nutzt den Fahrweg und das Gras, das rechts und links hoch aufgeschossen wächst, um den Zebras den Weg abzuschneiden. Kaum haben wir ihre Strategie erkannt, verschwindet die Raubkatze in einer Lücke zwischen dem Gestrüpp.

Nyangusi gelingt es in der unvorhergesehenen Situation nicht, den Motor sofort zu starten. Zwischen dem zweiten und dritten Versuch hören wir schon das Unheil: Jenseits der Büsche hat der Wettlauf um das Leben begonnen. Die Erde bebt. Längst stiebt

Staub bis über die Gebüschwipfel. Mit einem beherzten Satz positioniert sich der Geländewagen auf der Schotterpiste. Nyangusi gibt dem Gefährt die Sporen. Dennoch, bis wir den Schauplatz des Geschehens erreichen, ist beinahe alles vorbei.

Wir erkennen die Gestalt der Löwin und ein zweites Wesen, ein kleines Zebra. Der Leib des Opfers zuckt, die Läufe schlagen schwach und immer kraftloser. In höchster Verzweiflung bäumt sich der Körper ein letztes Mal auf, ein erfolgloser Befreiungsversuch, den Kopf weit nach hinten geworfen, aber es ist aus und vorbei. Der letzte Hauch Leben fliegt dahin. Die Augen sind schauerlich weit aufgerissen, ehe sich der Schatten des Todes darüber legt. Der Vorhang aus Staub senkt sich. Die Jägerin atmet schwer. Wir hören die tiefen, intensiven Atemzüge, zuweilen das Röcheln. Mit unnachgiebiger Kraft hält sie das Zebrakind an der Kehle. Für einige Minuten mehr sind Jäger und Opfer untrennbar verbunden.

Wir sind kaum zehn Meter von der Löwin entfernt zum Stehen gekommen. Schweigen ist angebracht, denn was dort stattfindet, hat etwas Intimes, etwas, was nur einen Löwen und ein Zebra etwas angeht.

Endlich lässt die mächtige Katze los. Das Blut rinnt ihr aus dem Maul. Sie schielt mit hängendem Kopf zu uns herüber. Das sieht ziemlich bedrohlich aus, und so ist es auch gemeint. Binnen Sekunden ist die Löwin außer sich vor Wut. Sie faucht, stürzt kraftvoll auf uns zu. Mehrmals schlägt ihre Pranke ins Leere. Wer von ihr getroffen wird, ist verloren. Selbst Nyangusi weicht instinktiv zurück und kurbelt schnell das Fenster hoch. Wir setzen einige Meter zurück und öffnen die Fenster erneut. Argwöhnisch beäugt uns die aufgebrachte Raubkatze, kehrt aber dann doch zu ihrer Beute zurück und zerrt sie unter einen kleinen Baum.

Währenddessen ist die Herde immer noch in der Nähe. Die Hoffnung ist noch lange nicht gestorben. Die Zebras rufen nach dem verlorenen Herdenmitglied. Doch es gibt keine Antwort. Die Zebramutter will es nicht wahrhaben. Immer wieder wagt sie sich in die Nähe des Unglücksortes. Die Löwin hingegen ist genervt. Sie macht fortlaufend klar, dass sie von uns, von den anderen Zebras und überhaupt von allem die Nase voll hat. Immer wieder hat sie Aggressionsausbrüche, die sie in Scheinangriffen gegenüber uns oder den Zebras äußert. Wir respektieren ihre Stimmung. Bevor wir eine Löwin im Auto sitzen haben, machen wir uns lieber aus dem Staub.

Gegen Abend sind wir dann aber doch neugierig und kehren an den Ort des Geschehens zurück. Die Zebraherde ist abgezogen. Allein die Zebramutter ist noch immer da. Sie gibt nicht auf. Ihre Rufe sind eine Klage, die noch lange in unseren Ohren hallt.

Die Erlebnisse des Tages wirken nach. Wir sitzen am Lagerfeuer und hören das leise Knistern, das Zischen, wenn die letzte Feuchtigkeit aus dem Holz entweicht. Mich beschäftigt, mit welcher Sicherheit und Intuition Nyangusi manche Dinge ahnt. Plötzliche Momente, in denen er uns in eine andere Richtung drängt, und er hat Recht. Wir sprechen über das Leben in der Wildnis, über die Zeichen der Natur, die die Masai so trefflich deuten, und die ausgeprägten Sinne der Naturvölker.

»Ich habe den Löwen heute tatsächlich gerochen«, sage ich. »Aber erst, nachdem du mich aufmerksam gemacht hast.«

»Du musst deine Sinne entdecken, besser sehen, besser hören und besser riechen«, rät Nyangusi. Das sei das Wichtigste, was seine Eltern ihm mit auf den Weg gegeben haben, als er in die Wildnis zog. »Die Angst ist dein bester Freund«, sagen die Masai. »Wenn du wirklich Angst verspürst, dann ziehe dich zurück.«

Die Reise in und durch die Serengeti wird für mich zunehmend eine Entdeckungsreise in zweierlei Hinsicht. Zum einen entdecke ich mich selbst, meine Lust und meinen Drang, mich vertraut in der Natur zu bewegen. Auf der anderen Seite muss ich erkennen, dass die Serengeti bei weitem nicht das ist, was sich durch Reportagen und Bücher in meinem Kopf festgesetzt hat. Je länger ich mich in dieser Landschaft bewege, je häufiger ich Abende mit Nyangusi am Campfeuer verbringe, umso weiter entwickelt sich mein Bild der Serengeti davon weg. Zweifelsohne ist die Serengeti einer der großartigsten Naturräume der Erde, doch die Geschichte des nicht minder faszinierenden *Kultur*raums ging 1959 mit der Verbannung der Masai aus dem Nationalpark verloren. Skrupellos wird das Gebiet seither als Schauplatz der großen Tierwanderung vermarktet. Über die Relikte der Masaikultur wächst nach und nach Gras.

Die Nächte sind lang, weil ich kaum schlafen kann. Ich liege da und lausche den Erzählungen der Serengeti. Jede Nacht hat ihre eigene Dramaturgie. Tag für Tag kommen neue Erfahrungen hinzu, die mir helfen, ein Bild der Geschehnisse der Nacht zu entwickeln. Da sind die ängstlichen Rufe der Zebras. Da ist das Löwenrudel, das sich über bis zu sechs Kilometer verständigen kann.

Manchmal verarbeite ich auch nur Informationen. Einmal kehren die Filmszenen des IMAX-Filmes über die Serengeti unablässig wieder. Ich werde richtiggehend wütend, was sich steigert, je mehr mir bewusst wird, wie sehr der Film die Realität verzerrt. In dieser Nacht fasse ich einen Beschluss. Ich möchte die Serengeti aus der Sicht der Masaikultur in einem Buch charakterisieren.

Wir haben gehöriges Glück. Wieder hat die Intuition unseres Masaifreundes zugeschlagen. Nahezu fluchtartig verlassen wir das Seronera-Tal und fahren in den Norden der Serengeti, wo wir bei Lobo unser Camp aufschlagen. Der ausgewiesene Zeltplatz liegt zu Füßen eines Felsmassivs. Doch wir entledigen uns im Wesentlichen nur des unnötigen Ballasts und lassen Thomas damit allein. Vehement drängt der Masai zum Aufbruch. Wir hätten keine halbe Stunde später kommen dürfen. Wir erleben die letzte Flussüberquerung der Gnu- und Zebraherden über den Grumeti.

Die letzte Station unserer Tansaniareise soll der Lake Natron sein. Wir verlassen die Serengeti im Nordosten und bewegen uns ins Loilondo-Gebiet. Wir haben keine große Eile, denn wir wollen die Strecke nicht auf einmal bewältigen. Zeit haben wir genug. Außerdem hat sich der Gedanke in mir festgesetzt, mehr über die Masai zu erfahren, mir eine Vorstellung zu bilden, wie sie in der Serengeti gelebt haben. Gewiss, Nyangusi hat alles aus sich herausgeholt, um in etwa meine Wissbegier zu befriedigen, doch ebenso sicher war es nicht genug.

Über dem Terrain, das wir durchfahren, liegt zumindest ein Anflug von Grün. Das beruhigt die Augen. Es ist wie ein Hoffnungsschimmer. Zu Füßen einer Hügelkette, die uns linker Hand fortwährend begleitet, taucht der eine oder andere Masaikral auf. Als die Sonne am höchsten steht, beschließen wir, eine Rast einzulegen. Wir folgen den Anzeichen einer Masaiansiedlung und halten direkt darauf zu.

Ich glaube, für alle an Bord unseres Geländewagens ist es ein Experiment. Nyangusi hat meiner Bitte ein »Kein Problem« entgegnet, und ich habe ihn beim Wort genommen. Je näher wir dem Kral kommen, umso mehr Menschen versammeln sich davor. Vorsichtshalber winken wir schon einmal. Es kann schließlich nicht schaden, wenn man den Bewohnern die Freundlichkeit entgegenbringt, die sie von uns erwarten können.

Wir werden begeistert aufgenommen. Nyangusi kommt kaum dazu, unseren Besuch zu erklären, geschweige denn zu organisieren. Eine Vielzahl von Händen streckt sich uns entgegen. Sorgsam achten wir darauf, allen gleichermaßen die Hand zu schütteln und auch niemanden zu vergessen. Englisch spricht keiner. Wir halten das nicht für einen Nachteil. Es ist höchst spannend, Grimassen zu schneiden und auszuprobieren, welch lustige Figuren man mit den Händen formen kann, um sich verständlich zu machen. Interessant wird es vor allem, wenn Zeichen fehlinterpretiert werden. Dann hilft nur eine Methode, nämlich schleunigst mit den Schultern zu zucken und zu lachen. Damit hat man dann die Gunst seines Gegenübers zurückerobert, und niemand wird einem wirklich böse sein.

Im Dorf herrscht große Betriebsamkeit. Im Grunde genommen sind die Krieger bis an die Zähne bewaffnet. Überall vor den Hütten stecken Speere und Lanzen im Boden. Obendrein scheint die Stimmung nicht die beste zu sein. Einige Krieger kümmern sich noch immer emsig um uns. Sie zeigen uns ihre Hütten. Obwohl die

Masai zumeist hoch gewachsene Menschen sind, sind ihre Behausungen sehr niedrig. Ihre Unterkünfte, die im Übrigen von Frauen gefertigt werden, sind leichte Holzkonstruktionen, mit Kuhdung eingefasst und gedeckt. Lediglich für den Rauchabzug gibt es an einer Seite ein Loch im Dach. Die Bauweise ist schlicht, doch sie erfüllt vollauf ihren Zweck. So heiß es draußen auch ist, im Innern herrscht stets eine angenehme Kühle.

Wir sind dermaßen mit Beschlag belegt, dass uns kaum auffällt, wie die Zeit verfliegt. Als wir uns nach Thomas erkundigen, hat der bereits ein Notcamp errichtet, während Nyangusi nach wie vor mit einigen Stammeskollegen quatscht. Thomas hält nicht übermäßig viel von dem ganzen Drumherum. Warum auch, denn er gehört zum Stamm der Chaka. Da ist es nur verständlich, wenn er seiner eigenen Anschauung nachhängt. Indes leisten wir Thomas Gesellschaft.

»Es gibt ein Problem«, meint Nyangusi, als er im bereits schwindenden Licht zu uns kommt.

»Welches?«, fragen wir etwas beunruhigt, weil wir vermuten, es beträfe uns.

»Nun, es gibt Ärger. Ein Nachbarstamm hat Kühe geklaut. Ein Trupp Krieger ist bereits unterwegs, um dem Gegner eine empfindliche Lektion zu erteilen. Morgen in aller Frühe geht eine weitere Gruppe los.« Nyangusi klingt ein wenig besorgt.

Uns ist klar, dass unser Camp neben dem Kral nicht ganz ungefährlich ist. Wer weiß, welche Strategie der Gegner wählen wird. Wir beraten uns ausführlich, halten eine Attacke aber für eher unwahrscheinlich.

Wir bringen den Landrover in Position. Unsere beiden Begleiter werden im Auto schlafen, wir im Zelt direkt daneben. »Na prima, im Ernstfall können sie noch wegfahren, während wir als Opfergabe zurückbleiben«, sinniere ich. Ich muss schmunzeln. Im Kreise der Masai fühle ich mich der Bedrohung zum Trotz sicher.

Just da die Nacht uns umhüllt, gesellen sich zwei Krieger zu uns. Sie übernehmen die Wache. Wir laden sie zum Essen ein, und auch wenn es heute nur Notverpflegung gibt, kommt die Kochkunst unseres Freundes Thomas gut an. Er erhält viel Lob. Auf diese Art und Weise kann er sich immerhin ein bisschen mit den Masai im Kral anfreunden. In der Masaisiedlung ist es inzwischen still geworden. Wir wollen die Ruhe respektieren und verkriechen uns schleunigst ins Zelt.

Weit vor Anbruch des Tages geht das Leben im Dorf los. Ich liege andächtig im Zelt und lausche angestrengt. Es erfüllt mich mit Stolz, dass ich keinerlei Notwendigkeit verspüre, das Zelt zu verlassen, sondern stattdessen einfach aus dem Gehörten das Geschehen erschließe.

Die Krieger ziehen los. »Viel Glück«, gebe ich ihnen in Gedanken mit auf den Weg. Meine Sinne retten sich noch einmal in das Reich der Träume hinüber. Erst das frühe Tageslicht holt mich wieder in die Realität zurück.

Es ist ein Knistern in der Luft, als ich vor das Zelt trete. Auch Monika und Nyangusi sprechen kaum ein Wort. Thomas hingegen ist zu leidenschaftlich Koch. Er sieht nicht ein, warum er sich von den Problemen der Masai die Stimmung verderben lassen soll. Während wir dahocken und Löcher in die Luft starren, setzt er uns frische Mangos, Ananas und frisch gebackenes Brot unter die Nase. Obwohl wir nicht den geringsten Hunger haben, verspeisen wir alles artig.

Der Vormittag vergeht, ohne dass uns eine Nachricht erreicht oder sich irgendetwas Besonderes im Kral ereignet – ein Tag wie jeder andere. Zur Mittagszeit wird es nur auf unserer Seite für einige Momente etwas hektischer, weil wir Thomas beibringen müssen, dass wir nun wirklich keine Lust auf etwas zu essen haben. Wie eh und je argumentieren wir mit dem kleineren Magen der europäischen Vertreter des Homo sapiens, und er nimmt es mit saurem Gesicht hin.

Die Zeit vergeht quälend langsam. Beinahe haben wir das Gefühl, sie bleibt einfach stehen und lähmt alles um uns herum. Jedenfalls stehen wir unter Strom. Wir sind zwar gerade mal seit einem Tag hier, fühlen uns aber den Masai im Kral sehr verbunden.

Endlich tauchen am Nachmittag in der Ferne die ersten Krieger auf. Wir wagen nicht, uns zu bewegen und warten einfach ab, was passiert. Niemand spricht auch nur ein einziges Wort. Obendrein wissen wir sowieso nicht, wie wir uns verhalten sollen, und ich halte es auch nicht für angebracht, unseren Masaifreund zu fragen. Der ergreift schließlich die Initiative und verschwindet zunächst im Kral. Wenig später geht er zusammen mit einigen Kollegen den Heimkehrern entgegen. Die ersten Krieger sind längst im Kral verschwunden. Die Stimmung dort scheint ziemlich aufgebracht. Von Nyangusi fehlt hingegen jede Spur. Er ist irgendwo drüben im Busch, und es dauert auch eine ganze Weile, ehe er zurückkommt .

»Und?«, empfange ich ihn.

»Die haben es den anderen heimgezahlt«, entgegnet er. Er kann seinen Triumph nicht verbergen. »Zwanzig der Gegner wurden getötet, zwei Masai kamen ums Leben.«

Ich bin mir nicht sicher, ob die Zahlen stimmen. Insgesamt scheint die Rache aber geglückt zu sein. Nach und nach kehren kleinere Masaigruppen zurück. Entsprechend wird es auch mal lauter in der Siedlung. Wir bleiben außen vor. Als eine weitere Gruppe ankommt, sind wir etwas besorgt. Einer der Krieger scheint verletzt zu sein. Im Kral bricht Konfusion los. Ein Krieger kommt zu uns und spricht angeregt mit Nyangusi. Der zieht sich mit dem Dorfbewohner zurück. Kaum eine Minute später sind sie wieder da.

»Ein Krieger hat einen Giftpfeil eines Gegners abbekommen«, erklärt uns unser Masaifreund.

Noch bevor er dazu kommt, mehr zu erklären, wird er von einigen Kriegern unterbrochen. Sie bringen den Verletzten. Das ist unschwer zu erkennen. Der Mann ist vollkommen fertig, starrt teilnahmslos vor sich hin. Zwei seiner Mitstreiter, die ihn stützen, legen ihn geradewegs neben unser Zelt. Momente danach haften sämtliche Blicke der Umstehenden auf uns.

»Scheiße, was jetzt?«, denke ich mir. Glücklicherweise reagiert Monika etwas schneller. Sie setzt Nyangusi als Übersetzer ein.

»Was ist genau passiert?«, wollen wir wissen. Wir hören kaum hin, als man uns alles erzählt, sondern überlegen die nächsten Schritte. Ohnehin weiß keiner, welches Gift in die Wunde gelangt ist. Selbst wenn, was können wir tun? Obgleich wir vollkommen überfordert sind, ergreifen wir Maßnahmen.

»Der Mann braucht dringend Wasser, und wir müssen die Wunden desinfizieren«, weise ich meine Frau an. Während sie im Auto alles zusammensucht, schaue ich mir die Wunde an. Nyangusi weicht mir nicht von der Seite, und ich bin ganz froh darüber.

Nun, die Wunde ist nicht tief. Ich bin sehr vorsichtig, denn die eingesetzten Gifte sind nicht zu unterschätzen. Wir säubern die Wunde und tragen Desinfektionssalbe auf. Zugleich versucht Monika, dem Krieger Wasser einzuflößen, doch das funktioniert nicht mehr. Er behält einfach nichts bei sich. Wir sind mit unserem Latein am Ende. Das Schlimmste sind die erwartungsvollen Beobachter, die jede Bewegung verfolgen. Mir ist irre heiß, der Schweiß rinnt in Strömen. Panisch suche ich nach einer Idee, was noch zu tun sei. Hilfe suchend schaue ich Monika an, aber auch sie ist ratlos.

»Der hat keine Chance«, bricht Nyangusi schließlich das Schweigen. »Die kleinste Wunde, in die das Gift gelangt, führt zum Tod.« Nyangusi spricht vollkommen emotionslos. Es gibt keine Hebung und keine Senkung in seiner Stimme.

»Sag das bitteschön in Masaisprache«, flehe ich ihn mit meinen Blicken an, aber er scheint mich nicht zu verstehen.

Wieder verstreichen quälende Minuten. Die kleine Versammlung der Masaikrieger hat mittlerweile verstanden, dass wir nichts ausrichten können. Nur einer unter ihnen hat es noch nicht aufgegeben, dem Sterbenden Wasser zu verabreichen. Er versucht es so lange, bis die Flasche fast leer ist. Dann endlich stirbt der Krieger, so ruhig und gelassen, dass wir erst sicher sind, dass er nicht mehr da ist, als er aufhört zu atmen.

Es passiert nichts. Keiner zeigt irgendeine Reaktion, keine Träne, kein Wort. Die Anspannung ist unerträglich und löst sich erst Minuten später, als einige Dorfbewohner den Leichnam wegtragen.

Es dämmert. Der Masaikral und überhaupt alles weit und breit wirken gespenstisch. Jeder ist mit seinen Gedanken bei sich. Wir verzichten auf das Abendessen und verderben es uns endgültig mit Thomas.

»Der Masai hatte keine Angst vor dem Sterben«, bringe ich das in wenigen Worten zum Ausdruck, was mich seither beschäftigt.

»Die Masai sind Animisten. Sie glauben, dass sie wieder in eine neue Lebensform übergehen«, antwortet Nyangusi. In seiner Stimme klingt ein Hauch Zweifel mit. Schließlich bezeichnet er sich mittlerweile lieber mit dem Namen »Mohamed«, weil er zum moslemischen Glauben übergetreten ist.

Im Masaidorf wird es still, und wir brauchen unsere Zeit, um den Tag zu verarbeiten. Wir sind übereingekommen, bei Sonnenaufgang unsere Zelte abzubrechen. Wie geplant wollen wir unsere erste Tansaniareise in der heißen Tiefebene um den Lake Natron ausklingen lassen.

Wieder zurück in Deutschland, stelle ich fest – Afrika hat meine kühnsten Erwartungen übertroffen, ich habe mein Herz verloren. Und lange werde ich es hier auch nicht aushalten.

Nichtsdestotrotz hat alles seine Grenzen, und als ich mich entschlossen habe, ein Buch über die Migration in der Serengeti zu schreiben, ist mir schnell bewusst geworden, dass wir diese Grenzen schneller, als uns lieb sein könnte, testen werden. Die dritte Reise binnen eines Jahres nach Tansania muss sein, denn es ist unser Traum, den Jahreswechsel 95/96 am Ngorongoro-Krater zu verbringen. Freilich wird unser Bankkonto im Grunde genommen viel zu arg strapaziert. Damit haben wir eben eine der angesprochenen Grenzen überschritten, was ich geflissentlich ignoriere, als wir uns tatsächlich wieder auf den Weg machen.

Zugegeben, Thomas ist zwar von der Idee, Silvester und Neujahr ausgerechnet auf dem Kraterrand des Ngorongoro zu verbringen, alles andere als angetan. Aber er ist ein guter Kumpel, und wir geben uns auch alle Mühe, seine stets bezaubernden Kochkünste in allen Variationen zu loben. Das bringt uns eine wunderschöne Silvestertorte ein. Das Backwerk ist kein reines Produkt der Wildnis, sondern mit dickem Zuckerguss überzogen. »Happy New Year – Monika and Matto« steht in dicker giftgrüner Zuckerschrift obendrauf. Wir wollen natürlich auch unseren Beitrag zum Fest leisten. Gar nicht so einfach, wie wir feststellen müssen. Nur weil wir inzwischen gelernt haben zu verhandeln und nur weil wir fünfzig US-Dollar bieten, gelingt es uns, in einer Lodge eine Flasche südafrikanischen Billigsekt aufzutreiben. Kein guter Schachzug, wie sich bald herausstellt, besser hätten wir uns um Glühwein bemüht.

Allen Vorbereitungen zum Trotze wird die Silvesterparty ziemlich unterkühlt. Das Thermometer küsst nahezu die Nullgradgrenze. Dem hat selbst das Lagerfeuer, um das wir uns versammeln, nicht übermäßig viel entgegenzusetzen. Erst als sich fast pünktlich zum Jahreswechsel eine Hyäne der Silvestertorte nähert, kommt so richtig Leben auf. Thomas wirft ihr sämtliche Küchengegenstände, deren er in Kürze habhaft werden kann, hinterher. Wenigstens das macht verdammt viel Spaß: »afrikanisches Feuerwerk« hoch oben auf dem Ostafrikanischen Grabenbruch! Da schmeckt sogar das eiskalte Feuerwasser, das Nyangusi erst gar nicht versucht und der liebe Thomas am liebsten wieder ausspucken würde.

»Sekt trinkt man traditionell an Silvester in Deutschland«, behaupten wir und saufen vergnügt die Flasche vor unserem staunenden Publikum aus. Na ja, ich bin froh, dass ich mich nicht übergeben muss, wäre doch schade um die fünfzig US-Dollar.

In der Nacht lausche ich den Zebras, die höchstens einen Steinwurf entfernt grasen. Sie rupfen und kauen in einem solch harmonischen Rhythmus, dass sie mich schnell in den Schlaf wiegen.

Ich wache auf, weil ich friere. Just da ich das Zelt öffne, spielen die Vorboten des Lichts mit dem Wolkenteppich über uns. Ich bin froh. So muss ich mir keine warmen Gedanken machen und mich für einige Zeit zwischen viel zu dünnen Decken über die Zeit quälen.

Der Ngorongoro-Krater ist mal wieder nicht zu sehen. Wir hätten nichts anderes erwartet. Mehr beschäftigt uns die Frage, ob wir auch am Neujahrstag früh genug unsere Genehmigung für die Fahrt in den Krater bekommen. Wir müssen eigens dafür zum Rangerposten fahren, und das tun wir natürlich viel zu früh, denn wir wollen die Ersten unten sein. Die Ranger ihrerseits scheinen ebenso wenig Spaß mit dem Silvesterabend gehabt zu haben. Sie sind afrikanisch untypisch pünktlich, ganz im Gegensatz zu den Touristen, von denen fehlt weit und breit jede Spur.

Gut eine halbe Stunde später rollt unser Landrover schließlich im Schritttempo die überaus steile Kraterstraße hinab. Man tut gut daran, sich viel Zeit zu lassen. Ein Fahrfehler oder Bremsen, die versagen, könnten fatale Folgen haben. Das malen wir uns lieber nicht so genau aus. Stattdessen genießen wir die ersten Sonnenstrahlen und wundern uns obendrein über einen azurblauen Himmel, den keine noch so kleine Wolke ziert. Verrückt – zwei vollkommen verschiedene Welten auf kleinsten Raum.

Ich muss erst einmal den Boden berühren, auf dem Kratergrund stehen, die Luft tief einatmen. Wohin des Weges? Der ganze Krater scheint unser zu sein.

»Lass uns in den Ostteil fahren«, dirigiere ich unseren Fahrer. Eine Vorahnung?

»Da sind Löwen vor uns!«, ruft Nyangusi und hält erst gar nicht an, denn er kennt die Vorliebe meiner Frau für die größten Katzen Afrikas.

In der Tat, gerade einmal einen Steinwurf vom Weg entfernt liegt der Kraterpascha. Er ist ein mächtiger Löwenmann. Obwohl der Krater ein in sich sehr begrenzter Lebensraum ist, leben dort ganze zwei Löwenrudel nebeneinander. Sie haben ein gutes Leben, immer ist der Tisch für sie reich gedeckt. Schließlich hat der Ngorongoro-Krater die höchste Wilddichte weltweit.

Löwen sind faul, und dieses Exemplar macht da keine Ausnahme. Er blinzelt zu uns herüber. Bereits das ist zu viel der Anstrengung. Die Augen fallen ihm zu, als seien die Lider tonnenschwer. Wir bestrafen den Herrn damit, dass wir ihn ignorieren. Stattdessen betrachten wir die Hänge, die nach wie vor von Seidenvorhängen aus feuchter Luft verhüllt sind. Ein herrliches Naturschauspiel, zumal dann, wenn man seinerseits die wärmenden Sonnenstrahlen auskosten darf.

Es wird spürbar heißer. Längst haben wir uns der Jacken entledigt. Langsam treten die unteren Abschnitte der Kraterhänge zu Tage. Die Nebel steigen und verlieren den Kampf gegen die unbarmherzige Tropensonne. Einzelne Nebelfetzen halten sich im Schatten der Wälder. Nicht mehr lange, so ist es auch um sie schlecht bestellt.

Auch dem Löwen macht die zunehmende Hitze zu schaffen. Er hechelt. Sein ganzer Körper bebt dabei. Seine Blicke schweifen in die Weite. Wo ist Schatten? Nirgends ist Schutz vor der Sonne, zumindest nicht in unmittelbarer Nähe. Außer …

Ich blicke dem Löwen in die Augen und sage ihm in Gedanken: »Leg dich einfach hier neben uns. Ist besser so.« Ein-, zweimal versuche ich, mit ihm in Verbindung zu treten. Schließlich versteht er. Schwerfällig hievt er sich auf die Beine. Mit angestrengtem Gesicht mustert er die Umgebung: Pflichtübung, schließlich ist er der Herr im Hause. Unsere Blicke begegnen sich ein weiteres Mal. Ich versichere ihm erneut, er sei willkommen. Der Löwenkönig schöpft Vertrauen. Er trottet zu uns herüber. Bloß kein Bein zu hoch heben! Ich fürchte, er könnte stolpern. Schlussendlich steht er auf der schattigen Seite des Landrovers: Ein hünenhafter Löwe. Sein Rücken erreicht in etwa die Höhe des Autofensters. Ich beuge mich hinaus, um ihn zu bewundern. Ihn stört das nicht. Stattdessen starrt er in die Ferne.

Es gibt Situationen, da tut man Dinge, die man selbst Jahre später nicht erklären kann. So ist es jetzt: Ich berühre den Kraterpascha an der Mähne, spüre, wie das widerborstige Haar durch meine Finger gleitet und meine Hand über den Rücken streicht. Mir fährt der Schreck, nein, ein unbeschreibliches Glücksgefühl durch alle Glieder. Der Löwe wirft den Kopf herum und blickt mich an – für einige Sekundenbruchteile, vielleicht auch Sekunden oder Minuten –, ich weiß es nicht. Ich weiß nur, dass ich dasitze und warte, dass das Jüngste Gericht über mich hereinbricht. Es passiert nichts. Der Löwe kommt einen Schritt näher und legt sich unterhalb meiner Tür nieder.

Nyangusi ist Zeuge meiner stillen Unterredung mit dem Tier geworden. Er sieht verdammt mitgenommen aus. Er ist so blass, wie ein Afrikaner nur blass sein kann, aber mir geht es kaum anders.

»Niemand kann einen wilden Löwen einfach streicheln. Er hätte dich anfallen müssen«, stammelt der Masai. Meine Blicke suchen nach einem Fluchtweg und landen einmal mehr bei dem Löwen. Für einige Minuten ist nur sein Hecheln zu hören.

»Dieses Jahr wird etwas Großes geschehen«, höre ich Nyangusi sagen. Es ist eine Verheißung, die ich von dieser Tansaniareise mit nach Hause nehme.

Es dauert diesmal mehrere Wochen, bis wir uns durchringen, die nächste Tansaniareise zu planen. Letztlich bin ich derjenige, der darauf drängt. Schließlich will ich mein Buch über die Serengeti endlich zu Ende bringen. Freilich ist mir klar, dass das Werk ohnehin schon viel zu teuer geworden ist. Auf die Suche nach einem Verlag habe ich mich auch noch nicht gemacht. Derweil versuche ich, mich mit dem Verkauf von Reportagen über die Runden zu bringen. Ich hoffe, es motiviert Monika zumindest ein bisschen. Außerdem male ich wunderschöne großformatige Kunstwerke und bemühe mich so, das Herz meiner Frau und Managerin zu erweichen. Die hingegen versucht die Werke auch noch zu verkaufen. Glücklicherweise hat sie damit kaum Erfolg, denn von einigen sehr intimen Bildern kann ich mich nun wirklich nicht trennen. »Ich tue es natürlich für die nächste Afrikareise«, behauptet sie. »Aber bitte, es gibt doch andere Möglichkeiten, zu Geld zu kommen«, halte ich dagegen und weiß auch nicht so genau, wie das gelingen könnte. So hangeln wir uns von Krise zu Krise, aber mit der Afrikareise im Juni im Blick ist das nicht das große Problem. Da bin ich schon bereit, einiges mehr zu ertragen.

Muss ich auch, da es nicht so läuft, wie wir uns das vorgestellt haben. So schieben wir die Entscheidung, ob wir nach Afrika gehen oder nicht, Tag für Tag vor uns her. Zu guter Letzt setzen wir uns einen finalen Termin, nämlich meinen Geburtstag Anfang Juni. Als wir an diesem Tag mit einem Tretboot auf den Altmühlsee hinausfahren, sind die Fronten klar. Meine Frau wird nein sagen, während ich ganz klar dafür plädieren werde.

Wir strampeln wie die Verrückten, das Boot wühlt sich immer tiefer ins Wasser, und hinter uns bilden sich Wellen, die sonst allenfalls von einem Motorboot stammen könnten. Sobald wir in etwa die Mitte des Sees erreicht haben, lassen wir es erst einmal gut sein. Die nächste Menschenseele ist weit genug entfernt, um nicht unfreiwilliger Zeuge unserer schwierigen Entscheidungsfindung zu werden. Es mag etwa eine Stunde vergangen sein, bis ich Monika weich gekocht habe: Wir entscheiden, nicht nach Afrika zu gehen, sondern ich gehe allein.

Am nächsten Tag schicke ich ein Fax nach Tansania, um Nyangusi Bescheid zu geben. In der kurzen Zeit, die mir für die Vorbereitung der fast geplatzten Reise bleibt, gibt es höllisch viel zu tun. Wie befürchtet, ist die Kommunikation mit meinem Masaifreund in Tansania gelinde gesagt schlecht. Ich weiß noch nicht einmal, ob ihn meine Nachricht erreicht hat und er mich am Flughafen in Nairobi abholt. Vorsichtshalber telefoniere ich mit Shakir in Arusha. Der sieht die Sache ganz locker: »Im Zweifelsfall holen wir dich ab«, meint er nur.

»Schöner Scherzkeks,« denke ich nur. Wenn ich erst einmal in Nairobi stehe mit meinem ganzen Krempel, ist es äußerst lustig, einen lieben Tag lang auf einen Abholer zu warten. Schlussendlich bin ich mir allerdings sicher, dass Shakir die Angelegenheit organisiert. Dieses Geschäft würde er sich niemals entgehen lassen. Als alles für die Abreise fertig ist, fällt mir voller Schreck auf, dass ich diesmal noch mehr Gepäck habe als sonst. Das kann ja heiter werden. Doch wo ein Wille ist, ist ein Weg, und in diesem Sinne steige ich trotz rund vierzig Kilogramm Handgepäck ins Flugzeug.

Dafür wird es am Zoll in Nairobi schon schwieriger. Die Zöllner sind äußerst angetan von meiner Fotoausrüstung. Sie betrachten jedes Teil mit großem Interesse und überlegen, wie sie aus der Sache Kapital schlagen könnten. Einer der drei Beamten hat eine blendende Idee. Er möchte für meine gut 250 Filme einige Dollar Zollgebühr pro Film kassieren, zweifellos ein lukratives Geschäft für ihn.

Wir kommen heftig in Streit, denn ich denke überhaupt nicht daran, auch nur einen einzigen Pfennig zu bezahlen. Schließlich halte ich ihnen meine Uhr unter die Nase und nehme ihnen ein für alle Mal die Illusion des schnellen Geldes: »In höchstens zwei Stunden verlasse ich Kenia. Kein einziges Foto werde ich in eurem Land machen. Was sollte ich hier denn schon fotografieren?« Das wirkt. Während ich meine Sachen wieder verpacke, verteidigen sie die Schönheit ihres Landes nach allen Regeln der Kunst. Insgeheim gebe ich ihnen Recht, aber natürlich mache ich ein böses Gesicht und verliere kein Wort mehr.

Am Ausgang erwarten mich Nyangusi und ein Bruder von Shakir. Wusste ich es doch, auf den Geschäftsmann Shakir ist eben Verlass.

Gegen Abend erreichen wir Arusha. Ich bin todmüde. Meine Gedanken sind längst jenseits des Ostafrikanischen Grabenbruchs in der Serengeti. Nur eine Nacht muss ich noch schlafen!

Am 21. Juni brechen wir in die Serengeti auf. Die Vorbereitungen am Morgen laufen reibungslos ab. Wir können sogar auf die üblichen Routinestopps an den Shops und Märkten verzichten. Thomas hat einfach an alles gedacht. Einzig am Ende der Stadt besorgen wir uns einige Gummiseile, um unsere Fracht auf dem Autodach noch besser zu sichern. Findige Afrikaner verarbeiten alte Autoschläuche so zu überaus praktischen Gepäckspinnen.

Noch ein letztes Mal steigen wir auf den Geländewagen, rütteln und schütteln an Kisten und Kanistern.

»Alles klar?« – »Alles klar«, verständigen wir uns mit erhobenen Daumen.

»Team Serengeti klar zum Start?« – »Alles fertig – los geht's!«, schallt es von der Rückbank. Nyangusi gibt der Blechkiste die Sporen. Wir fliegen dahin. Vor Mittag erreichen wir Mto wa Mbu, ein Masaidorf zu Füßen des großen Grabenbruchs. Hier versuchen sich einige Afrikaner mit der Vermietung von Zeltplätzen, allerdings mit nur mäßigem Erfolg. Mto wa Mbu heißt übersetzt ›Hafen der Moskitos‹, und dieser Name kommt nicht von ungefähr. Der angrenzende See ›Lake Manyara‹ ist ein wahres Paradies für diese Piesacker. Doch Freud und Leid liegen oftmals eng beieinander. Hier ist es nicht anders. Das Gebiet ist eine Oase. Ganzjährig wachsen viele Arten von Früchten, und der Reisanbau ist eine lukrative Einnahmequelle. Einen besonders guten Kunden haben die Kleinfarmer in Thomas gefunden. Er kann einfach nicht durch Mto wa Mbu fahren, ohne eine Einkaufstour über den Markt zu unternehmen. Wir lassen unseren Freund gewähren, er weiß am besten, was wir in den nächsten sechs Wochen in der Wildnis benötigen werden.

Wenig später quält sich der Landrover die Passstraße zum Ngorongoro-Krater hoch. Mein Masaifreund holt wirklich alles aus dem Auto heraus. Drüben auf der anderen Seite des Grabenbruchs preschen wir über die kurvenreiche Piste in die Ebene. Eine Reifenpanne kostet uns allenfalls zwanzig Minuten. Wir stellen fest, dass wir überraschend gut vorangekommen sind. Um das Zwischencamp im Seronera-Tal der Serengeti zu erreichen, können wir uns viel Zeit lassen. Um heute noch in den Westkorridor zu kommen, sind wir vermutlich zu langsam.

»Die Piste in den Westen ist zu schlecht«, wiegelt Nyangusi ab. »Wir sollten uns für die erste Variante entscheiden.« Ein Wink des Schicksals?

Die Serengeti hat sich turnusgemäß ihr Kleid der Trockenzeit übergestreift. Wohin auch immer der Blick sich verliert, er endet im Nichts. Nur einmal nicht – da fällt mir nämlich ein Punkt in der Landschaft auf, den ich nicht deuten kann, und deshalb schreie ich nur: »Halt!«

Der Masai befolgt meine Bitte abrupter, als mir lieb ist. Für den Bruchteil einer Sekunde blockieren die Räder, das Auto kommt ins Schlingern. Sobald wir still stehen, sind wir in eine dicke Staubwolke gehüllt. Doch dann legt sich der Staub, und wir beschließen, vorsichtig diesen Punkt anzusteuern. Wir fahren vielleicht 200 Meter, dann noch mal die gleiche Strecke, und schließlich nimmt Nyangusi als Erster das Fernglas an die Augen.

»Mdoamdoa Wajini – schwarz gefleckte Katze, die auf dem Boden lebt!«, sagt der Masaikrieger. Diese Worte werden in aller Ewigkeit in meinen Ohren klingen. Das Auto rollt im Schritttempo näher. Ich spüre jede Umdrehung des Reifens, der das Steppengras niederwalzt und sich über die Unebenheiten des Bodens tastet. Ich höre widerspenstiges Steppengras, das sich knisternd wieder aufrichtet und unsere Spuren binnen Stunden vergessen machen wird.

Inzwischen ist die elegante Katze mit bloßem Auge gut zu erkennen – eine Gepardin. Sie ist scheu. Wir müssen vorsichtig sein. Erstaunlicherweise zieht sie sich nicht zurück. Das ist merkwürdig. Wir bleiben in respektvollem Abstand stehen, etwa fünfzig Meter von dem Tier entfernt. Im Wechsel verschaffe ich mir durch das Fernglas und mein 400-Millimeter-Objektiv einen Überblick. Moment, es weht zwar ein leichter Wind, aber kann der ausgerechnet hinter dem Rücken der Raubkatze das Gras dermaßen bewegen? Irgendetwas stimmt nicht. Da bin ich mir ganz sicher.

»Hier, schau du.« Ich reiche meinem Freund das Fernglas. Ich hingegen versuche mein Glück durch das Teleobjektiv. Ich weiß nicht, ob eine Minute später oder zwei, was auch immer: Aus einem Gepard wird eine ganze Gepardenfamilie, und eine ganz besondere noch dazu. Die Gepardenbabys sind so scheu, dass ich erst sehr viel später Klarheit gewinne: Es sind fünf! Sie tummeln sich eine ganze

Weile hinter dem Rücken ihrer Mutter. Angst hin oder her – vermutlich haben sie noch nie so einen riesigen weißen Kasten auf vier Rädern gesehen. Um ihn besser in Augenschein nehmen zu können, klettern sie über den Rücken ihrer Mutter. Unentwegt starren sie zu mir herüber. Ich beobachte alles durch das Objektiv. Riesige, faszinierende und höchst neugierige Gepardenaugen schauen in meine Seele. Ich bin verliebt, und zwar unsterblich, in die Gepardin »Diana« und ihre fünf Jungen, die ich auf die Namen »Dione«, »Thea«, »Titan«, »Hans« und »Atilla« taufen werde. Siebzehn Wochen werde ich der Gepardenfamilie auf allen vieren folgen und an ihrem Leben teilnehmen. Ich bin glücklich über jede Sekunde, die ich mit Diana und ihren Kindern verbringen durfte. Aber meine größte Liebe gehörte Dione, einer der Töchter von Diana und dem bezauberndsten Gepardenmädchen der Welt.

Ein Leben als Gepard

»Na du, wohl keine Lust zu schlafen?« Der Mond sieht mich an.

»Wieso sollte ich eigentlich? Ich bin überglücklich, weil ich Dione wiedergefunden habe«, erwidere ich in Gedanken und schaue vergnügt direkt in die leuchtende Scheibe am Nachthimmel. »Noch gut zwei Stunden, dann bin ich wieder auf dem Weg in die Steppe. Neidisch?«

Der Mond wird sogar blass vor Neid, denn eine Wolke schiebt sich vor ihn. Es dauert eine ganze Weile, ehe er in altem Glanz erstrahlt. Der Wind hat beinahe alle Wolken vertrieben. Die Nacht ist auffallend ruhig. Zuweilen verstrickt sich ein Windhauch im Geäst, dann und wann huscht eine Fledermaus lautlos vorbei.

Ich hätte viele Gründe mehr, noch stundenlang hier draußen auf der kleinen Lichtung außerhalb des Camps zu sitzen und in den Himmel zu schauen. Die 17 Wochen, die ich den Geparden auf allen vieren folgte und an ihrem Leben als »Gepard« teilhaben durfte, haben eine Flut von tiefgreifenden Erlebnissen zur Folge gehabt. Die Tiere haben alles, aber auch alles in meinem Leben durcheinander gebracht. Ich bereue es nicht. »Meine Gepardenfamilie, ich liebe euch«, denke ich zärtlich und wiederhole es immer wieder, während ich den Stuhl zusammenklappe und an eine Akazie lehne. Ich werde versuchen zu schlafen. Zwar bin ich noch immer aufgewühlt von den Erlebnissen des Tages, aber vielleicht klappt es ja dennoch. Als wir am frühen Morgen von unserem Zeltlager aufbrechen, bin ich mit meinen Gedanken längst draußen in der Steppe bei den Geparden.

Dione lebt in dem Gebiet, in dem sie ihre Kindheit verbracht hat. Das ist häufig bei Geparden so. Sobald eine Gepardenmutter Gewissheit hat, dass ihre Zöglinge ohne ihre Hilfe erfolgreich Beutetiere zur Strecke bringen können, wartet sie eine günstige Gelegenheit ab, die Familie zu verlassen – nämlich eine weitere Jagd. Die jungen Geparden jagen dabei in Personalunion: Einer vornweg, die anderen flankieren ihn. So sind sie im Vorteil, falls die Gazelle plötzlich einen scharfen Haken schlägt – eine meistens erfolgreiche Stategie, der Beute habhaft zu werden. Die hungrigen und obendrein vom rasanten Spurt erschöpften Raubkatzen werfen sich gierig auf der Mühe Lohn. Alles um sie herum ist vergessen, auch die Gepardenmutter. Die nutzt die Gunst der Stunde und verschwindet auf Nimmerwiedersehen. Dies ist ein harter Prozess für ihren Nachwuchs, denn der steht nun plötzlich mitten im Leben und darf sich hinfort nicht mehr viele Fehler leisten.

Anfänglich wollen die jungen Geparden die neue Situation keineswegs akzeptieren. Sie suchen tagelang nach der Mutter, streifen sich selbst überlassen ziellos umher. Aber die Zeit heilt alle Wunden, und bei den Geparden ist das nicht viel anders. Ist die Mutter erst einmal vergessen, setzen sich die Auflösungserscheinungen innerhalb der Familie fort. Zunächst verlassen die Weibchen den Verband, wobei sie bevorzugt in dem Gebiet ihrer Kindheit bleiben. Das hat den Vorteil, dass sie mit den Gegebenheiten und auch den Gefahren ihres Lebensraumes bestens vertraut sind. Dementsprechend haben sie als junge Mütter gute Chancen, ihren Nachkommen einen erfolgreichen Start ins Leben zu ermöglichen. Die Brüder hingegen bleiben noch lange zusammen, manchmal sogar mehrere Jahre. Ihre Wanderungen reichen oft bis an die Grenzen ihres Lebensraumes, und der ist in der Serengeti sehr weit gefasst.

Wir finden die Gepardenfamilie an diesem Morgen auf Anhieb. Das war zu vermuten. Schließlich kennen wir den Schlafplatz der Katzen, und die Kinder Diones sind zu klein, um binnen kurzer Zeit größere Strecken zurückzulegen. Vorerst kann ich keine weitere Annäherung versuchen. Denn gerade als ich meine Knieschützer und die Ledermanschetten zum Schutz der Hände überstreife, tauchen zwei Hyänen auf. Diese Aasfresser jagen alles, dessen sie habhaft werden können. Die Natur hat sie mit dem schärfsten Gebiss aller Fleischfresser ausgestattet. Mit diesen grauenvollen Waffen sind sie eine ernsthafte Gefahr, zumal wenn sie in der Überzahl sind und die Gepardenkinder noch nicht so schnell fliehen können. Die Hyänen entdecken die Gepardin sofort und leider auch die Kleinen. Mir ist klar, was das heißt: Das Leben der Gepardenkinder ist spätestens jetzt in höchster Gefahr – wenn da nicht Dione wäre. Es steht zuweilen geschrieben, Geparden könnten sich nicht gegen Hyänen verteidigen. Dione erteilt an diesem Morgen all denen, die solcherlei glauben, eine beeindruckende Lektion.

Wie vermutet, nähern sich die Hyänen zielstrebig. Die beiden Gepardenkinder flüchten panisch, auch das war zu erwarten. Doch Dione bleibt einfach stehen. An Flucht verschwendet sie keinen Gedanken, ihre Mimik ist aggressiv. Noch immer gehen die Hyänen davon aus, zum Frühstück zwei kleine Geparden zu verspeisen. Diese Rechnung haben sie allerdings ohne die Katzenmutter gemacht. Dione faucht. Sie legt die Ohren an. In ihren Augen spiegeln sich Angst und Aggression in stetigem Wechsel. Sie fixiert jede Bewegung der Widersacher – hochkonzentriert. Und genau in dem Moment, in dem die beiden Todfeinde ihre unmittelbare Nähe erreicht haben, schreitet sie ein. Mit einem beherzten Satz nach vorn wirft sie sich einer der Hyänen entgegen, drängt sie ab. Noch bevor der Angreifer realisiert, was passiert ist, heftet sich die Gepardin an die Fersen der anderen Hyäne. Sie ist irrsinnig schnell. Die Hinterläufe fliegen nach vorne, ihre Krallen bohren sich in den Boden. Die Muskeln sind zum Zerreißen gespannt, wenn sie den eleganten Körper vorwärts katapultieren. Zwei, drei Sprünge, und schon hat die Raubkatze den Feind erreicht. Als wollte Dione eine Gazelle erlegen, umgreifen ihre krallenbewehrten Tatzen das Hinterteil der Hyäne. Das Tier strauchelt. Im nächsten Augenblick läuft die Katze zur Hochform auf. Sie fliegt regelrecht über den Rücken des Feindes. Mit voller Wucht trifft die Tatze der Gepardin. Sie hat ihr ganzes Körpergewicht dahinter gebracht, bäumt sich auf und saust noch einige Meter weiter durch die Luft. Augenblicklich knickt die Hyäne ein. Für einige Momente versagen die Vorderläufe ihren Dienst. Sie fällt, rappelt sich wieder auf. Und hat doch nur einen einzigen Wunsch, nämlich so schnell wie nur irgend möglich fortzukommen. Die Kollegin schließt sich an. Ich habe Hyänen noch niemals so schnell laufen sehen.

Während ich Dione weiter beobachte, fällt mir auf, dass sie eine unruhige Mutter ist. Aber sie ist auch noch sehr jung und unerfahren. Außerdem bin ich mir ziemlich sicher, dass sie bereits mindestens ein Junges verloren hat. Die Löwen- und Hyänenbestände in der Serengeti nehmen dermaßen zu, dass sie für die Geparden eine ernsthafte Bedrohung sind. Wann immer ein Löwe beispielsweise ein Gepardenbaby entdeckt, wird er versuchen, alle zu finden, um sie zu töten. Allerdings frisst er die kleinen Geparden keineswegs – Sinn und Zweck ist lediglich die Ausschaltung der Nahrungskonkurrenz.

Langsam muss ich mir Gedanken machen, wie mein Aufenthalt nun weitergehen soll. Ich habe Glück. Die Funkverbindung von der Serengeti funktioniert immerhin so gut, dass ich Shakir die Anweisung geben kann, meine Flüge auf unbestimmte Zeit zu verschieben. Bereits tags darauf bekomme ich die Bestätigung.

»Alles klar, Rückflug in acht Wochen!«, brüllt Shakir in die Leitung. »Soll ich deine Frau informieren?«

»Lieber nicht!«, schreie ich lauthals zurück. Ich weiß nicht, ob er es gehört hat, aber ich muss noch darüber nachdenken, wie ich Monika die neue Situation beibringe. Sah es doch zunächst so aus, als sollte das Leben mit den Geparden eine einmalige Erfahrung bleiben. Dass dies nicht der Fall sein würde, war mir seit geraumer Zeit klar, aber eben nur mir und nicht meiner Frau. Monika ist nach wie vor der Überzeugung, ich würde mit dieser Reise nun endlich das Serengeti-Buch zu Ende bringen. Aber wer konnte schon ahnen, dass mich Dione nach zwei Jahren wiedererkennt und akzeptiert? Ich habe es gehofft. Geglaubt habe ich es bis vor einigen Tagen nicht.

Diones Junge akzeptieren mich schneller, als ich es hoffen konnte. Zwar gelingt so manche Annäherung nicht beim ersten Mal, aber schließlich ist die Gepardenmutter selbst der Schlüssel zum Erfolg. Wann immer ich auf allen vieren in der Steppe verharre oder versuche, sie ein Stück ihres Weges zu begleiten, spüren sie die Zuneigung der Mutter. Und ein solches Wesen, obgleich es ganz anders aussieht, kann doch nicht gefährlich sein! Bereits am vierten Tag kann ich zur Taufe der Gepardenkinder schreiten. Ob der Zurückhaltung der Kleinen bin ich ein bisschen nachlässig geworden und habe meine offenen Sandalen übergestreift, anstatt feste Schuhe anzuziehen. Und dann geht alles wie einst: Wie neugierige Gepardenjunge eben so sind, schleichen sie sich von hinten an und betatschen die Schuhe. Und beim zweiten Mal, als einer sich mit den Krallen in der Sohle der Sandalen verheddert, zieht er mir den Schuh einfach aus. Ich glaube, im ersten Moment sind wir beide ziemlich erschrocken. Der Kleine kommt allerdings schneller zu sich: Er packt den Schuh und zieht ihn rückwärts kriechend mit sich mit. Das verwirrt mich noch mehr.

»Ganz schön frech, der Kleine«, denke ich. Im nächsten Augenblick überlege ich mir, wie ich nunmehr als »Halbbarfüßler« wieder zu dem Schuh komme. Ganz einfach, ich erinnere mich meiner Qualitäten als menschlicher Gepard. Aber dabei übertreibe ich wohl. Ich fauche und krabble viel zu ungestüm auf den Räuber zu. Der faucht zwar auch, jedoch erst, nachdem ihm vor Entsetzen der Schuh schon aus dem Mäulchen geglitten ist. Als ich endlich meinen Schuh wiederhabe, tut mir der Tolpatsch fast Leid. Ich sitze da und überlege, und er hockt mir mit Sicherheitsabstand gegenüber und denkt mindestens genauso angestrengt nach wie ich. Es ist faszinierend und lustig zugleich, das Spiel seiner Augen zu betrachten. Verlegen spielt er mit seinem Unterkiefer und vermittelt zuweilen den Eindruck einer Comicfigur, zumal dann, wenn seine Stummelzähne zum Vorschein kommen. Schade, dass das Kätzchen nicht die Stirn runzeln kann, obwohl es fast danach aussieht. Ich weiß nicht, zu welchem Ergebnis seiner Überlegungen mein Gegenüber kommt. Mein Beschluss hingegen steht fest: Die Gepardenkinder heißen »Bonnie« und »Clyde«.

Als ob die beiden Gedanken lesen können, machen sie ihrem Namen an diesem Abend alle Ehre. Glücklicherweise erwische ich Bonnie gerade noch, als sie sich anschleicht und überlegt, auf welchem meiner beiden »Hinterläufe« sie ihre Krallen verewigen könnte. Vorsichtshalber will ich sie nicht mit meinem aggressiven Fauchen erschrecken. Also kapituliere ich freiwillig und überantworte ihr für eine gewisse Zeit meine Sandale.

So ergeht es einem Menschen, der sich Traumfänger nennt – und der heute etwas tut, wovon er gestern gerade mal zu träumen wagte.

Für meinen Fahrer Tobias freilich ist es eher ein Albtraum, denn er muss spätestens um vier Uhr aufstehen und mich in die Steppe bringen, um mich irgendwann dann wieder abzuholen oder uns gar ein Stück unseres Weges zu begleiten. Ich gebe zu, ich denke darüber nicht nach, sosehr bin ich dem Lebensrhythmus eines Geparden wieder verfallen.

Die Frage des Überlebens mit den Tieren und in der Serengeti ist das Wichtigste. Dennoch denke ich viel darüber nach, was die Geparden für mich verändert haben und wie es weitergehen wird in meinem Leben. Und obendrein ist das tägliche Zusammensein mit Dione und ihren Kindern eine Zeitreise, weil es viele Parallelen zu meinem Erlebnis mit der ersten Gepardenfamilie gibt.

Diones Junge überraschen mich. Allenfalls drei Monate alt, sind sie schon sehr engagierte Jäger. Eines Morgens entdecken sie einen Hasen. Der Nager hat wohl geglaubt, die Geparden seien noch zu jung, und hat sich stattdessen auf seine Tarnung verlassen. Hätte er Dione als Kind gekannt, wäre ihm dieser Fehler nicht unterlaufen. Zweifelsohne würde Diones Nachkommen eine gehörige Portion ihres Jagdinstinktes mit in die Wiege gelegt. Jedenfalls gelangt der Hase, als er sich doch noch zur Flucht entschließt, nicht mehr weit. Es mögen die letzten zwanzig Meter seines Lebens gewesen sein, ehe Bonnie ihm den Weg versperrt und Clyde den armen Kerl zwischen seinen Vorderbeinen regelrecht einklemmt. Wieder ist Dione äußerst nervös. Sie ist extrem konzentriert, immer hautnah dabei und wendet den Blick keine Sekunde von dem Nager ab. Doch was ist das? Die beiden Gepardenkinder scheinen sich über Sinn und Zweck einer Jagd alles andere als einig zu sein. Während Bonnie den Todgeweihten nach allen Regeln der Kunst befummelt, leckt Clyde ihm höchst liebevoll das Fell. So geht das eine ganze Weile, und ich sitze kaum zwanzig Meter von der Szene entfernt und staune mal wieder über die Geparden.

Dione scheint mit der Situation nicht einverstanden zu sein. »Jetzt reicht's, Kinder. Mit dem Essen spielt man nicht«, so oder so ähnlich muss es der Gepardin durch den Kopf gehen. Barsch packt sie den Hasen im Genick und versucht den Entsetzten wegzuziehen. Das ist endgültig das Letzte, was Meister Lampe an Impressionen mit ins Jenseits nimmt, denn die Gepardenkinder lassen sich ihr Spielzeug auf keinen Fall so einfach wegnehmen. Sie verbeißen sich beherzt in die Hinterläufe des Hasen, während Dione am Genick zieht. Bei dieser Methode ist es unabdingbar, dass dem Opfer im wahrsten Sinne des Wortes Hören und Sehen vergeht. Aber ich bin auf der Seite der Geparden und freue mich über den frühen »Teiljagderfolg« der Gepardenkinder.

Der Nachmittag ist still – unglaublich und unbeschreiblich lautlos. Wieder einmal zeigt mir die Serengeti, was Stille ist, nämlich ein hohes Gut, welches in Europa gänzlich verloren ging. Aber sie hat auch einen Nachteil, diese Stille, verrät sie doch, dass kein Wind geht. Die Luft bleibt dann stehen, und die Hitze lastet umso schwerer in dem schattenlosen Grasland. Bei allem Glück, das ich empfinde, geraten solche Stunden zur Tortur. Uns schwinden die Sinne. Demgemäß können wir uns auch nicht eindeutig einigen, wer die Wachposition inne hat. Ich bleibe einfach hocken, und das ist anscheinend Signal genug. Die Gepardin versucht sich einigermaßen im halbhohen Gras zu verbergen. Das gelingt mehr schlecht als recht. Immer wieder taucht sie auf und schaut in die Runde. Sie sieht fix und fertig aus. Ich bin froh, dass ich keinen Spiegel dabeihabe. Ich glaube, um mich steht es nicht viel besser. Ich betrachte die zwei Gepardenkinder, die sichtlich leiden. Meine Gedanken kreisen um meine Erlebnisse und das, wohin sie mich führen werden, und ich versuche, mich damit über die Zeit zu retten.

Drei Monate ist es her, da habe ich einen Ausweg aus dem Labyrinth von Gefühlen, Erlebnissen und Verantwortungen gefunden: Ich habe einen Verein zum Schutz der Geparden gegründet. Sehr bewusst habe ich mir viel Zeit mit dieser Entscheidung gelassen. Ich wollte sichergehen, dass sämtliche Erkenntnisse über diese bedrohte Art, derer ich habhaft werden konnte, in meine Entscheidung einfließen. Schließlich gibt es Anhänger der Position, dass Geparden eine vermeintliche Sackgassenentwicklung im Laufe der Evolution seien und ihr Verschwinden von diesem Erdball demnach eine folgerichtige Konsequenz sei. Eine Ansicht, der ich mich nicht im Ansatz anschließen kann, bin ich doch ein Mensch, der die Art Gepard auf so emotionale und unmittelbare Weise erleben durfte. Es war also eine Frage der Verantwortung, diesen Verein zu gründen und vor allem aufzubauen, um schließlich auch Maßnahmen ergreifen zu können, die dem Schutz der Geparden zugute kommen. In diesem Sinne ist es für mich auch ungemein wichtig – und sei es auch noch so heiß und unwirtlich –, hier in der Steppe zu sitzen und mich bestärkt zu fühlen in meiner Entscheidung, diesen Verein ins Leben gerufen zu haben. Mir ist es, als würde mich das Schicksal mit dem Wiedersehen mit Dione belohnen.

In diesem Moment fühle ich mich wie vor rund zwei Jahren. Ich sitze im endlosen Grasland mitten unter wilden Geparden und denke nach. Warst du vielleicht einst ein Gepard, in deinem vorigen Leben? Kann es sein, dass du deshalb hier so zu Hause bist? Wie ist all das, was ich hier erlebe, möglich? Meine Gedanken kreisen und kreisen. Die Hitze raubt mir zunehmend den Verstand. Wir sehnen uns alle nach dem kühlenden Abend. Die Gepardenkinder wälzen sich unruhig im Gras. Doch wo immer sie einen vermeintlich besseren Schlafplatz finden, mehr Schatten spendet der auch nicht. Sie schnauben, und es klingt beinahe wie ein verzweifelter Fluch.

Einmal mehr überkommt mich ein intensives Gefühl der Ehrfurcht, Teil dieses gesamten Ökosystems zu sein. Von dieser Warte aus entwickelt sich ein ganz anderer Horizont, das wird mir stets klarer. Gewiss ist die Serengeti aus Sicht der Industriekulturen die Patentlösung für Natur- und Artenschutz schlechthin. Aus dem Blickwinkel der Betroffenen aber ist die Serengeti bestenfalls eine Übergangslösung, um fatale Entwicklungen der Kolonialherrschaft zu reparieren. Ich werde wütend, allerdings mahnt mich die Stille, an mich zu halten.

»Was ist da für ein verdammter Krach.« Ich fahre erschrocken auf. Mit einem Mal sind alle Gedanken dahin. Den Geparden geht es nicht anders. Sie heben allesamt nahezu synchron die Köpfe und blinzeln, während ich noch einige Augenblicke mehr benötige, um die Trägheit der Hitze abzuschütteln. Längst ist Dione erschrocken aufgestanden und späht nach dem Störenfried. Die Quelle des Lärms ist über uns, wird mir endlich klar. Ein Jumbo-Jet überquert die Serengeti, vielleicht in zehntausend Meter Höhe oder mehr. Jedenfalls dauert es geraume Zeit, bis ich den metallenen Vogel ausfindig mache. Bis dahin hat sich der Lärm fast schon wieder gelegt. Die Stille kehrt zurück, eine Stille, die ich bisher nur hier gefunden habe. Es ist, als würde jemand einen Deckel auf den »Topf« Serengeti setzen. Innerhalb eines Momentes bist du mit dir und der Steppe allein, und jeglicher Kontakt zur Außenwelt ist abgeschnitten.

Und noch etwas ist ganz anders, hier, in den Weiten Afrikas. Die Zeit bleibt einfach stehen. Ein Tag vermittelt das Zeitgefühl einer Woche im hektischen Europa. Ich schaue auf die Uhr und denke, es ist Mittag, dabei hat gerade eben die erste Tageshitze die letzte Feuchtigkeit des Morgens aufgesogen. Ich meine, es ist Zeit, einen Platz für die Mittagsruhe zu finden, da belehrt mich der Stand der

Sonne, dass es noch lange nicht so weit ist. Ich werfe einen Blick auf die Uhr, weil ich davon ausgehe, dass Tobias bald mit dem Auto erscheint, doch es ist erst Mittag. Je länger ich in Afrika bin, umso belangloser wird die Zeit, umso mehr werde ich Gepard. Und wenn ich Gepard bin, dann gibt es keine Zeit mehr.

Trotzdem bin ich froh, als es ein wenig frischer wird, nicht weil der Abend naht, sondern weil sich der Steppenwind erhebt. Dann neigen sich die Gräser und beginnen mit dem Wind zu fließen, und die silbrigen Samenstände einiger Grasarten bilden in der gleißenden Sonne die Gischt. Das Säuseln des Windes erhebt sich in Gedanken zu einem Sturm. Man möchte all seine Träume und Wünsche in eine Flasche verpacken und dem Ozean aus Gras überantworten. »Welchen Traum?«, denke ich im nächsten Moment. Mir fällt keiner ein, außer… »Ich komme nie mehr zurück.« Vermutlich würde mich niemand verstehen.

Unser Tag endet ganz »gepardisch«. Wir wandern schätzungsweise 500 Meter in Kurven und Windungen, wobei wir eine reine Distanz von allenfalls hundert Schritten zurückgelegt haben. Zweifelsohne liegt der Hase schwer im Magen. Allmählich wird es nun dunkel. Tobias ist bereits seit einiger Zeit in der Nähe. Er holt mich ab, und nach Einbruch der Nacht geht es zurück ins Camp.

Dort trinke ich wie so oft alles Wasser, das ich zum Duschen verwenden sollte, in Form von Tee. Das Essen schmeckt vorzüglich. Thomas gibt sich wirklich alle Mühe der Welt, was angesichts der Lage nicht immer einfach ist. Nach einer gewissen Zeit gibt es eben nur noch Nudeln, Reis und Konserven, sofern es ihm oder Tobias nicht gelingt, anderen Safaritrupps, die hier gelegentlich für ein oder zwei Nächte Halt machen, ihre essbaren Überbleibsel abzuschwatzen. Gottlob klappt das in puncto Fleisch nicht. Dem armen Thomas ist das sehr peinlich, und er entschuldigt sich jeden Abend dafür. Ich versuche ihn zu trösten, aber er schüttelt immer nur den Kopf und kann gar nicht verstehen, warum mir Fleisch nichts bedeutet.

Inzwischen habe ich jedoch ein viel wichtigeres Problem zu lösen. Ich habe, gelinde gesagt, ein ziemlich schlechtes Gewissen, denn ich bin schon seit über einer Woche überfällig. Langsam sollte ich meine Frau in Deutschland mit der neuen Situation vertraut machen. Ich bitte also Tobias, im Laufe des nächsten Tages zu Shakir nach Arusha zu funken, damit er Monika über das Rendezvous mit Dione informiert. Tobias nickt. Das ist mir Zeichen genug, um dieses Thema aus dem Kopf zu streichen. Stattdessen positioniere ich meinen Stuhl an meinem Lieblingsplatz unter dem Sternenhimmel. Die Gedanken schweifen in Richtung Namibia, wo es angeblich die größte noch bestehende Gepardenpopulation geben soll. Das war bereits ein Thema bei der Gründung des Gepardenschutzvereins. Ich habe den Vereinsmitgliedern versichert, das Land, sobald es meine Zeit zulässt, zu besuchen.

Bis jetzt habe ich den Bezug zu Namibia aber noch nicht gefunden. Sooft ich zu einem Flugticket greife, fasse ich daneben und bekomme eines nach Tansania in die Finger. Das ist nicht verwunderlich, ich fühle mich hier einfach zu Hause. Wenn ich nur an die Geparden denke, die gerade draußen in der Steppe schlafen, kann ich mir auch wirklich nichts anderes vorstellen. Im selben Augenblick überkommt mich ein mulmiges Gefühl: Ich höre Löwen brüllen. Vermutlich sind die Katzen höchstens 500 Meter entfernt, und es würde mich keineswegs erstaunen, wenn wir im Laufe der Nacht im Camp Besuch bekämen.

1994 gab es ein ziemlich bedrohliches Löwensterben in der Serengeti. Bis zu vierzig Prozent der Tiere sind diesem anfänglichen Mysterium zum Opfer gefallen. Doch der Übeltäter war bald ermittelt – der Hundestaupevirus. Für die Geparden war es eine gute Zeit. Die Mütter, die stets allein erziehend sind und damit unter gehörigem Stress stehen, haben eine größere Zahl ihrer Nachkommen durchgebracht. Zwar haben andererseits auch die Hyänen von dieser Entwicklung profitiert, aber die sind zumindest nur für Gepardenbabys wirklich gefährlich. Ansonsten werden Hyänen lediglich dann zum Problem, wenn sie so gehäuft in einem Gebiet vorkommen, dass sie regelmäßig den von der Jagd erschöpften Gepardenmüttern die Beute streitig machen.

Inzwischen haben sich die Löwenbestände enorm erholt. Waren Begegnungen mit Löwen vor zwei Jahren eher sporadisch, muss ich jetzt stets darauf gefasst sein, auf eine Meute zu treffen, sooft wir nichts ahnend über eine Hügelkuppe krabbeln oder die Gepardin jagt – ein Umstand, der mich im Hinblick auf die Geparden sehr mit Sorge erfüllt.

Obgleich in Afrika die Zeit viel langsamer verstreicht, ganz stehen bleibt sie auch dort nicht. Mitunter bleibt es nicht aus, den einen oder anderen Gedanken an Deutschland zu verschwenden. Hauptgrund dafür ist die zunehmend fehlende Arbeitsgrundlage. Ich habe keine Filme mehr, und mein Zeichenpapier wird langsam knapp. Schuld daran ist zum einen der verlängerte Aufenthalt und zum anderen die Tatsache, dass ich nach Lust und Laune zeichnen kann, ohne dass die Gepardenfamilie mich stören würde. Das verblüfft mich gehörig. Sooft ich mich auch erinnere, kommen mir Dione und ihre Brüder in den Sinn, die beinahe jeglichen Zeichenversuch binnen kürzester Zeit jäh unterbanden. Sie waren nämlich stets höchst interessiert an dem Medium Papier. Allerdings haben sie darin eher ein Beuteobjekt gesehen, und so haben sie das Papier fein säuberlich zerrupft, was mich doch sehr frustriert hat. Insofern habe ich meine Papiervorräte, die ich als »Gepardenmann« mit nach Afrika nahm, stets knapp bemessen.

Oftmals sitze ich stundenlang in der Steppe und zeichne, während sich die Geparden putzen oder sich aneinander kuscheln. Dabei kann ich herrliche Szenen festhalten, obwohl ich keinesfalls vergessen darf, mich an Streicheleinheiten zu beteiligen, denn nur so bin ich ein Teil der Familie. Genau währenddessen muss ich ein Auge auf den Zeichenblock haben, denn die Kleinen und auch Dione sind keineswegs so desinteressiert, wie sie vorgeben. Kaum lasse ich den Block in der Steppe liegen, erweckt das gute Teil höchste Neugier. Ich muss meine Skizzen verteidigen, schnell zurückrobben und ordentlich fauchen oder wütend mit meiner Hand auf den Boden hauen. Das schindet gehörig Eindruck. Die Geparden lassen den Block schleunigst los und schauen mich entgeistert an: »Warum nur so viel Aufregung, Gepardenfreund? Wollten doch nur deine Kunstwerke in Sicherheit bringen!« Ich kann den Geparden nicht böse sein. Das eine oder andere Blatt hat Flecken oder gar Bissspuren abbekommen, aber damit kann ich gut leben.

Zwei Monate mit der kleinen Familie in der Grassteppe haben mich vergessen lassen, wie das Leben als Zweibeiner in Deutschland verläuft. Eigentlich würde ich ja auch gerne weiterhin auf diese Erfahrung verzichten. Aber die letzten beiden Wochen war ich dann doch unablässig hin- und hergerissen. Letztendlich hat mein schlechtes Gewissen gegenüber meiner Frau obsiegt, und ich habe mich entschlossen, einen der nächsten Flieger zurück nach Deutschland zu nehmen.

Freunde in Gefahr

Ich kehre noch zweimal in die Serengeti zurück. Einmal drehen wir den Film »Der Gepardenmensch«. Später, vielleicht zu spät, suche ich ein letztes Mal nach Dione, Bonnie und Clyde. Als ich aufbreche, bin ich mir nicht einmal mehr sicher, ob die Familie noch zusammen ist. Wenn Bonnie und Clyde in ihrem Bemühen zu jagen gut vorangekommen sind, müssten sie schon eigene Wege gehen. So ist es wohl, denn ich finde sie nicht. Ich will es nicht wahrhaben und bin verzweifelt. Für den ersten Moment denke ich, ich bin umsonst in Afrika gewesen. Erst allmählich setzt sich die Erkenntnis durch, dass es genauso gut ein Wink des Schicksals sein könnte.

Als ich von dieser letzten Reise zurückkehre und Stück für Stück die Realität akzeptiere, fühle ich eine Veränderung an mir selbst. Ich möchte jetzt meine ganze Energie und Erfahrung konzentriert in die Ideen des Gepardenschutzes einfließen lassen. Die Zeit drängt. Es gilt, keine Minute zu verschwenden, sonst ist es für das Überleben der Geparden in der freien Natur zu spät. Ein – wenn auch vielleicht nur vorübergehender – Abstand zur Serengeti und zu Dione ist unumgänglich.

Ich habe so Unglaubliches erleben dürfen. Sooft mich die Geparden in Träumen angeschaut haben, habe ich mich voller Sehnsucht um eine Rückkehr in die Serengeti bemüht. Sooft sie mich in Zukunft mit ihren Blicken verzaubern, weiß ich, dass ich all meine Kräfte und Ideen für die Arterhaltung dieser wunderschönen Katzen einsetzen muss. Ich hoffe, dass ich diese Erkenntnis irgendwann verinnerlichen kann.

Im Herbst 1999 wagen wir dann einen zumindest für mich großen Schritt – wir buchen Flüge nach Namibia. Monika wird mich begleiten, denn wir haben ein internes Abkommen getroffen: Ein neues Land erkunden wir ausschließlich gemeinsam.

In der Zeit vor unserer Abfahrt wird mir trotzdem klar, dass es mir unmöglich ist, mich emotional von meinen Gepardenerlebnissen in der Serengeti zu lösen. Im Gegenteil, ich fühle mich erstmals in der Lage zu akzeptieren und zu verarbeiten, was mir widerfahren ist. Damit verfalle ich in einen regelrechten Arbeitsrausch. Es bricht im wahrsten Sinne des Wortes aus mir heraus. Ob der vielen Inspirationen für Kunstwerke fühle ich mich anhaltend überfordert. Glück und Verzweiflung, Hoffnung und Verzagen halten sich die Waage. Der einzige Ausweg ist die fast fieberhafte Komposition von Formen, Farben und Lichtkonstrukten, die unentwegte malerische Überlagerung von Gepardengesichtern, die kritisch, sehnsüchtig, amüsiert oder mitleidig auf mich herabblicken, während ich arbeite. Die Gesichter leben, je mehr Farbschichten ich auftrage. Sie werden klarer, sie verändern ihren Ausdruck, werden mitunter sogar bedrohlich kritisch. Dann bin ich nicht sicher, ob sie mit meinen Bildern zufrieden sind. Ich kämpfe und ringe und spüre, dass mir die Kunst das Letzte abverlangt, mich gleichzeitig aber auch viel näher an meine Erlebnisse heranbringt oder besser gesagt herankatapultiert. J128 Das passiert mir nun täglich, selbst wenn ich mir dessen nicht immer bewusst werde.

Darüber rückt die Reise nach Namibia unweigerlich näher. Wir haben uns für den Januar entschieden. Da sei es sehr heiß und regnen solle es auch, warnen die Reiseführer, aber uns kann nichts abschrecken. Zwar beschäftige ich mich nicht sehr viel mit dem Land als solches, trotzdem kommt mir zu Ohren, dass es in Namibia einige relativ gut ausgebaute Straßen gibt. Ich bin wenig begeistert, denn Straßen haben häufig verheerende Folgen für ganze Ökosysteme. In Ostafrika habe ich das auf schreckliche Art und Weise immer wieder beobachten können. Die schlechten Schotterwege, die zudem übersät sind von zumeist bedrohlich tiefen Schlaglöchern, zwingen jedermann, äußerst langsam und behutsam zu fahren, sofern man sein Auto wenigstens ein bisschen liebt oder nicht regelmäßig die Reifen reparieren möchte. Ich ziehe diese vermeintlich schlechten Autopfade eindeutig vor, weil ich Afrika dann ganz anders erfahre: Ich sehe mehr, und ich spüre mehr, nämlich das, was Afrika ist – ursprünglich und bodenständig, und überdies spielt Zeit, um Wegstrecken zu bewältigen, keine wesentliche Rolle. Sobald die Straßen aber besser werden, und das geht schon bei plangewalzten Schotterpisten los, nimmt das Bedrohungspotenzial für die Tiere zu. Die Opfer beiderseits der Straße sprechen eine beredte Sprache, denn die Fahrer in Afrika fahren mehrheitlich am Limit. Kürzlich kam man deshalb sogar auf die Idee, in der Serengeti mit Radarfallen zu arbeiten. Innerhalb des Nationalparks ist die Geschwindigkeit auf 50 Kilometer pro Stunde beschränkt. Daran hält sich jedoch kaum jemand, am wenigsten jene, die sich den Schutz des Parks auf die Fahnen geschrieben haben.

Aber nicht nur die Tiere sind viel zu häufig Opfer von dahinbrausenden Fahrzeugen. Auch die Masai leiden oftmals sehr darunter. Tosende Ungeheuer passieren die an den Wegen stehenden Menschen. Häufig genug werden nicht einmal freundliche Gesten wie Winken quittiert. So mancher Masai hat es mittlerweile aufgegeben, Vorbeifahrende zu grüßen. Die Straßen schlagen eine Bresche zwischen Menschen verschiedener Kulturen. Im Extremfall können Teerstraßen ganze Wanderbewegungen von Tieren massiv beeinträchtigen, was nachhaltigen ökologischen Schaden bedeutet.

Ich muss in nächster Zeit so manche verunsichernde Vorankündigung, was die Namibiareise angeht, schlucken. Doch ich lebe mit meiner Kunst in einer derartigen Hochphase und dadurch in einer solchen Nähe zu meinen Geparden in der Serengeti, dass ich Zweifel gar nicht erst aufkommen lasse. Im Gegenteil, ich freue mich, nach Afrika, und wenn es auch nur Namibia ist, aufzubrechen.

Im Oktober meldet sich ein neues Vereinsmitglied in unserem Gepardenschutzverein »Leben für Geparden e. V.« an. Der Verein ist noch immer recht klein und damit überschaubar. Hinter jedem

Beitritt steht ein starkes emotionales Erlebnis, was nicht selten lange Dialoge via E-Mail oder Telefon zur Folge hat. Das neue Vereinsmitglied Ute hatte ihr Schlüsselerlebnis mit Geparden in Namibia, die auf einer Farm in einem Gehege leben.

»Geparden in einem Gehege«, das stimmt mich nachdenklich. »Namibia«, das lässt mich neugierig werden. Jedenfalls will und muss ich mehr über die Sache erfahren. Woher kommen die Tiere? Warum leben sie nicht in Freiheit? Sind sie in Gefangenschaft geboren? Das alles sind Fragen, die mich langsam, aber sicher an die Problematik in Namibia heranführen und die gedankliche Vorbereitung der Reise zu einem Gemisch verschiedenster Gefühle werden lassen.

»Die Geparden sind Wildfänge. Sie wurden auf Farmen im Umland gefangen, weil sie sich angeblich an Nutzvieh herangemacht haben. Gottlob wurden die Tiere nicht einfach abgeknallt«, bestätigt Ute in einem Telefonat meine Vermutung. Selbstverständlich ist mir dieses Problem geläufig. Schließlich kann man sich den schrecklichen Tatsachen nicht entziehen, wenn man sich ernsthaft mit dem Schutz der Geparden auseinander setzt.

Selbst wenn Namibia für mich noch in weiter Ferne liegt, leidet mein Optimismus dennoch darunter, und das Thema von unendlicher Weite und Freiheit gewinnt in meinen Bildern die Oberhand. Ebenfalls im Oktober habe ich eine große Ausstellung mit dem Titel «Land der Geparden« in einem Vorort von Frankfurt. Die Ausstellungswände sind so großartig formiert, dass ich problemlos eine beachtliche Retrospektive zur Schau stellen könnte. Als die Aufbauarbeiten beendet sind, beobachten von allen Wänden und aus allen Winkeln neugierige und hoffnungsfrohe, manchmal auch scharf fixierende Gepardenaugen den Betrachter. Andere Passagen der Ausstellung zeichnen sich durch ganz eigenständige Dynamik aus. Unter dem Titel »Rote Impressionen« habe ich Spiel- und Laufszenen in zum Teil riesigen Bildern festgehalten und so angeordnet, dass eine ganz Wand zum Leben erwacht. Ich entwickle eine innige Liebe zu dem Ausstellungsprojekt. Der Gedanke, dem

Ausstellungsbesucher Faszination und bildliche Hilfeschreie vom Aussterben bedrohter Katzen mit auf dem Weg zu geben, motiviert mich, mein Letztes zu geben.

Meine Mühe wird vollauf belohnt. Die Hilfeschreie der geliebten Geparden verhallen nicht ungehört. Ich werde von guten Wünschen und ehrlichen Sorgen vieler netter Besucher überschüttet. Meine Reise im Auftrag der Geparden nach Namibia erntet gehörigen Rückhalt. Vielleicht ist es nicht wirklich wichtig für einen so eigensinnigen Menschen wie mich, jedoch ein gutes Gefühl erzeugt das allemal.

Kurz vor Weihnachten bekomme ich einen weiteren Anruf von Ute. Sie hat mit Günter, dem Farmbesitzer, telefoniert. Er ist ein Idealist, der es sich zum Ziel gesetzt hat, eine Lösung für die Geparden zu finden. Günter ist allerdings in Deutschland und wird in der Zeit unseres Aufenthaltes kaum dort sein können. Aber vielleicht hätte ich Interesse, mir die Farm einmal anzuschauen? Und ob ich Interesse habe. Oft genug hat mich des Nachts Dione im Traum angesehen, und ich habe den Eindruck, sie würde das gutheißen. Zwar ist mir noch nicht klar, welche Folgen das alles haben könnte, aber zumindest füllt sich die anstehende Reise zunehmend mit Sinn.

Die letzten Wochen sind in allen Belangen ziemlich chaotisch und stressreich. Bevor wir nach Namibia aufbrechen, möchten wir einige Tage ausspannen. Ausgerechnet die tief verschneiten Alpen haben wir dafür auserkoren, ein gewaltiger Kontrast. Dennoch genießen wir es, zuweilen heftig zu frieren. Die Zeit wird kommen, in der wir uns wohlwollend an die kalten Wintertage in den Bergen erinnern.

Namibia ist in den Tagen in den Alpen für uns wie ein verpacktes und verschnürtes Weihnachtsgeschenk, dessen Inhalt wir nur erahnen können. Ständig sprechen wir über die anstehende Reise, konstruieren uns Szenarien, die so oder so ähnlich stattfinden könnten, lesen im Reiseführer. Vor unseren Augen entsteht das Bild eines wahren Tierparadieses, und im Traum erscheinen mir Geparden, die allesamt große Ähnlichkeit mit meinen Geparden in der

Serengeti haben. Das Nahrungsangebot muss ausgezeichnet sein, sonst würden in Namibia nicht angeblich die meisten Geparden leben. So besteht meine Traumwelt aus unermesslichen Ebenen, eingefasst von blauen, kahlen Bergen und reichlich gespickt mit Springbockherden. Springböcke sind die bevorzugten Beutetiere der Geparden in Namibia, sagt man, und ich muss es zunächst glauben.

»Namibia ist ein tolles Tierparadies«, darin sind wir uns einig, als wir unseren Ausflug in den Schnee beenden und nach Hause fahren. Am nächsten Tag geht es los.

Flüge bei Nacht sind schrecklich langweilig. Und das Flugzeug ist so groß, dass einem jegliches Gefühl zu fliegen versagt wird. Als wir endlich an der Küste Angolas entlangfliegen, zeigt sich die Sonne erstmals am Horizont. Doch wir sind noch zu hoch, um irgendwelche Details zu erkennen. Also versuche ich es erst gar nicht. Ich will hier nur raus und endlich das Land betreten. Erst kurz vor der Landung können wir einige imposante Übersichten auf namibische Landschaften erhaschen. Es ist schlicht und ergreifend toll. Wir scheinen uns in keinem Fall in unserer Vorstellung geirrt zu haben. Willkommen in Namibia!

Der Flughafen Windhoek ist zwar nicht sehr groß, aber verhältnismäßig modern. Dieses Mal haben wir uns entschlossen, die Reise etwas entspannter anzugehen als andere Afrikaaufenthalte zuvor. Schließlich wächst unsere Ausrüstung beständig, und es ist nicht ganz einfach, vor Ort noch schnell einen Mietwagen ausfindig zu machen. So hatten wir vorab einen Geländewagen gebucht und sollten laut Buchungsbestätigung auch am Flughafen abgeholt werden. Darüber haben wir uns mehr als einmal lustig gemacht. Wir haben gewettet, dass wir vermutlich erst einmal drei Stunden in der Ankunftshalle stehen, ehe überhaupt jemand auftaucht. Es hätte uns auch nicht gewundert, wenn gar niemand gekommen wäre. Aber zu unserer Überraschung werden wir bereits erwartet, obendrein von einem Mann, der Deutsch spricht. Unser Abholer heißt Fritz – wie sonst. Wir stellen uns gegenseitig vor, und während wir gemeinsam auf andere Ankömmlinge warten, verfallen wir in angeregte Unterhaltung.

»Es regnet recht häufig«, sagt Fritz mit einer Begeisterung, die kein namibiaunerfahrener Mitteleuropäer nachvollziehen kann. Auch wir sind im ersten Moment nicht sehr davon angetan.

»Regnet es auch in der Namib-Wüste?«, fragen wir voller Hoffnung, denn das hätte wiederum einen ganz besonderen Reiz.

»Weiß ich nicht, kann sein. Meistens regnet es in der Wüste erst später«, dämpft Fritz unsere Hoffnung in diesem Punkt und gleich in einem weiteren. Wir planen nämlich einen Trip durch den Caprivi-Streifen, der bis vor rund zwanzig Jahren die tierreichste Region in Namibia war. Allerdings haben der Krieg mit Angola und die Wilderei dem Gebiet schwer zugesetzt. Der Caprivi-Streifen war Bestandteil des Helgoland-Sansibar-Vertrags zwischen den deutschen Kolonialherren und Großbritannien 1890. Großbritannien bekam die Insel Sansibar, die Deutschen Helgoland und den Caprivi-Streifen, der sich ganz im Nordosten bis zum Sambesi-Fluss hinzieht. Eigentlich sollte es nur ein erster Schritt sein, Namibia bzw. Deutsch-Südwestafrika mit Deutsch-Ostafrika bzw. Tansania zu verbinden. Doch der Erste Weltkrieg beendete die deutsche Kolonialperiode. Offensichtlich kommt das Gebiet auch heute nicht zur Ruhe, wie uns Fritz erzählt. Wieder zeigt der Bürgerkrieg in Angola seine Zähne, auch auf namibischem Territorium. Nur wenige Tage vorher wurde eine französische Familie überfallen, es gab Tote. Viel mehr ist nicht bekannt. Deshalb ist der Caprivi-Streifen gerade komplett gesperrt. Keiner darf hinein, schon gar nicht Ausländer. Was passiert ist, ist ohnehin ein Desaster für das Land. Die Regierung will keine weiteren Risiken eingehen, zumal das Problem noch weitere Kreise ziehen wird, da ist sich Fritz ganz sicher.

»Willkommen in Namibia, auf geht's nach Windhoek!«, trompetet er, nachdem die anderen Gäste endlich eingetroffen sind. Windhoek ist rund dreißig Autominuten vom Flughafen entfernt.

Das Land, das an uns vorbeizieht, ist karg, das Gras fahlgelb, als hätte es schon Monate keinen Regen mehr gesehen. Wir können uns kaum vorstellen, dass es in den vergangenen Tagen immer wieder geregnet haben soll. Auch der strahlend azurblaue Himmel spricht nicht dafür, Schönwetterwolken zeichnen sich bestechend scharf vom Hintergrund ab, gleißend weiß und vom Sonnenlicht bestens in Szene gesetzt.

Große Werbeschilder beiderseits der Straße verweisen auf Farmen: »Die meisten Tiere«, »Das größte Bett«, »Der beste Wein«, »Der beste Service« oder »Wie daheim«, sind Slogans, die um vorbeifahrende Touristen buhlen.

Fritz beantwortet geduldig unsere Fragen. Gelegentlich zeigt er nach links oder rechts und erklärt etwas. Als wir einen breiten Trockenfluss erreichen, durch den ein schmales Rinnsal fließt, bremst er den Minibus ab. »Seit mehr als fünf Jahren ist da kein Wasser mehr durchgeflossen«, gibt er zu bedenken. Uns wird klar, dass es sich noch immer unserer Vorstellung entzieht, welch enorme Bedeutung Wasser für die Menschen in Namibia hat.

Mittlerweile müssen wir Windhoek sehr nahe gekommen sein. Der Verkehr nimmt zu, ebenso die Hinweise auf Pensionen und Hotels. Als wir die Stadtgrenze überfahren, traue ich meinen Augen kaum – es gibt in Windhoek eine Art Zoo! Mir wird speiübel. Gottlob fährt Fritz so schnell, dass dieser Unsegen binnen kurzem aus meinem Sichtfeld verschwindet.

Windhoek ist die Hauptstadt Namibias und Dreh- und Angelpunkt des ganzen Landes. 1849 von dem Orlam-Häuptling Jan Jonker Afrikaner gegründet, ist die Stadt heute der Regierungssitz sowie das wirtschaftliche und kulturelle Zentrum Namibias. Immerhin 170 000 Menschen finden zwischen den Bergen auf fast 1700 Meter Höhe ihr Zuhause. Damit ist Windhoek die bei weitem größte Stadt in Namibia, mehr noch, sie beherbergt ein Zehntel der gesamten Bevölkerung eines der am dünnsten besiedelten Länder der Erde.

Wir haben es eilig, denn wir wollen Windhoek heute noch weit hinter uns lassen. Dennoch nehmen wir uns die Zeit, unsere Ausrüstung äußerst sorgsam in dem Geländewagen zu verstauen, der bei der Autovermietung für uns bereitsteht. Wir versuchen eine sinnvolle Struktur zu schaffen, um im Notfall schnell alles zur Hand zu haben. Nach fast zwei Stunden sind wir zufrieden und können nun noch für das leibliche Wohl sorgen. Fritz gibt uns einen Tipp, wo wir einen Supermarkt finden, und wir verabschieden uns voneinander, allerdings nicht, ohne ein letztes Mal vor den schlechten Straßen gewarnt und an die vielen Opfer erinnert zu werden, die ihr Leben auf den Straßen Namibias gelassen haben.

Der Supermarkt überrascht uns mit einem großen Sortiment. Wir fühlen uns an einen amerikanischen Provinzmarkt erinnert, in dem die Waren wahllos angeordnet sind. Eine nachvollziehbare Ordnung können wir nicht erkennen, aber das hat auch seinen Reiz, und so stoßen wir zufällig auf Dinge, die ganz unverhofft ihren Weg in unseren Einkaufskorb finden.

Wir sind froh, Windhoek endlich hinter uns zu lassen und uns in südlicher Richtung auf den Weg zu machen. Eine «In-etwa-Route« haben wir im Kopf, mehr nicht. Wozu auch – wir haben unser Zelt auf dem Autodach und in unserem Herzen die Hoffnung, bald frei lebende Geparden zu sehen, und das ist das Wichtigste!

Die Straße, auf der wir uns bewegen, ist für meinen Geschmack zu gut. Kein Schlagloch erfordert erhöhte Aufmerksamkeit. Allein die Notwendigkeit, links zu fahren, ist anfangs gewöhnungsbedürftig, aber bereits nach einer Stunde kann ich mir nicht mehr vorstellen, jemals auf der rechten Seite der Fahrstraße unterwegs gewesen zu sein. Die bergige Landschaft ist wunderschön. Auf der Höhe eines Passes müssen wir kurz anhalten, weil eine Meute Paviane auf ihr Vortrittsrecht pocht. Sie überqueren gemessenen Schrittes die Straße, setzen sich auf der anderen Seite ins Gras und glotzen uns vorwurfsvoll an.

Bald fällt uns auf, dass die Straße zu beiden Seiten eingezäunt ist – offenbar die Begrenzung von Farmen. Wir fahren weiter. Zehn Minuten später hat sich noch immer nichts verändert. Ich vermute, dass die Farm riesengroß sein muss, die wir passieren. Monika hingegen nimmt an, die Zäune gehören mittlerweile zu weiteren Farmen. Die Begrenzungen, die sich unentwegt parallel der Straße dahinziehen, stören das im Grunde genommen imposante Landschaftsbild immens. Als nach fast einer Stunde unverändert beiderseits der Route Zäune zu sehen sind, werden wir richtiggehend wütend. Noch wissen wir nicht, dass die Zäune in den folgenden Wochen unsere stetigen Begleiter sein werden. Sie sind buchstäblich überall. Selbst in der Wüste gibt es häufig Zäune, obwohl es nur unfruchtbares, ausgezehrtes Land abzugrenzen gilt. Wir waren zwar gewarnt worden, aber so hatten wir es uns bei weitem nicht vorgestellt!

Mehr als einmal fragen wir uns, wer sich mehr als Gefangener fühlt – wir auf der Straße oder die hinter den Zäunen. Immerhin gibt es stets eine strikte Pufferzone zwischen Fahrweg und Drahtverhau. Es mögen gut fünf Meter sein, die einem wenigstens den Hauch von Freiheit vermitteln. Außerdem haben Wildtiere, die zwischen Zaun und Straße gelangen, damit ein beschränktes Rückzugsgebiet, sofern die Autofahrer die Geschwindigkeit drosseln, damit das Tier sich nicht in panischer Flucht im Draht verfängt oder sich dabei auch noch das Genick bricht.

Wir verbringen die erste Nacht in Namibia an einem Stausee bei Rehoboth. Obwohl ich ziemlich erschöpft bin, ist an Schlaf nicht zu denken. Ich muss die Erlebnisse des Tages erst einmal verarbeiten, und zudem bin ich enttäuscht, keinen Geparden gesehen zu haben. Aber wenigstens in diesem Punkt bin ich voller Zuversicht.

Mit dieser Zuversicht verlasse ich am nächsten Morgen auch das Dachzelt. Wir dürfen jetzt auf keinen Fall ungeduldig werden, noch liegt die Reise vor uns. Und schließlich haben wir uns vorgenommen, zunächst einmal das Land kennen zu lernen, in dem die meisten Geparden leben sollen.

Den Schock mit den Zäunen haben wir einigermaßen weggesteckt, und so genießen wir unser Frühstück unter freiem, erneut blauem Himmel. Schön, dass die Sonne sich zu uns gesellt, denn in der Nacht war es empfindlich kalt. Wir kennen das zur Genüge und haben uns für die Reise gut mit wärmender Kleidung eingedeckt. So können wir entspannt den Tag besprechen und dann in afrikanischer Gemächlichkeit das Auto startklar machen.

In Namibia sind die Routen sehr deutlich mit Buchstaben und Zahlencodes gekennzeichnet, weshalb man sich nur schwerlich verfahren kann. Zumeist kann man die Schilder auch nach Jahren noch gut lesen. Die wenigsten rosten, weil es einfach viel zu trocken ist.

Wir wollen in die Wüste. Für die Fahrt nach Sesriem – ein Camp in der Namib-Wüste – haben wir uns den ganzen Tag vorgenommen. Abgesehen davon, dass wir unentwegt an Zäunen entlangfahren, ist die Landschaft von bezaubernder Anmut. Hinter jeder Biegung verbirgt sich ein neuer Anblick, der uns den Atem raubt. Wir fahren durch Schluchten, passieren engere und weitere Täler, und mehr als einmal erreichen wir Aussichtspunkte mit einem unbeschreiblich schönen Rundumblick. Obgleich es durchweg sehr trocken und demgemäß extrem staubig ist, bleibt der Horizont ganztags relativ klar. Selbst der azurblaue Himmel verliert zu keiner Stunde des Tages seine Präzision, auch dann nicht, als die Sonne beinahe im Zenit steht und der Landschaft normalerweise jegliche Farbenpracht entzieht. Wir sind regelrecht berauscht und halten in immer kürzeren Abständen an. Anfänglich warten wir noch geduldig im Auto, bis sich die letzten Staubfahnen verzogen haben, die unser schweres Geländefahrzeug aufwirbelt. Bald ist das Auto aber auch innen vollkommen mit einer Staubschicht überzogen. Die Partikel sind so ungemein fein, dass sie durch die Lüftung und zum Teil durch geschlossene Türen eindringen.

Wir fotografieren begeistert, und es ist mir völlig egal, wie sehr die Ausrüstung innerhalb kürzester Zeit gefährlich verdreckt. Ich erfasse die Bilder durch den Bauch, und je intensiver ich das tue, umso mehr verwächst mein Blickwinkel mit dem der Kamera. Ich vergesse alles um mich her, was freilich nicht ohne Risiko ist.

»Au weia, hier gibt es ja Schlangen!«, wird mir voller Schrecken klar, als es so heiß wird, dass mir die Füße brennen. Ich ärgere mich über meine eigene Unvorsichtigkeit. Das Gelände ist ein Paradies für alle kleineren und größeren Tiere, die gerne zubeißen, wenn sie unfreiwillig mit der Bedrohung Mensch zusammentreffen. Oft genug endet das tödlich. Offenbar hat der Eindruck, Namibia sei unseren Ideen der behüteten Zivilisation weitaus näher als Länder Ostafrikas, mich nachlässig werden lassen. Ich gelobe Besserung und schaue fortan genauestens, wohin ich trete, zumal wenn ich barfuß unterwegs bin. Unser Staunen über die unglaubliche Landschaft nimmt uns so sehr in Beschlag, dass wir völlig vergessen, nach Geparden oder deren Spuren Ausschau zu halten. Allerdings halte ich das felsige Gebiet zwischen Hochland und Wüste auch für wenig geeignet als Lebensraum. Außerdem sehen wir kein geeignetes Beutetier weit und breit. Einzig Ziegen und Rinder sowie einige wenige Schafe säumen den Weg, aber das sind ja genau die Tiere, von denen sich die Geparden besser fern halten sollten, um sich nicht die Farmer gänzlich zum Feind zu machen.

Der allererste Ausblick auf die Wüste ist ein Blick in die unendliche Weite. Es sieht extrem heiß und auf seine Weise einladend trostlos aus. Wo Horizont und Himmel ineinander übergehen, ist nicht auszumachen. Wir fahren dieser Unendlichkeit entgegen und spüren, wie die Hitze zunimmt, je weiter wir auf der Passstraße absteigen.

Schließlich erreichen wir Solitaire. Was auf der Karte als Ort eingezeichnet ist, ist in Wirklichkeit eine Tankstelle und ein Laden, um die sich einige kleine Bauwerke formiert haben, die man mit etwas Phantasie als Häuser bezeichnen könnte. Immerhin hat die Tankstelle ein Dach und bietet damit etwas Schatten, ein Mangelzustand, so weit man sieht, denn Solitaire liegt in einer sandigen, steinigen Ebene. Kaum drei Bäume sind im überschaubaren Umfeld zu entdecken.

Wir tanken auf. Zeit für einen längeren Aufenthalt gibt es nicht. Die Fahrt war bisher von zu vielen Fotostopps unterbrochen. Sobald wir auf die Piste zurückkehren, geben wir Gas. Die Staubfahne, die wir hinter uns herziehen, muss gewaltig sein.

Rechts die Sandwüste, links verdorrte Ebenen, Hügel und Bergketten. Fast hätte ich es vergessen. Die Zäune beiderseits der Straße möchte ich nicht unterschlagen. Ich kann mir nicht helfen, aber es verleiht der Landschaft einen deprimierenden Zug. Tatsächlich haben sich in dieser unwirtlichen Gegend aber einige wenige Farmer niedergelassen. Zumindest weisen Schilder entlang der Piste darauf hin. Einige scheinen längst schon verfallen zu sein, was in dieser Ödnis nicht verwundert.

Etwa eine Viertelstunde nachdem wir Solitaire verlassen haben, trete ich abrupt auf die Bremse. Ich möchte wissen, ob es eine Erscheinung war oder ob es Wirklichkeit ist, was ich da aus dem Augenwinkel heraus erhaschen konnte. Für einige Momente sind wir in Staub gehüllt. Die Spannung steigt. Schließlich wird das Bild klar. In einer bis aufs Letzte ausgetrockneten Ebene stehen rund zwei Dutzend Rinder um eine Wassertränke. Die Tiere sehen mehr als mitgenommen aus. Mit bloßem Auge kann ich auf fünfzig Meter jede Rippe erkennen. Wir können nur den Kopf schütteln, die Tiere tun uns Leid. Sosehr ich mich auch anstrenge: Gras, das sie fressen könnten, kann ich nirgends sehen.

Nachdenklich setzen wir unsere Fahrt fort. Sobald wir den östlichen Ausläufer des Namib-Naukluft-Park erreichen, kehrt ein Schimmer Hoffnung zurück. Der Park ist zwar eingezäunt, doch innerhalb seiner Grenzen ist Draht tabu. Erstmals entdecken wir Springböcke. Es gibt sie also doch, wenn auch in spärlicher Zahl. Springböcke sind die bevorzugten Beutetiere von Geparden in Namibia – wo es sie gibt, sollten auch Geparden in der Nähe sein oder zumindest leben können. Aber sooft wir stehen bleiben und in aller Gründlichkeit die Ebenen absuchen, wir können keinerlei Anzeichen der Wildkatzen erkennen. Am Ende bleibt uns der schwache Trost, dass wohl kaum ein vernünftiger Gepard in der Mittagshitze durch dieses schattenlose Gebiet streifen würde.

Die Namib ist die älteste und trockenste Wüste der Erde. Gerade mal zwanzig Millimeter Jahresniederschlag führen zu extremen Lebensbedingungen in dieser Region. Schuld daran ist der arktisch-kalte Benguela-Strom an der Küste Südwestafrikas, denn die niedrige Temperatur des Meerwassers verhindert die Verdunstung, die notwendig wäre, um Wolken zu bilden.

Den Kern der Namib bildet der Namib-Naukluft-Park. Dieses Schutzgebiet ist mit beinahe 50 000 Quadratkilometern das größte in Afrika und das viertgrößte weltweit. Das Gebiet ist nördlich und südlich von imposanten Kiesebenen begrenzt. Die legendären Sanddünen befinden sich im mittleren Teil, und zwar auf Höhe von Sesriem, das wir am Nachmittag erreichen und wo wir unser Camp für einige Zeit aufschlagen. Sesriem beschreibt den Ort, an dem man früher sechs Riemen brauchte, um Wasser aus der Tiefe des Canyons zu schöpfen. Wie viele Riemen man heute benötigen würde, vermag ich nicht herauszufinden. Sesriem besteht aus einer Lodge, einem Campingplatz, einem Verwaltungsgebäude und einer Tankstelle. Von hier aus ist es nicht weit nach Sossusvlei, wo mit 385 Meter Höhe die mächtigsten Sternendünen der Welt in den zumeist blauen und wolkenlosen Himmel ragen. Zumindest von oben betrachtet sind diese riesigen Sandgebilde sternförmig, weil die Winde aus verschiedensten Richtungen auf sie einwirken. Dementsprechend bewegen sie sich im Laufe der Jahre nicht wesentlich fort. Schon kaum einen Kilometer weiter westwärts bauen sich in einer Linie von Süden nach Norden weitere mächtige Sanddünen auf. Wir genießen die Zeit in der Wüste, auch wenn wir wissen, dass es dort aller Wahrscheinlichkeit nach keine Geparden gibt. Diese Tage helfen uns, alle Alltagssorgen, die uns noch anhaften, abzustreifen und uns auf ein gänzlich anderes Afrika einzustimmen.

Doch schließlich sind wir hierher gereist, um einer uns selbst auferlegten Verantwortung nachzukommen. Nicht zuletzt deshalb haben wir die Wüste früher hinter uns gelassen, als es uns lieb war. Es ist diese Unsicherheit, die uns vorantreibt. Wo sind sie denn, die Geparden? Was hat es wirklich auf sich mit den angeblich so reichen Gepardenbeständen Namibias? Vielleicht alles nur Lug und Trug?

Unser Weg führt uns weiter an die Atlantikküste nach Walvis Bay. Da wir uns nicht sicher sind, die Strecke innerhalb eines Tages bewältigen zu können, beeilen wir uns auch nicht sonderlich. Immer wieder bleiben wir stehen, um Fotos zu machen. Mittlerweile kommen wir mit der Situation am Wegesrand bestens zurecht. Zäune sind für uns kein Problem mehr, denn wir sind zu regelrechten »Zaunkletterexperten« herangereift.

Nach einiger Überlegung haben wir uns für die Überquerung des Streetshoogte-Passes entschieden, auch wenn Fritz von der Autovermietung uns davor gewarnt hat. Bald wissen wir, warum. Trotz Allradgetriebe drehen die Räder zeitweilig gefährlich durch, wodurch der Wagen ins Schlingern gerät. Das Geröll ist locker und die Straße extrem steil, so dass ich höllisch aufpassen muss, frühzeitig gegenzulenken. Ein Ausflug in den Abgrund wäre vermutlich unser letzter. Auf der anderen Seite reduziert sich die Gefahr zunehmend, weil das Auto ohnehin immer langsamer wird. Ich fahre im ersten Gang und nehme die engen Kehren auf Ideallinie. Das Fahrzeug stottert, wimmert und heult, sobald sich ein weniger steiles Stück abzeichnet. Als wir endlich oben angekommen sind, stellen wir das Auto erst einmal für einige Zeit ab, denn der Motor verbreitet inzwischen einen interessanten Duft. Nachdem sich der Wagen einigermaßen erholt hat, setzen wir unsere Tour fort. Uns ist klar, Walvis Bay bleibt für heute unerreichbar.

»Hakuna matata – kein Problem«, fällt mir dazu lediglich ein. Wir tauchen in weitestgehend grünes Buschland ein und wundern uns einmal mehr darüber, wie nahe trostlose Trockenheit und üppiges Leben beieinander liegen. Als wir den Gamsberg-Pass erreichen, liegt ein Anflug von Abendstimmung über dem Land. Uns bietet sich ein wahrhaft atemberaubender Anblick: Das Gamsberg-Massiv faltet sich im wahrsten Sinne des Wortes vor uns auf. Elegant schwingt sich die Bergkette von Anhöhe zu Anhöhe. Weil der Bewuchs der Hänge eher spärlich ist, können wir in beeindruckender Deutlichkeit die verschiedenen Segmente erkennen. Ich stelle mir vor, wie in unserem Rücken bald die Sonne untergeht und ihr farbigstes Licht gegen die Anhöhen wirft.

»Das muss großartig sein«, sagen wir wie aus einem Munde, und so beschließen wir, die Nacht hier zu verbringen.

Erst jetzt fällt uns ein Farmgebäude auf, das spektakulär über dem steilen Talabbruch vor der Bergkette liegt. Der Farmer muss sich bei der Auswahl des Bauplatzes einiges gedacht haben. Und jetzt erinnern wir uns auch: Etwa einen halben Kilometer vor dem Pass gab es ein Hinweisschild zur Hakos-Farm. Das müsste sie sein. Da wir bei all den eingezäunten Farmflächen ohnehin nicht umhinkommen, uns zu vergewissern, wo und wie wir campieren können, sind wir nicht abgeneigt, uns die Farm aus der Nähe anzuschauen. Außerdem ist es höchste Zeit, mit den Farmern des Landes in Kontakt zu kommen. Mir brennen tausend Fragen auf der Seele.

Die Abfahrt zur Farm ist gleich gefunden. Wir folgen einem schmalen Schotterweg, auf dem ein Geländewagen gerade eben Platz hat. Allzu oft scheint hier keiner unterwegs zu sein. Nach einer Weile bekommen wir allerdings Zweifel, denn seit wir abgebogen sind, ist die Farm unserem Blick entschwunden. Doch als wir noch einen letzten Hügel hinter uns gebracht haben, liegt das Farmhaus linker Hand. Die Sicht vom Pass hat uns nicht getrogen. Die Lage des Hauses übertrifft selbst unsere höchste Erwartung.

Unsere Ankunft entgeht niemandem. Klar, kaum jemand verirrt sich so weit abseits der Piste. Vor dem Haus basteln einige Afrikaner an einem Trecker, der schon einige Dutzend Jahre auf dem Buckel haben dürfte. Die Türen fallen donnernd ins Schloss, nachdem wir uns mühsam aus dem stickigen Inneren des Wagens befreit haben. Spätestens jetzt sollten wir uns angekündigt haben. So ist es.

Wir betreten einen liebevoll gepflegten Vorgarten mit englischem Rasen. Ich bin zwar kein Freund solcher Spielereien, muss aber zugeben, dass der Kontrast zum wilden Wirrwarr des umgebenden Buschlands seinen Reiz hat. Noch ehe wir die Haustür erreichen, springt sie auf, und zweifelsohne steht der Herr des Hauses vor uns. Offensichtlich hatte er nicht einmal mehr die Zeit, sich ein Hemd überzustreifen, aber das macht nichts. Es ist unschwer zu erkennen, hier präsentiert sich uns das Urgestein eines namibischen Farmers.

»Herzlich willkommen, ich bin Walter«, begrüßt er uns mit einem Händedruck, der sich gewaschen hat.

Dann stellt uns Walter seine Tochter vor. Sie kümmert sich um die kleine Pension, die neben der Farm eine weitere Einnahmequelle sein soll. Ehe wir uns versehen, sind wir im Haus. Walter liebt sein Haus, das ist auf den ersten Blick klar. Elemente deutschen Kulturguts sind ebenfalls zu bemerken. Es ist alles picobello aufgeräumt, besser, als ich je aufräumen könnte. Der absolute Höhepunkt ist der Speiseraum – ein Wintergarten mit einem kleinen Schwimmbad. Von dort aus hat man einen hinreißenden Blick auf die Berge gegenüber.

»Das ist das einzige Faltengebirge Namibias«, erklärt Walter. Eine gehörige Portion Stolz klingt in seiner Stimme. »Die Grenze meiner Farm verläuft genau auf dem Gebirgskamm«, legt er nach. Wir sind stumm vor Staunen und können uns die Ausmaße der Farm kaum vorstellen.

»Verläuft da oben auch ein Zaun?«, diese ketzerische Frage kann ich mir nicht verkneifen.

»Nein, natürlich nicht«, sagt er entschieden, aber offensichtlich traut er meinem skeptischen Gesichtsausdruck nicht: »Dort oben sind nur einige Markierungspfähle. Die habe ich selber verankert.«

Gut, das wollte ich hören, ich bin zufrieden.

Eigentlich wollten wir ja nur einen Platz, wo wir eine Nacht im Dachzelt verbringen können. So etwas gibt es auch auf der Hakos-Farm. Aber Walter will davon nichts wissen und redet so lange auf uns ein, bis wir seine Einladung annehmen. Ich habe nichts dagegen, ihm den ganzen Abend Löcher in den Bauch zu fragen!

Wir befreien den Geländewagen von einigen Gepäckstücken und fahren zum Sonnenuntergang noch einmal auf den Pass.

Was sagt man dazu – am besten nichts. Was sich da in aller Stille aus Licht und Farben komponiert, spottet jeglicher Beschreibung durch Worte. Starr sitzen wir hoch auf einem Felsen und beobachten die Spiellust der Sonne, wie sie den gewaltigen Bergaufbau mit einem tiefblauen Schatten versieht und gleichzeitig das lange, im Wind wehende Gras aufleuchten lässt, welches das Massiv nun ähnlich einer Lichterkette umspannt. Wenige Minuten später küsst der feurige Lichtball die höchste Erhebung am Horizont, und es entsteht ein wahres Feuerwerk an Farben. Das ganze Gebirge ist in goldene, dann orange-gelbe Töne getaucht. Die Luft bleibt stehen. Die Vögel hören auf zu singen. Dann beginnen langsam die Schatten aus den Tälern die Hänge emporzukriechen. Viel Zeit bleibt nicht mehr. Der Rest des goldenen Lichtes wird hinweggefegt und durch silbrig kaltes Licht verdrängt. Der Tag ist gegangen. Die Berge sehen jetzt aus wie schwarze, bedrohliche Monster.

Wir warten noch ein wenig, um einen Blick auf die Sterne zu erhaschen. Mit gutem Grund hat das Max-Planck-Institut bereits 1970 eine kleine Sternwarte auf dem Gamsberg-Plateau eingerichtet. Nirgendwo anders sollen die Nächte klarer sein als hier oben auf 2334 Meter Höhe.

Als wir auf der Farm eintreffen, werden wir schon von Walter erwartet. Das Essen ist fast fertig. Zur Feier des Tages gibt es Oryxantilope.

»Schöner Mist«, denke ich. Ich habe ganz vergessen, Walter zu sagen, dass wir kein Fleisch essen, und schon gar keine Oryxantilope. Dabei muss ich gleich an die Begegnung mit diesen faszinierenden Tieren in der Namib zurückdenken. Sie können in völliger Trockenheit überleben, nur wenn sie keinerlei Pflanzen finden, wird es kritisch. Vielleicht ist die Oryx deshalb das Wappentier Namibias geworden, weil es in seiner Genügsamkeit diesem kargen Lebensraum trotzen kann. Walter hat unsere vielfältigen Erklärungsversuche akzeptiert. Er muss das Oryxfleisch alleine verspeisen, aber ich glaube, er ist uns nicht böse, dass es heute ein paar Steaks mehr für ihn und seine Familie gibt.

Es wird ein in allen Belangen sehr interessanter Abend für uns. Walter erzählt von seinem Dasein als Farmer, wie er die Farm aufgebaut hat und von den ganzen Hoch- und den unvermeidlichen Tiefpunkten. Ich schätze ihn irgendwo zwischen fünfzig und sechzig Jahre. Indes hat ihn das harte Leben hier oben am Gamsberg gezeichnet. Die extreme Sonne hat seine Haut verbrannt. Die harte Arbeit hat ihn gebrandmarkt. Trotzdem ist es eine tiefe emotionale Verbindung, die ihn hier oben ankettet. Oft ist es Liebe, wenn die Sonne golden hinter den Bergen verschwindet, aber oft genug auch Hass, wenn der Regen wieder ausgeblieben ist und er seine Rinderherden auf Lastkraftwagen weit in den Norden transportieren muss, damit die Tiere überleben können. Die Rinderzucht ist obendrein ein problematisches Thema, denn die Farmer erhalten immer weniger für ein Rind. Streng genommen lohnt sich die Rinderzucht kaum noch. Hinzu kommt, dass in den letzten vierzig Jahren die Regenfälle stetig abgenommen haben. Es ist ein unablässiger Kampf um das Wasser. Walter hat ein Bohrloch weit unterhalb des Farmgebäudes im Tal, von wo er sein Wasser bezieht. Über zwei Etappen wird das Wasser zum Haus gepumpt. Bei alledem ist auf jeden Fall ein hohes Maß an Einsatz und Kreativität gefragt. Walter hat das im Blut, seine Söhne hingegen nicht. Sie haben keine Lust auf die Farm.

»Vielleicht ergibt sich das noch«, trösten wir ihn.

Es tut Walter sichtlich gut, den ganzen Abend lang einfach mal zu reden, und für uns ist es hochspannend, ihm zuzuhören. Aber nun wird es dennoch Zeit, endlich auf die Geparden zu sprechen zu kommen!

»Geparden!« – ein Reizwort, doch ich kann meine Gefühle für die Tiere nicht verbergen. Mein Gegenüber spürt das sofort, und er achtet darauf, sachlich von seinen Erfahrungen mit Geparden zu erzählen. Diese Erfahrungen sind natürlich tendenziell negativ. Wir haben nichts anderes erwartet.

Walter berichtet, die Geparden würden von Zeit zu Zeit auch Kälber auf der Farm jagen, was er auf einer 20 000 Hektar großen

Fläche natürlich nicht kontrollieren könne. Meistens finde er die Kadaver, mitunter seien die Tiere aber auch einfach verschwunden.

»Bist du sicher, dass die Kälber ausschließlich von Geparden geschlagen werden? Wie sieht es mit Leoparden aus?«, hake ich nach. Der Farmer weiß darauf nur eine vage Antwort.

»Die Geparden kehren sogar wieder zu der Beute zurück«, behauptet er wenig später. Das sollte mich wundern. Aus der Serengeti weiß ich, dass die Geparden eine Beute niemals ein zweites Mal besucht haben. Wir erörtern dies und verstricken uns Stück für Stück in Fachfragen ohne wirklichen Ausweg.

»Die Rinderzucht hat ohnehin kaum mehr einen Sinn«, zieht Walter irgendwann frustriert sein Fazit. Nichtsdestotrotz ist der Gepard ein dankbarer Sündenbock für vielfältige Probleme.

»Vielleicht ist der Gepard auch eine Chance?«, arbeite ich behände für das Image der gefleckten Wildkatzen. Schließlich kommen nicht wenige Menschen gerade wegen der Geparden nach Namibia. Allein die Chance, auf seiner Farm Geparden sehen zu können, könnte seiner kleinen Pension einen gehörigen Schub verleihen.

Ich habe den Eindruck, dass Walter dieser Vorstellung gegenüber gar nicht so abgeneigt ist. Doch zunächst einmal diskutieren wir eingehend die Chancen des Tourismus und seiner phantastischen Farm, die doch für die Rinderzucht viel zu schade ist. Erst als ich eigentlich viel zu müde bin, kommen wir wieder auf mein Leben mit Geparden und den Sinn unserer Namibiareise zu sprechen. Ich rede unablässig, rede mich in Rage, und ich spüre, wie Emotionen hochkochen, sobald ich Vergleiche anstelle zwischen unseren Erlebnissen der letzten Tage und dem freien Leben mit den Katzen in der unendlichen Grassteppe der Serengeti. Schließlich ist es sehr spät oder besser gesagt früh am Tag, als wir in unser Zimmer gehen. Wieder werden mir die Geparden den Schlaf rauben.

Es ist noch immer pechschwarze Nacht, als ich beschließe, den vergeblichen Versuchen einzuschlafen ein Ende zu bereiten. Mich zieht es hinaus auf den Pass. Bei dem verzweifelten Versuch, in einem mir unbekannten Raum den Lichtschalter zu ertasten, wird es ziemlich laut. Ich wecke Monika auf. Obgleich sie sichtlich müde ist, will sie mich begleiten. Einen Sonnenaufgang in den Gamsbergen können wir uns unmöglich entgehen lassen.

Freilich sind wir viel zu früh. Als wir aufbrechen, ist es noch tiefe Nacht, was sich erst beim Eintreffen am Pass ändert. Wir fahren ein Stück des Weges abwärts und sind erstaunt zu sehen, dass die Zäune plötzlich aufhören. Anscheinend ist das Gelände für jegliche Farmwirtschaft endgültig zu zerklüftet. Das Gamsberg-Gebirge mit seinen steilen Berghängen und dem unwegsamen Buschland ist wahrlich ein Sinnbild für Wildheit.

Wieder sind die Felsaufbauten und Schluchten von überwältigender Schönheit. Das erste einfallende Licht spendet Farbe, die steigende Sonne nimmt den gähnenden Abgründen ihre Bedrohlichkeit. An einem Wasserloch unter uns begrüßt eine »Paviangang« den Morgen. Die Gruppe ist gut organisiert, mit einer Vorhut und einer Nachhut. Das Gelände wird gründlichst in Augenschein genommen, bevor sich die Tiere zu einem Drink hinreißen lassen. Ihr Verhalten lässt darauf schließen, dass hier der eine oder andere Leopard ein Revier sein Eigen nennt. Gewiss ist das Terrain für sie hervorragend. Ich frage mich, ob uns eine der Katzen wohl gerade beobachten mag. Wundern würde es mich nicht. In Ostafrika habe ich häufiger bemerkt, dass mich Leoparden verfolgen, um ihr Revier zu kontrollieren. Ich wurde mir der Situation immer erst dann bewusst, wenn ich auf meiner eigenen Spur zurückkehrte und ihre frischen Spuren auf meiner eigenen Fährte entdeckte.

Beinahe hätten wir sie übersehen, obwohl uns Walter mehr als einmal von ihnen erzählt hat: Durch den gegenüberliegenden Steilhang tasten sich zwei Zebras voran. Sie sind äußerst vorsichtig. Ein Fehltritt könnte das Ende bedeuten. Gebannt beobachten wir die beiden gestreiften Pferde durch das Fernglas. Die Zebras haben hier abseits des Farmlandes ein Rückzugsgebiet gefunden. Offenbar ist die Bedrohung durch Farmer schlimmer als unwegsames und schwieriges Gelände.

Wir müssen langsam zurück, sonst bereitet sich Walter um uns Sorgen. Als wir die vorletzte Kehre erreichen, stutze ich. Die Silhouette des Bergkammes hat sich auf seltsame Art und Weise verändert. Tatsächlich, in einer Linie ziehen dort Zebras talwärts – ein phantastisches Bild!

Wieder im Farmhaus, werden wir herzlich empfangen. Die Gespräche während des Frühstücks knüpfen dort an, wo wir sie spät in der Nacht unterbrochen hatten. Was Walter zum Thema Geparden zu sagen hat, ist Balsam für meine Seele.

»Es muss eine Lösung gefunden werden, diese herrlichen Tiere zu retten«, stellt er entschieden fest. Er verblüfft uns, aber ich weiß, dass es ihm sehr ernst ist. Er hat sich über Nacht eine ganze Menge Gedanken gemacht, wie eine Farmwirtschaft in Kombination mit einer Pension und in Koexistenz mit Geparden und anderen Raubkatzen zu realisieren sei. Auch wir haben einige Ideen und gelangen so Stück für Stück zu einem Konzept. Doch es gibt auch Hindernisse, für die wir auf Anhieb keine Lösung haben.

»Hauptproblem sind oft die angrenzenden Farmen«, sagt Walter so skeptisch, dass ich fast vermute, er hat entsprechende Erfahrungen gesammelt.

»Aber man muss die Farmer doch überzeugen können«, bleiben wir hartnäckig, obwohl wir wissen, dass wir an den bestehenden Realitäten in Namibia nicht vorbeikommen. Denn wenn einem das Wasser bis zum Halse steht – und das ist für viele Farmer der Fall –, kennt man mehr Feinde als Freunde. Spätestens dann ist der Gepard ein Feind, und deshalb hat der Gepard so viele Feinde in Namibia.

Die Zeit ist wie im Flug vergangen, mit riesigen Schritten geht es auf Mittag zu. Wir könnten noch Stunden weiterdiskutieren, aber wir müssen los, wenn wir Walvis Bay am Atlantik noch vor Einbruch der Dunkelheit erreichen wollen. Nach einer herzlichen Verabschiedung führen wir die Diskussion im Auto unter vier Augen fort.

Im Laufe der nächsten Stunden durchfahren wir die verschiedensten Landschaftstypen, und jede Gegend hat ihre ganz eigene Faszination. Am Nachmittag passieren wir die Mondlandschaft am Kuiseb-Pass. Hier sieht es im wahrsten Sinne des Wortes wie auf dem Mond aus. Die Pflanzen – falls überhaupt vorhanden – verkriechen sich unsichtbar hinter tristen Gesteinsbrocken. Nichts erinnert auch nur im Entferntesten an Leben. Wir sehen keine Tiere weit und breit. Stattdessen müssen wir uns auf die Straße, die sich in willkürlichen Kurven und Windungen dem Landschaftsrelief anpasst, konzentrieren. Wir tun gut daran, wie uns ein schlimmes, aber alltägliches Beispiel lehrt. Gerade fahren wir nämlich die Schotterpiste zum Kuiseb-Canyon hinunter, da werden wir eines Warnschildes gewahr – in der Einsamkeit des Landes eher ungewöhnlich. Instinktiv trete ich auf die Bremse. Im rechten Moment, denn ein Steinwurf hinter der Kurve droht Unheil. Einige Autos sind entlang der Steilwand rechter Hand abgestellt. Anfänglich sieht nichts ungewöhnlich aus, aber auf den zweiten Blick entpuppt sich die Situation als dramatisch. Ein Kleinwagen ist frontal mit einem Bus zusammengeprallt. Offensichtlich hatte die Fahrerin eine viel zu hohe Geschwindigkeit und konnte deshalb auf dem losen Gerölluntergrund nicht die Spur halten. Mit Gegenverkehr hatte sie nicht gerechnet, wo doch höchstens einmal in der halben Stunde ein Fahrzeug vorbeirollt. Ein tödlicher Fehler, zumindest für die Beifahrerin. Die Frau auf dem Fahrersitz dagegen ist am Leben, wenn auch nicht ansprechbar. Sie steht vollkommen unter Schock, und es ist vorerst nicht zu erfahren, was ihr zugestoßen ist. Das Auto hat sich dermaßen verzogen, dass wir selbst mit vereinten Kräften keine der Türen öffnen können. Glücklicherweise ist ein Farmer aus der Nähe hinzugekommen. Seine Farm ist nur gut zwanzig Kilometer entfernt. So sind die Chancen nicht schlecht, dass innerhalb der nächsten fünf bis sechs Stunden Hilfe aus Walvis Bay eintrifft. Wir können hier nichts mehr tun, außer zu versprechen, in Walvis Bay Hilfe anzufordern.

Vor uns liegen vier Stunden Höllenfahrt durch die Wüste. So weit das Auge reicht, sind wir in grauen Sandebenen gefangen.

Nichts gewährt uns irgendeine Orientierung. Allein eine kerzengerade Schotterpiste weist uns den Weg. Je länger wir unterwegs sind, umso mehr holen wir aus dem Auto heraus, dessen Heck immer wieder unsicher von der einen zur anderen Seite zieht. Mitten in der Wüste gibt uns ein entgegenkommendes Auto Lichthupe. Wir halten an. Es ist die Hilfe aus Walvis Bay. Wir feuern die Jungs an: »Noch drei Stunden, dann seid ihr dort!«

Zum Abschluss des ohnehin ziemlich anstrengenden Tages geraten wir in einen Sandsturm. Ich kann bisweilen keine 20 Meter weit sehen. Für längere Zeit fahre ich ins Nichts und hoffe doch, Kurs halten zu können. Wir sind heilfroh, als wir die ersten bewachsenen und zudem erstaunlich grünen Anlagen von Walvis Bay erreichen.

Der Aufenthalt an der Atlantikküste dient dazu, über die bisherigen Erfahrungen unserer Reise nachzudenken. Die Gespräche in den Gamsbergen haben ein gewaltiges Echo, dem wir uns nicht entziehen können. Am meisten beunruhigt mich jedoch, noch immer keinen Geparden in der freien Natur gesichtet zu haben. Beim besten Willen, mit so einem Desaster hätte ich in meinen kühnsten Träumen nicht gerechnet. Das will erst einmal verdaut werden. So tut es einfach nur gut, sich das kalte Wasser des Atlantik um die Füße spülen zu lassen und sich zu entspannen.

Bereits nach einigen Tagen habe ich neuen Mut gefasst und bin mir fast sicher, auf unserem Weg ins Binnenland einige der gefleckten Katzen, und seien sie in noch so dichtem Busch versteckt, zu finden. Aber als wir dann die Küste entlang gen Norden ziehen, fühlen wir uns wie an einem norddeutschen Strand. Eine kalte graue Wolkenwand vermiest uns das Vorankommen, es regnet in Strömen, und wir haben das Gefühl, in Trostlosigkeit zu versinken. Auch unser nächstes Ziel ist nicht dazu angetan, die Stimmung zu heben. Wir gelangen an die Skelettküste, jenen sagenumwobenen Küstenstreifen, an dem so viele Seeleute ihren Tod fanden. Hunderte von Schiffen sind hier im dichten Nebel gestrandet. Kaum ein Matrose konnte sich aus den Wracks retten, und wenn, dann war die Wüste, deren Sanddünen nahtlos in den Strand übergehen, die Endstation. Die Menschen sind jämmerlich verdurstet, einzig ihre verblichenen Knochen und die Gerippe der Schiffe sind geblieben.

Es kommt uns vor, als spiele die Skelettküste mit ihrem unheimlichen Image. Unser Geländewagen wühlt sich monoton durch Sand. Und wenn sich die Piste gelegentlich bis auf wenige hundert Meter an die Küste heranwagt, braust das Meer auf, als wolle es nach uns greifen. Die Brandung lacht gehässig. Die Hitze setzt uns zu. Die Stimmung ist auf dem Nullpunkt.

Na endlich, da sind sie ja wieder – die Zäune. Nur sind sie hier im Norden mindestens doppelt so hoch und gleich zweireihig. Das lässt sich nur noch mit einer gehörigen Portion Humor ertragen. Der erschöpft sich freilich schnell, als wir eine Oryxantilope entdecken müssen, die zwischen die beiden Zäune geraten ist. Kurz entschlossen nähern wir uns in aller Vorsicht. Das Tier gerät natürlich in Panik. Es rennt unentwegt auf und ab und versucht in seiner furchtbaren Angst, vor uns zu fliehen. Wir gehen in beide Richtungen und suchen nach Schwachstellen im Drahtverhau. Ich bin schon kurz davor, den Draht aufzuschneiden, da sehen wir, dass die Oryx glücklicherweise etwas weiter entfernt eine Lücke im Zaun gefunden hat und in höchster Flucht verschwindet. Es fällt uns ein Stein vom Herzen, und dennoch hassen wir die Grenzen aus Draht und Pflöcken mehr denn je.

Aber noch immer kein Gepard weit und breit. »Wer suchet, der findet«, rede ich mir tapfer weiter Mut zu. Auf den langen Fahrten erzähle ich Monika ausführlich, wie ich die Geparden in der Serengeti nach meiner Rückkehr gesucht und gefunden habe, weil ich wusste, welchen Instinkten sie folgen und wo es Beutetiere gibt.

»Hier müsste es Geparden geben«, oder »Das wäre ein ganz gutes Gebiet«, vermuten wir dennoch in aller Zurückhaltung auch, als wir kaum fünfzig Kilometer landeinwärts das Damaraland erreichen. Das Damaraland wurde wohl erst kürzlich neu eingekleidet, denn das Laub an den Büschen ist leuchtend grün und besticht durch belebende Frische. Wir entdecken einige Siedlungen mit schwarzen Farmern. Die Hütten passen sich unauffällig in die Landschaft ein, und Zäune sind Mangelware, wohl weil sie zu teuer sind und obendrein auch vollkommen sinnlos. Hie und da kreuzen einige Ziegenherden unseren Weg, die von Kindern oder Hirten bewacht werden, damit Raubkatzen erst gar nicht auf die Idee kommen, sich an die Tiere heranzumachen. Das ist durchaus sinnvoll, und ich muss mehr als einmal an die Masai denken, die seit Jahrtausenden so verfahren. Doch der Graben zwischen afrikanischer Kultur und den Ansprüchen und Auffassungen weißer Farmer ist enorm. Afrikanische Kultur wird gerne mit Armut gleichgesetzt. Aber kann eine größere Nähe zur Natur wirklich Armut sein?

Weiter treiben wir unser Gefährt in nördliche Richtung. Unser nächstes Ziel ist die Palmwag Lodge, wo es eine Möglichkeit zum Campen geben soll. Das Land wird zunehmend offener. Nur vereinzelt können Büsche ihr Dasein auf Geröllebenen behaupten: Die Steine sind gut faustgroß. Nichtsdestotrotz lugen schmale, hohe Gräser durch Ritzen und Lücken. Sie wiegen sich im Wind, und das grelle Sonnenlicht verleiht ihnen einen silbergrauen Glanz. Obwohl ich vertieft bin in die Betrachtung einer wieder gänzlich anderen Landschaft, kann mir dennoch eines nicht entgehen: Da liegt Elefantenmist auf der Straße! Wie von einer Tarantel gestochen springe ich aus dem Auto. Kein Zweifel, es riecht eindeutig nach Elefanten. Es war uns schon zu Ohren gekommen, dass Wüstenelefanten zuweilen durch das Damaraland ziehen. Sie sind nicht wirklich eine eigene Unterart des afrikanischen Elefanten, aber hervorragend an die extrem trockenen Bedingungen angepasst. Sie verfügen über ein bemerkenswertes Orientierungsvermögen und wissen nahezu auf den Meter genau, wo sie Wochen vorher Wasser gefunden haben. Selbst in trockensten Gebieten orten sie zielsicher vorhandenes Wasser und graben danach. Diesen Fähigkeiten verdanken sie ihr Überleben in dem unwirtlichen Gebiet, zumal sie insgesamt mit weniger Wasser auskommen als ihre Artgenossen weiter östlich im Etosha-Park. Dabei können sie bis zu sagenhafte achtzig Kilometer an nur einem einzigen Tag zurücklegen, weshalb ich mir auch keineswegs sicher bin, ob die Elefanten noch in der Nähe sind. Dem Geruch nach zu urteilen, vermute ich es. Wir untersuchen den Mist. »Höchstens einen halben Tag alt«, nehme ich an, »er ist noch feucht, und das bei dieser trockenen Hitze.«

Wir steigen auf das Dach des Autos. Das Tal ist sehr weitläufig und die Büsche nicht allzu hoch, mit etwas Glück müssten wir die grauen Riesen also entdecken können. Doch diese Hoffnung erfüllt sich nicht – vorerst zumindest. Sooft wir auch Stein und Busch in der Ferne aufs Ausführlichste untersuchen, es wird einfach kein Dickhäuter daraus.

Wir fahren weiter und halten konzentriert Ausschau. Auch wenn wir nicht mit Elefanten gerechnet hatten – es wäre wunderbar, ihnen zu begegnen! Und vielleicht stoßen wir – endlich! – ganz nebenbei auf einen Geparden, auf einen einzigen wenigstens. Wir sind auf der Hut, nehmen immer wieder unsere Ferngläser zur Hand. Zumindest sichten wir regelmäßig zum Teil sogar größere Trupps von Springböcken. Das macht Hoffnung. Eine solche Dichte von Beutetieren kam uns während der ganzen Reise nicht zu Gesicht. Aber vielleicht liegt das nur daran, dass die Jäger fehlen? Nein, ich will es nicht glauben. Irgendwann erlöst uns die Dunkelheit, wir müssen unsere Fahndung einstellen. Stattdessen blasen wir zum Endspurt. Bevor jegliches Licht geschwunden ist, sollten wir in der Palmwag Lodge sein.

Wider Erwarten ist dort nichts los. Auf dem Campingplatz sind wir allein, und die Lodge ist quasi leer. Möglicherweise hat der Manager der Anlage deshalb so schlechte Laune. Ein Gespäch mit ihm scheint unmöglich, auf Fragen antwortet er, missmutig vor sich hin murmelnd. Wir könnten uns genauso mit einem Buschmann unterhalten, wohingegen der uns wahrscheinlich mit einer aussagekräftigen Mimik und Gestik beeindrucken würde.

»Wir haben auf dem Weg zu Ihnen viele Springböcke gesehen. Gibt es hier auch Geparden?«, fragen wir dennoch hartnäckig, aber betont höflich.

»Hm.«

»Wie bitte?«

»Ein paar, hab noch keine gesehen«, nuschelt er einsilbig und gibt mit seiner genervten Miene eindeutig zum Ausdruck, dass er an einer Unterhaltung mit uns nicht interessiert ist. Immerhin, er kann sprechen. Trotzdem verzichten wir, uns nach den Wüstenelefanten zu erkundigen.

»Bis morgen«, verabschieden wir uns frustriert. »Scher dich zum Teufel«, füge ich in Gedanken hinzu.

Am nächsten Tag durchkämmen wir im Schritttempo die Gegend nördlich von Palmwag. Wir folgen einer Art Piste, zumindest liegt die Vermutung nahe, dass hier Fahrzeuge unterwegs gewesen sind. Die Reifen suchen knirschend und quietschend ihren Weg zwischen Gesteinsbrocken. Bisweilen rutschen sie jäh ab, immer wieder scheppert und kracht es. Mitunter halten wir inne, schließlich könnte die Achse gebrochen sein. Mehr als einmal schauen wir uns fragend an. Aber wir kennen uns zu gut, wissen, was der andere denkt: An Umkehren ist nicht zu denken, es kann nur besser werden. Wir wechseln uns mit dem Fahren ab, der Beifahrer hat die Aufgabe, unermüdlich das Gelände abzusuchen. Das ist eine Arbeitsteilung mit ansehnlichem Ergebnis: Einige Herden Zebras, eine Unmenge Springböcke, Giraffen und einige Gnus, die aussehen, als gehörten sie nicht hierher, bekommen wir zu Gesicht. »Die schwarz gefleckte Katze, die auf dem Boden lebt«, steht wieder einmal nicht auf unserer Beobachtungsliste, wobei uns das kaum wundert. Ich bin mir keineswegs sicher, ob Geparden mit diesem Gesteinsuntergrund zurechtkommen. Es ist nahezu ausgeschlossen, dass sie in dem steinigen Terrain ihr Jagdverhalten zur Reife bringen könnten. Immerhin wäre ihr Verletzungsrisiko ernorm hoch für einen Einzelgänger, der alleine jagen muss, um zu überleben, meines Erachtens zu groß. Doch wenigstens bietet sich uns im Damaraland eine willkommene Möglichkeit, uns abzulenken, denn die Wüstenelefanten wollen uns nicht aus dem Kopf gehen. Folglich kehren wir am Nachmittag zum Ausgangspunkt unserer gestrigen Suche zurück.

Wir müssen weniger weit fahren als angenommen. Auf halber Strecke finden wir erstmals Elefantenmist. Auch diesmal ist er frisch. Es scheint, als würden die Elefanten eher nordwärts ziehen, und zwar in Richtung der Straße. Für längere Zeit rollen wir im ersten Gang voran, tasten uns an den Spuren der Dickhäuter entlang.

»Hier sind sie von der Schotterpiste nach Westen abgebogen«, sind wir uns einig. Unschwer ist das zerdrückte Gras zu erkennen, über das die tonnenschweren grauen Riesen hinwegzogen. Wir überlegen, ob wir die Elefanten nun zu Fuß verfolgen oder zunächst von verschiedenen erhöhten Stellen aus das Gebiet eingrenzen. Wir wählen die letztere Strategie, was sich als richtig erweist, denn es dauert relativ lange, bis wir tatsächlich in weiter Ferne Ohren zwischen den Büschen entdecken. Sie wandern einen Hügel abwärts, vermutlich zu einer Wasserquelle. Wir beschließen, die etwa zwei Kilometer Vorsprung der Herde aufzuholen und uns vom Berg her oberhalb von ihnen an sie anzuschleichen.

Gedacht, getan, wir hasten durch dicht verbuschtes Territorium. Bei aller Eile darf es uns auf gar keinen Fall passieren, dass wir einem Elefanten in die Arme laufen. Das könnte gefährliche Folgen haben. Regelmäßig bleiben wir stehen, hören und riechen, und sofern die Luft rein ist, geht es zügig weiter. Den Fuß des Hügels erreichen wir in Rekordzeit. Ebenso schnell springen wir von Felsblock zu Felsblock und kriechen unter Büschen hindurch. Als wir gefühlsmäßig hoch genug sind, wechseln wir die Seite der Anhöhe. Als wäre es eine perfekt inszenierte Präsentation, sind die Elefanten tatsächlich unterhalb von uns in der Senke. Ich lag mit meiner Deutung richtig. Dort unten tritt Wasser zu Tage, und genau dort hat sich der größere Teil der Gruppe versammelt, um sich am kühlen Nass zu laben. Bevor wir uns näher wagen, verschaffen wir uns einen Überblick. Die übrigen Elefanten sind kaum 50 Meter von den anderen Herdenmitgliedern entfernt. Ich sehe nur die Rücken und vermag nicht zu erkennen, was sie dort so ausgiebig beschäftigt.

Meter um Meter pirschen wir voran. Die Dickhäuter können uns nicht wittern. Doch je weiter wir absteigen, umso weniger Deckung bleibt uns. Ich kann nicht einschätzen, wie die grauen Eminenzen da unten reagieren werden. In der Serengeti ist es mir problemlos gelungen, bis auf wenige Meter zumindest an die Bullen heranzukommen, aber auf allen vieren und mit viel Geduld und ruhigen Vorwärtsbewegungen. Das ist in diesem Gebiet unmöglich, und außerdem sind hier kleine Elefanten dabei, was das Risiko erhöht. Wir entscheiden uns, einen Abstand von gut dreißig Metern beizubehalten, zumal die Tiere uns nun bemerkt haben und zunehmend unruhiger werden. Wir vermeiden jegliche Bewegung, sitzen stumm und starr. Nach und nach kommen alle Elefanten zu der Wasserstelle. Sie beäugen uns voller Aufmerksamkeit. Einmal droht einer, indem er den Rüssel hebt und die Ohren aufstellt. Es breitet sich ein wenig Hektik aus, aber dabei bleibt es. Bis der letzte Riese am Wasser angelangt ist, hat sich das Gros der Gruppe aus dem Staub gemacht. Allerdings sichern sie ihren Rückzug, drehen sich immer wieder um und drohen: »Bleibt bloß, wo ihr seid!«. Wir respektieren das gerne. Es war auch so ein unglaublich faszinierendes Erlebnis.

»Könnt ihr uns nicht sagen, wo ihr Geparden gesehen habt?«, schicke ich ihnen sehnsüchtige Blicke hinterher. Aber einen weiteren Tag mehr bleibt uns Namibia diese Antwort schuldig.

Zwar geben wir die Hoffnung, Geparden zu finden, nicht auf, aber davon allein können wir nicht leben. Wir wollen endlich mehr. Deshalb müssen wir entscheiden. Wir haben tagelang das Gebiet um Palmwag Meter für Meter durchkämmt – vergeblich. So ist es wohl an der Zeit, diesem zweifelsohne wunderschönen Landstrich den Rücken zu kehren und uns möglichst zügig in Richtung Nordost zum Etosha-Nationalpark zu bewegen. Bis dahin wollen wir vorerst denken, weiter nicht, auch wenn für mich dann insgeheim eine Grenze erreicht ist. Sollten wir auch dort keinen Erfolg haben, weiß ich mir auch keinen Rat mehr.

Offen gestanden denke ich immer öfter an die in Gefangenschaft lebenden Geparden auf Günters Farm, von denen wir vor unserer

Tagebuch
eines
Gepardenmanns

April 1986:

Ich muss nach Afrika!!

Leider ist es ein Traum in weiter Ferne

1. Januar 1996.
Ich habe den Löwen
berührt.
Nyangusi sagt, es wird
etwas Großes passieren...

Es ist Liebe auf den ersten Blick …

'Mama' ist ruhelos durch die Steppe gezogen. Endlich ist Pause.
Ich teile mir mit der Gepardin die Wachstation…

Wenn die Geparden in Spiellaune sind, muss ich stets aufpassen

Ich geniesse jeden
der Gepardenfamilie

Ich bin froh, dass ich kein Hase bin

In der Kunst
lebe ich die Emotionen,
die ich mit den
Geparden erlebe.

Namibia
ist wundervoll ...
Aber ich kann zunächst
keine Geparden finden

Die erste Annäherung an die Geparden ist schwierig.

Sie sind äußerst aggressiv.

Zambia – Namibia:
Die Suche nach dem ‚Gepardenparadies' ist ein Wechselbad der Gefühle

Die Kinder in den Buschschulen
halten mich für einen Heiligen
kein Wunder – sie kennen keine
Geparden.
So schöne Tiere leben in
ihrem Land!!

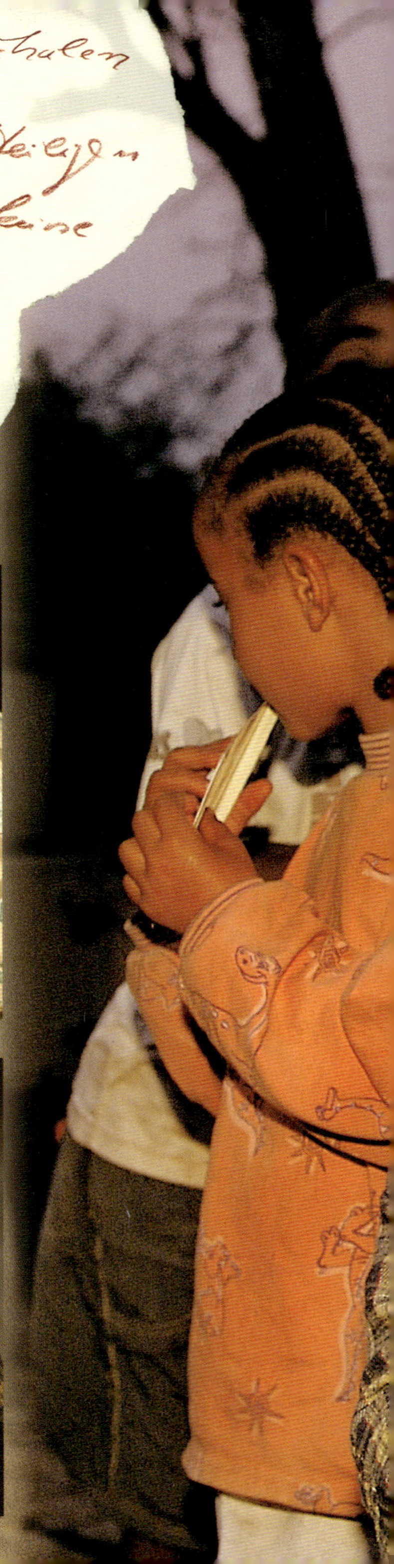

Die Auswilderung rückt näher. Ich habe monatelang für diesen Zeitpunkt gelebt… Und plötzlich ist alle Sicherheit dahin

Der Weg in die Freiheit
ist verdammt lang.
Meine Nerven liegen blank!

In Gedanken bin ich stets bei euch.

Abfahrt nach Namibia erfahren hatten. Aber noch versuche ich standhaft, die Sache aus meinem Kopf zu verbannen.

Je näher wir dem Etosha-Park kommen, desto grüner wird Namibia. Wir überqueren Farmen, auf denen friedlich große Kuhherden grasen. Wasserprobleme scheint es hier jedenfalls nicht zu geben.

Am Mittag des zweiten Tages erreichen wir den Parkeingang, der sehr professionell gestaltet ist. An der Pforte, die uns an den Eingang zu der Hotelanlage in Kenia erinnert, müssen wir ein Formular ausfüllen, und dann kann es endlich losgehen.

Erstaunt stellen wir fest, dass die Straße zur ersten Station Okaukuejo geteert ist. Das ist nicht unbedingt nach unserem Geschmack, aber wir schweigen darüber. Okaukuejo selbst allerdings übertrifft unsere Befürchtungen noch. Es ist ein riesiger Gebäudekomplex mit Lodge, Camp und Supermarkt, der so in einem Nationalpark schlicht und ergreifend nichts verloren hat. Wir schlucken unsere Enttäuschung herunter und fahren zügig weiter in Richtung Halali. Dieses Camp könnte mehr nach unserem Geschmack sein, und tatsächlich ist der erste Eindruck vielversprechend. Sofort nach Okaukuejo geht die Straße in eine Schotterpiste über, und das Gebiet ist mit nichts vergleichbar, was wir jemals zuvor gesehen haben. Wie der Name es schon sagt, wird der Park dominiert von einer weißen Tonpfanne, die rund ein Viertel des Terrains einnimmt. Etosha heißt nämlich »großer, weißer Platz«. Der Stamm der Ovambos hingegen nennt die Pfanne »Ort des trockenen Wassers«. Oft genug ist die Senke jahrelang trocken. Sobald allerdings die Flüsse, die nördlich und östlich in die Ebene fließen, Hochwasser führen, verwandelt sich die Pfanne binnen kurzem in einen riesigen See. Angelockt von den darin wachsenden Algen, kommen dann bis zu 100 000 Flamingos in das Gebiet, um dort zu brüten. Das kann trügerisch sein, denn mitunter verwandelt die Sonne den See binnen kurzem in eine schlammige Pfütze – eine Katastrophe für die noch flugunfähigen Flamingoküken, die dann völlig nahrungslos dem sicheren Tod ausgeliefert sind.

Wir fahren am Südrand der Pfanne entlang. Viele Vierbeiner außer Springböcken sind nicht zu entdecken. Manchmal stehen Erdhörnchen am Wegesrand und beäugen uns neugierig. Aber immer wenn wir anhalten, um sie aus der Nähe zu betrachten, machen sie sich schleunigst aus dem Staub. Die Vogelwelt ist imponierend. Besonders interessant ist die so genannte Gackeltrappe. Sie fällt einem sofort mit ihren hektischen Flugmanövern ins Auge, aber mehr noch, weil sie so markante gackernde Laute von sich gibt.

Als wir im Camp von Halali ankommen, wo wir die Nacht verbringen möchten, müssen wir uns im Büro anmelden und die Campgebühr entrichten. Dabei fällt unser Auge auf eine Information für alle Parkbesucher – es geht um den drohenden Befall von Milzbrand auf die Wildtierbestände. Die Besucher werden gebeten, sofort Bescheid zu geben, falls sie Löwen, Leoparden, Geparden oder Hyänen sichten. Genaueres kann uns der freundliche Herr im Büro dazu auch nicht sagen. Ich hingegen muss mich erst einmal setzen. Das ist eine niederschmetternde Neuigkeit – und ein weiteres Thema für eine schlaflose Nacht.

Der Etosha-Park ist mit über 22 000 Quadratkilometern mehr als halb so groß wie die Schweiz. Friedrich von Lindequist, der erste Gouverneur der deutschen Zivilverwaltung, erklärte bereits 1907 weit größere Gebiete um die Pfanne zum Naturschutzgebiet. Er wollte damit der grenzenlosen Profitgier der Berufsjäger Einhalt gebieten, die ganze Landstriche bedrohten. Sie schossen alles nieder, was ihnen in die Quere kam. Damals umfasste das Schutzgebiet stolze 100 000 Quadratkilometer und war das größte der Welt. Genau zu dem Zeitpunkt, zu dem die südafrikanischen Apartheidgesetze 1979 auch in Südwestafrika in Kraft gesetzt wurden, wurden Homelands für Hereros und Damaras geschaffen. Dementsprechend wurde der Park vor allem im Norden Stück für Stück auf die heutige Fläche gestutzt. Um Naturland und Farmland wirksam voneinander zu trennen, hat man einen sage und schreibe 850 Kilometer langen elefantensicheren Zaun errichtet – ein ökologisches Desaster, denn durch diese Maßnahme wurde die große Wanderbewegung von Gnus und Zebras, die in der Trockenperiode ins feuchtere Angola ausgewichen sind, komplett zum Erliegen gebracht. Kein Problem – der Mensch ist schlauer als die Natur. Das hat man sich zumindest so gedacht und zum Ausgleich künstliche Wasserlöcher gebohrt. Doch damit hat man sich den Teufel in den Park geholt, denn die Milzbranderreger haben in dem ganzjährig feuchten Schlamm der Wasserlöcher genau das Milieu gefunden, in dem sie bestens gedeihen. Bis zu neunzig Prozent der Gnus und zwei Drittel der Zebras wurden in der Folgezeit dahingerafft. Nach wie vor ist die Seuche ein Damoklesschwert, das über dem Land schwebt. Auch Geparden sind davon betroffen, und es schmerzt uns natürlich ganz besonders, als wir das erfahren. Zweifelsohne haben wir den Tiefpunkt unserer Reise erreicht.

»Du darfst den Glauben an das Gute niemals verlieren«, nur mit diesem Satz im Hinterkopf gelingt es uns, unermüdlich alle erdenklichen Wege abzufahren und sämtliche Wasserlöcher auf unserer Route mit der gleichen Gewissenhaftigkeit zu überprüfen. Die Wasserstellen sind wie ausgestorben, was uns nicht verwundert. Ergiebige Niederschläge haben kleine Tümpel abseits der Pirschwege erschaffen, an denen die Tiere völlig ungestört ihren Durst löschen können. Dass sie sich dorthin zurückziehen kann ich nur zu gut verstehen.

Dann plötzlich erhalten wir endlich einen Hinweis: Einige Touristen, die wir unterwegs treffen, erzählen uns, sie hätten gestern einen Geparden gesehen.

»Was? Wo? Erzählen Sie!«, ist alles, was ich zu sagen weiß, auf die Gefahr hin, einigermaßen unhöflich zu erscheinen.

Nach einigem Hin und Her einigen sich die Leute auf eine vage Wegbeschreibung. Da ich den Park gerade erst einen Tag kenne, sind meine Nachfragen nicht sehr hilfreich, aber immerhin gelingt es uns, das potenzielle Gebiet einigermaßen einzugrenzen.

Wie wir feststellen, war die Wegbeschreibung einigermaßen zuverlässig. Einige der etwas verworren bezeichneten Örtlichkeiten können wir identifizieren. Sicherster Hinweis sind die beträchtlichen Zebra- und Gnuherden, die sich um eine markante Insel von Buschland gruppieren. Auf der Rückseite wird das Terrain von der Salzpfanne begrenzt, zu den anderen Seiten hin verliert es sich in flächigem Grasland. Voller Hoffnung umkreisen wir das Buschgelände mehr als einmal. Doch obwohl wir einen weiten und ungehinderten Blick bis weit an den Horizont genießen, bleibt uns das herbeigefieberte Glückserlebnis, einen Geparden zu sichten, wieder einmal verwehrt. Als wir die umstehenden Grasfresser etwas genauer unter die Lupe nehmen, wundert uns das nicht. Nichts in ihrem Verhalten deutet auf Anspannung oder erhöhte Aufmerksamkeit hin. Ich kann mir nicht vorstellen, dass hier in letzter Zeit eine Raubkatze vorbeigekommen ist.

Was bleibt uns anderes, als uns zu einer angemessenen Ersatzhandlung durchzuringen? Ich stelle mir also vor, die Zebras wären nicht ganz so dick und hätten Punkte. Und meine Frau hat ohnehin eine ganze Menge für die gestreiften Pferde übrig. Nach einer Weile bekomme ich sogar richtig Lust zu fotografieren. Eben tritt ein Zebra aus dem Buschdschungel heraus, an seiner Seite ein Baby, das unsicher und schwankend Schritt zu halten sucht. Vergeblich, die Mutter muss warten. Fast wäre das Kleine gefallen, es fängt sich aber und schaut verwundert drein. Trotzdem hat das Fohlen vorerst keine Lust, auch nur einen Meter weiterzulaufen. Gut, dann muss Frau Mama eben nachhelfen. Sie stupst den Zögling mit aller Vorsicht dieser Welt, was einige gewaltige Sprünge zur Folge hat. Es funktioniert hervorragend. Wir hätten beinahe Beifall geklatscht. Doch soll man ja den Tag nicht vor dem Abend loben. Seine Bremse versagt. Um ein Haar wäre der kleine Tollpatsch auf dem Po gelandet.

Die beiden Zebras schließen sich einer kleinen Gruppe an, die sich langsam von uns entfernt. Ich starte den Motor und rolle behutsam näher. Dem Hengst, der die Gruppe begleitet, ist das schon zu viel. Er bleibt ohne weitere Umschweife stehen und dreht sich hurtig um. Er mustert uns und die ganze Konstruktion, in der wir sitzen, äußerst argwöhnisch. »Na Alter, mit was sind wir denn heute wieder unterwegs!«, gibt der Hengst in etwa zu verstehen. Er wirft den Kopf nach oben, nickt heftig imponierend und schreitet selbstsicher auf uns zu. Ich wiehere ein-, zweimal. Der Junge macht mir Spaß.

So, das war nun aber endgültig zu viel. Der Hengst kann die Frechheit seines Gegenübers nicht fassen. Anfänglich scheint er angestrengt zu überlegen, wie er mir erklären soll, wer hier der Herr im Hause ist.

Ich wiehere erneut. Er hält dagegen, wobei er die Rechnung ohne mich macht. »Ach, du kannst mich doch mal«, drückt seine Haltung aus. Der Hengst will zu seiner Herde zurück. Ich wiehere ihm in Siegerpose nach.

Männer können nicht verlieren. Jetzt reicht es. Der Hengst hat die Faxen dicke. Er hebt den Kopf mit der Mimik höchster Verachtung. Hernach bleckt er die Zähne, die so herrlich gelb sind. Er wendet den Kopf nach allen Seiten. Dabei spielt er so theatralisch mit seiner Zunge, dass es aussieht, als würde er mir selbige verärgert entgegenstrecken. Schließlich schaut er mich nur noch verächtlich an, kaut mit weit geöffnetem Mund. Ich kann mich des Eindrucks nicht erwehren, er lache mich aus. Okay, wir einigen uns darauf, dass ich besser wiehern kann. Dafür kann der Herr im gestreiften Anzug schönere Grimassen schneiden. Mit diesem faulen Kompromiss gehen wir auseinander.

Der Etosha-Nationalpark will mir seine Geparden nicht präsentieren, nicht am ersten und auch nicht am fünften Tag. Am sechsten Tag ist es zu spät, denn da reisen wir in aller Frühe ab. Wir haben zuvor die Landkarte studiert und mit Freude festgestellt, dass Günters Farm höchstens eine halbe Tagesfahrt entfernt ist.

So ist es. Kurz vor zwölf stehen wir vor dem Tor. Ein Wächter öffnet uns und lässt uns ohne lange Nachfrage passieren. Von ihm erfahren wir, dass Günter in Deutschland sei, wir aber mit dem Verwalter sprechen können. Das Farmgebäude ist gar nicht so einfach zu finden. Obwohl das Gelände für namibische Verhältnisse mit rund 1000 Hektar gerade einmal einen Vorgarten darstellt, gibt es genug Möglichkeiten, sich zu verfahren. Wir folgen dem Weg, der am meisten befahren scheint und kommen zu einem offensichtlich unbewohnten Haus, das einen grandiosen Ausblick auf das Buschland und die angrenzenden Berge bietet. Die dicht wachsenden Büsche, die gerade voll belaubt sind, bilden von oben gesehen einen undurchdringlichen Teppich. Tiere gibt es zweifelsohne genug, mehr als einmal rauscht und raschelt es heftig im Busch. Zuweilen sehen wir die Beine von Antilopen im Unterholz.

Wir kehren um und probieren die nächste Abfahrt aus, und jetzt sind wir richtig. Nachdem es abwärts ging in ein Tal, stoßen wir linker Hand auf das Farmhaus und einige Nebengebäude. Wir stellen das Fahrzeug ab und machen uns zu Fuß auf die Suche nach einer Menschenseele. Ein kleinwüchsiger Herr mit schwarzem Vollbart kommt uns entgegen. Er ist zunächst sehr zögerlich. Besuch auf einer Farm, die mit Touristen nichts am Hut hat, ist verständlicherweise selten. Doch nachdem wir uns vorgestellt haben, ist er hocherfreut und begrüßt uns sehr herzlich:

»Na endlich, wir haben euch erwartet«, sagt er und lacht. »Wir haben schon nach euch gesucht, weil wir ja wussten, dass ihr im Land seid.«

Das kling für europäische Ohren erstaunlich, aber in dieser Hinsicht ist Namibia ein Dorf. Die Menschen kennen sich untereinander, und Neuigkeiten verbreiten sich wie ein Lauffeuer. So erzählt uns der Verwalter – Herr Ackermann –, wir hätten heute morgen in Tsumeb unser Auto aufgetankt. »Richtig«, müssen wir freimütig zugeben. Ein Farmmitarbeiter hat uns gesehen und uns trefflich beschrieben.

Frau Ackermann lädt uns ein zu einer Tasse Tee auf der Terrasse des Farmhauses. Wir kommen schnell ins Erzählen, und während ein heftiger Platzregen auf das Blechdach hämmert, lassen wir unsere Reise Revue passieren.

Natürlich berichte ich auch von meinen ersten Begegnungen mit den Geparden, schließlich sollte Herr Ackermann die Vorgeschichte kennen. Je länger ich erzähle, desto bewusster wird mir wieder, wie weit ich doch von dem Afrika entfernt bin, das ich in der Serengeti erleben durfte. Mir kommt es keineswegs so vor, als sei ich im Land der Geparden, sondern eher zu Hause auf meiner Terrasse, wo es meistens kalt ist und regnet, so wie jetzt. Eigentlich müsste es mich frösteln, aber wenn ich von den Geparden erzähle, ist mir stets warm ums Herz, und so vergessen wir die Zeit. Jedenfalls kommen wir nicht mehr dazu, dass uns Herr Ackermann seine Geschichte und die der Geparden in den Gehegen darlegt.

Wir verabreden uns, gegen Abend gemeinsam in das Gepardengehege zu fahren und zu füttern. Aber natürlich kann ich es kaum erwarten, den Tieren schon einmal einen Besuch abzustatten, und so lasse ich mir erklären, wo ich die Gehege finde. Es gibt ein großes mit rund acht Hektar und ein kleineres, in dem drei Geparden leben.

»Die fünf Geparden im großen Gehege wirst du wohl kaum sehen. Sie sind im Busch und kommen allenfalls, wenn es etwas zu fressen gibt«, dämpft Herr Ackermann meine Erwartung.

Das kleinere Gehege liegt auf dem Weg zum größeren. Da ist schon einer! Er läuft ruhelos auf und ab und lässt uns keine Sekunde aus den Augen. Für den ersten Moment vergesse ich ganz, dass uns ein Zaun trennt, und so nähere ich mich in aller Vorsicht. Ich kann es mir dennoch nicht verkneifen, einen schönen miauenden Gepardenruf vorauszuschicken.

»Was ist das?«, der Gepard verharrt für Sekunden und schaut gebannt zu mir: »Vielleicht habe ich mich verhört?«

»Er reagiert auf Laute, immerhin«, denke ich erleichtert. Ich hatte das einmal in einer Zooanlage ausprobiert und musste feststellen, dass die Geparden auf keinen einzigen Laut natürlich reagiert haben. Den Betreuer der Raubkatzen hat das nicht gewundert. Ihm war noch nicht einmal aufgefallen, dass die Geparden jemals wirklich Laute von sich gegeben haben, außer einem seltsamen Grunzlaut eines sehr alten Tieres, den ich wiederum in der Natur nie gehört habe.

Allerdings haben sich die Tiere, die in Gefangenschaft geboren wurden, in allen Belangen von ihren Artgenossen in der Freiheit unterschieden. Streng genommen würde ich sogar behaupten, dass die Unterschiede so groß und einschneidend wie zwischen zwei Arten sind.

Einmal mehr und immer wieder rufe ich »gepardisch«, während ich mich in Trippelschritten auf das Gehege zubewege. »Das Gehege«, fällt es mir abermals ein. Es besteht vorne aus drei großen Boxen, die man gut einsehen kann. Daran schließt sich ein langer Gang an, der hinten im schwer einsehbaren Busch in einen größeren Gehegeteil mündet.

Sooft ich rufe, reagiert der Gepard stets gleich. Er hält in der Bewegung inne, fixiert mich für einige Augenblicke und fährt dann fort, seine Kreise zu ziehen. Zweifelsohne ist er neugierig, aber seine Angst und seine Aggression halten ihn ab, sich zu nähern. Er bewegt sich auf stark eingeengtem Raum, was für das Tier in dieser Situation natürlich Stress bedeutet. Je näher ich komme, desto kürzer verharrt die Katze auf meinen Ruf hin, desto unterschwellig aggressiver verhält sie sich. Die Überlagerung von Angst und Aggression tritt in aller Deutlichkeit zu Tage. Ich bleibe deshalb längere Zeit ruhig stehen und versuche Ruhe zu bewahren. Es wäre schon ein erster Erfolg, wenn der Gepard nicht durch den lang gezogenen Drahtverhau in den Busch verschwinden würde.

Der Gepard weicht in eine der Boxen zurück und legt sich auf den Betonboden – ein Anblick, der mich traurig macht. Noch bin ich etwa fünfzehn Meter von der Katze entfernt. Es wird Zeit, meine Position zu wechseln, schließlich soll der Gepard seine Angst und Aggression dem Menschen gegenüber unbedingt beibehalten. Ich bewege mich in der Hocke voran. Weil der Gepard bei der geringsten Bewegung zusammenzuckt, gurre ich in hohen Tönen. Damit gelingt es mir, ihn zu beruhigen. »Sehr gut«, denke ich mir. Ich erinnere mich an meine Geparden in der Serengeti und wie wunderbar die Kommunikation zwischen uns geklappt hat. Was gäbe ich darum, dass etwas Ähnliches jetzt auch möglich ist.

Der Gepard beobachtet jede Regung von mir. Wenn ich gurre, werden die Augen ein wenig größer, und er verhält sich ruhig. Höre ich auf, ihn zu beschwichtigen, geht er sofort in Abwehrhaltung. Dennoch hat unsere Verständigung ihre Grenzen. In dem Moment, in dem ich die Umzäunung fast erreicht habe, faucht er unablässig, und es hat den Anschein, als würde er mich am liebsten in Stücke reißen. Nach hinten kann er nicht ausweichen. In gewisser Weise ist er in der Box gefangen. Wenn er aus dem Zwinger rauswill, um in den abgelegenen Teil des Geheges zu gelangen, muss er an mir vorbei, und das ist ihm trotz des Gitters zwischen uns nicht geheuer. So droht er mir weiter, wobei sein Fauchen immer wieder in einem harten, zischenden Luftausstoß endet – die größtmögliche Aggression, die ein Gepard in Lauten äußern kann. Ich denke an später. Es ist an der Zeit, der Katze meine Gegenposition unmissverständlich darzulegen, wenn ich jemals als gepardenähnliches Wesen mit ihr klarkommen will. Ich fauche ebenfalls und gebärde mich betont selbstbewusst. Nachdem wir uns so eine Weile gegenseitig angegiftet haben, wird es höchste Zeit, den Konflikt aufzulösen. Der Gepard wagt einen beherzten Sprung nach vorn und federt sich auf den Vorderbeinen ab. Die gefährlichen Krallen klatschen hörbar auf den festen Untergrund. Ich weiche nicht zurück. Im Gegenteil, mein Angriff folgt auf dem Fuß. Doch ich sehe nur noch, wie eine Tatze durch die Luft schlägt und an mir vorbeifliegt, und zwar inklusive eines kraftvollen Gepardenkörpers. Mit einer erstaunlichen Leichtigkeit entschwindet das Tier in den hinteren, verborgenen Teil des Geheges.

Ich muss erst einmal meine Gedanken sortieren.

»Da ist eine gehörige Portion wilder Gepard hinter dem Gitter. Das kann ja heiter werden«, gebe ich meiner Frau zu verstehen, die alles aus respektvollem Abstand mitverfolgt hat. Sie gibt mir Recht. Trotzdem sind wir sehr angetan. Der Gepard macht einen vitalen Eindruck.

Ich weiß nicht, ob ich Namibia lieben oder hassen soll. Wie bescheiden ich doch geworden bin. Nun habe ich gerade mal einen

Geparden hinter Gittern gesehen, und schon schöpfe ich Hoffnung, dass sich mein schwieriges Verhältnis zu dem Land doch noch lichten könnte.

Aber anstatt weiter darüber nachzudenken, verwende ich meine Energie lieber darauf, die afrikanische Hütte, die uns auf dem Farmgelände zur Verfügung gestellt wurde, für unseren Aufenthalt einzurichten. Vor der Hütte gibt es eine wunderschöne Terrasse, die wir zu einer Art Küche umfunktionieren. Ob die Idee so gut ist, wird sich erst noch erweisen – wir bekommen nämlich umgehend Besuch von einer Straußendame. Sie ist so neugierig, dass sie ihren Schnabel überall hat und sich höchst indiskret an unseren Sachen zu schaffen macht. Wohl oder übel müssen wir unsere Freilandküche umorganisieren. Zumindest verstauen wir alle Dinge, die der Dame munden könnten, in der Hütte. Das passt ihr überhaupt nicht. Sie bleibt beharrlich auf der Terrasse stehen, und wenn ich sie so anschaue, habe ich den Eindruck, sie überlegt, wie sie dennoch an die vermeintlich schmackhaften Köstlichkeiten herankommt. Wir taufen sie Elsa, und da sie eine geduldige Zuhörerin ist, erzählen wir ihr eine ganze Menge. Als sie jedoch einsieht, dass wir sie nicht zu Tisch bitten werden, wendet sie uns beleidigt den Rücken zu und stolziert davon.

Um fünf Uhr treffen wir uns wie vereinbart mit Herrn Ackermann. Seine Helfer haben Stücke eines Rindes aufgetaut und zerlegt. Alles ist in einem riesigen Bottich. Acht Raubkatzen benötigen schon eine ansehnliche Gesamtportion.

Als Erstes sind die Geparden in der kleineren Anlage an der Reihe. Ihr Heißhunger treibt sie tatsächlich dazu, ihre Vorsicht zu überwinden und die Boxen zu betreten. Die drei Tiere kriegen sich gehörig in die Haare. Sie gebärden sich so wild, dass ich Mühe habe, ihr Geschlecht festzustellen – es sind zwei Weibchen und ein Kater. Die Fleischstücke, die wir hineinwerfen, fangen die Katzen geschickt aus der Luft. Wenn sie sich aufbäumen, wirken sie noch imposanter, und ich bin einmal mehr fasziniert von der Respekt gebietenden Stärke und Kraft ihrer Bewegungen. Sobald einer seine

Beute erfolgreich gegen einen Mitbewerber verteidigt hat, huscht er aus der Box, spurtet den Drahtverhau entlang und entschwindet unseren Blicken. Bald sind keine Geparden mehr zu sehen. Wir deponieren noch einige Zugaben und laden den Behälter mit dem übrigen Fleisch auf einen Pickup. Ich bleibe hinten auf der Ladefläche sitzen, und los geht es.

Wir sind alle sehr gespannt, wie diese erste Begegnung verlaufen wird. In der Regel kommen die Geparden abends an das Tor, holen sich das Futter ab und verschwinden in die Büsche. Um auf Nummer Sicher zu gehen, fahren wir wesentlich früher los, um nicht von den Geparden bereits am Tor überrascht zu werden. Das Gehege ist durch zwei Tore gut gesichert. Erst fährt man hinter das erste Tor, schließt selbiges und gelangt dann durch einen zweiten Eingang in das eigentliche Gehege, ohne dass die Raubkatzen versehentlich ausbrechen könnten. Das Problem ist das zweite Tor, denn zu Fuß möchte Herr Ackermann den Katzen nicht begegnen. »Das könnte ziemlich gefährlich werden«, warnt er uns, und er muss es wissen, kennt er die Tiere doch lange genug.

Ich nehme mir vor, mir keine Vorstellung zu machen und keine Erwartungen zu haben. Damit bin ich im Laufe dieser Reise mehr als einmal enttäuscht worden. Die Geparden auf ihren Gesundheitszustand und ihren natürlichen Habitus zu überprüfen, das ist jetzt das Wichtigste.

Das Tor quietscht entsetzlich, anscheinend wurde es schon lange nicht mehr geöffnet. Wir passieren es, und nachdem wir auch die zweite Barriere überwunden haben, liegen acht Hektar Gepardenland vor uns. Wir sind alle höchst angespannt. Während Herr Ackermann auch das zweite Tor gewissenhaft abschließt, wandern unsere Blicke über das Gelände und sichern ihm den Rückzug. Nichts, keine Spur von den Geparden. Der Farmer ist erleichtert, dass sein Plan aufging.

Der Pickup schiebt sich über den verwachsenen Pfad, der schon lange nicht mehr befahren wurde. Wir halten nach allen Richtungen Ausschau, und es ist ein schönes Gefühl, endlich zu wissen, dass die Geparden nicht weit sein können! Wenn sie von ebensolchem Heißhunger geplagt werden wie ihre Kollegen, sollte es nur eine Frage von wenigen Minuten sein, bis sie uns umlagern. Ich male mir schon aus, wie ich vom Auto steige und mich ihnen als neuer Gepard vorstelle. Hoffentlich schmecken ihnen dann aber die mitgebrachten Fleischstücke doch besser!

Als wir in etwa den Mittelpunkt der umzäunten Fläche erreicht haben, bleiben wir stehen. Ich habe das Gefühl, wir werden längst beobachtet. Herr Ackermann teilt meine Auffassung und springt schnell auf die Ladefläche, damit er uns beim Verteilen der Nahrung zur Hand gehen kann. Gerade noch rechtzeitig, denn im nächsten Moment eilen alle fünf gemeinsam herbei. Offenbar haben sie sich tagsüber im südlichen Teil ihres kleinen Reiches aufgehalten und bleiben nun etwa fünf Meter vor dem Fahrzeug stehen. In stetem Wechsel fixieren sie uns und den Behälter, in dem das Futter ist. Sie sind voller Aggression. Wenn der eine dem anderen zuvorzukommen scheint, gibt es gleich eins mit der Tatze. Das Gerangel spielt sich so hoch, dass das Auto zur Nebensache wird.

»Wir sollten mit dem Füttern beginnen«, signalisiere ich dem Farmer. Es überfällt mich einfach, ich kann nicht mehr warten. Viel zu lange habe ich den Kontakt zu meinen Geparden entbehren müssen, war zu weit von ihnen weg. Zwar gibt es schönere Situationen, die ich mit Geparden teilen könnte, als eine Fütterung, aber es ist der erste Schritt. Zumindest werden sie nicht zurückweichen, weil sie sich von einem so komischen Geparden wie mir kaum von der Mahlzeit werden abhalten lassen. Und sollten sie aggressiv werden, kann ich den wütenden Geparden zur Schau stellen, nichts leichter als das. Die Geparden in der Serengeti haben mir solches oft genug abverlangt.

Ich gleite so vorsichtig von der Ladefläche, dass es in der gefräßigen Stimmung niemand wahrnimmt. Allein der Farmer wundert sich, als er mich plötzlich nicht mehr sieht. Er zieht eine besorgte Miene, aber ich habe ihm am Nachmittag genug Einblick in mein Leben als Gepardenmann gegeben, als dass er mich abhalten würde.

Solange die Geparden mit ihren Fleischstücken beschäftigt sind, finde ich keinerlei Beachtung. Es mögen fünf bis sechs Meter sein, die ich vom Auto entfernt liege und warte, was passiert. Ich bin jetzt vollkommen ruhig, Voraussetzung dafür, im Ernstfall einen kühlen Kopf zu bewahren und instinktiv richtig zu reagieren. Ich kann nicht erwarten, dass mich die Raubkatzen auf Anhieb akzeptieren, und das ist auch gut so. Denn wenn ich im Sinne der Geparden handeln will, dann dürfen sie sich auf keinen Fall an den Menschen gewöhnen.

Andererseits werden sie mich auch nicht neugierig untersuchen, wie ich es aus der Vergangenheit kenne. Sie sind allesamt ausgewachsen und von der frühkindlichen Neugierdephase weit entfernt. Meine einzige Chance ist es, ihnen mit viel Geduld beizubringen, dass ich eine anatomisch besondere Art Gepard bin. Ob das funktioniert, wird sich zeigen.

Der erste Gepard hat jetzt die Vorspeise abgeschlossen und will sich gerade den Hauptgang servieren lassen, als er mich bemerkt. Für einige lange Momente ist er mit der Situation überfordert. Soll er diesen komischen Typ, der hier plötzlich im Gras liegt, einfach aus dem Weg räumen, oder ist Ignoranz die bessere Strategie? Ich beobachte nur, bewege mich keinen Millimeter vom Fleck. Der Gepard soll die Situation lösen. Er tut es, und eben auf seine Weise. Vorsichtshalber faucht er erst einmal. Das kann ich auch. Ich entblöße meinerseits mein »Raubtiergebiss« und gebe ihm zu verstehen, dass mit meiner Angriffslust nicht zu spaßen ist. Auf diese zugegeben unfreundliche Art und Weise unterhalten wir uns geraume Zeit. Dann beschließe ich aber, die Situation zu entspannen, indem ich höchst freundlich gurre. Das zieht dem Geparden fast die Schuhe aus, wenn er denn welche hätte. Ich riskiere, die Mimik meines Gegenübers im Detail zu studieren. Das bringt die Katze in Verlegenheit. Es dauert, ehe der Gepard zögerlich gurrt. Na also. Leider kann ich mich zu wenig auf ein einzelnes Tier konzentrieren, denn ich werde zunehmend von hinten begutachtet. Das kann äußerst gefährlich werden. Wenn mich ein Gepard von hinten angreift, bin ich im Schwitzkasten. Ab diesem Zeitpunkt kann die Situation völlig außer Kontrolle geraten. Glücklicherweise entgeht Monika und dem Farmer die Entwicklung nicht, und sie werfen Fleischstücke, um den potenziellen Angreifer abzulenken. Der faucht, stürzt sich auf die Nahrung und verschwindet zwanzig Meter weiter ins hohe Gras, weit genug von mir und einem konkurrierenden Artgenossen weg.

Platsch – ein Fleischbrocken landet zwischen mir und meinem »Gesprächspartner«. Sofort ist der Dialog beendet. Aber ich will für den ersten Tag nicht zu viel erwarten und die Geparden überfordern. Sobald das gesamte Futter verteilt ist, steige ich auf die Ladefläche zurück, und wir verlassen die Katzen: »Tschüs, bis morgen!«

Am Abend muss ich die wiedergefundene Nähe zu den Geparden erst einmal verarbeiten. Ich habe versucht, mir einige Gesichter zu merken. Alles ist ganz anders als bei den Geparden in der Steppe. Bis ich meine Erfahrungen und Erlebnisse miteinander verglichen und abgewogen habe, ist es zu spät, noch mit Herrn Ackermann über seine Einschätzung zu sprechen, obwohl es mich brennend interessieren würde. Morgen ist auch noch ein Tag.

Mein erster Weg in aller Frühe führt zu den Geparden in dem kleinen Gehege. Wieder streift eines der Weibchen ruhelos durch den vorderen Teil des Geheges. »Die Anlage ist zu klein«, stelle ich fest, ein Gedanke, der mich auch in der vergangenen Nacht sehr beschäftigt hat. Die ernorme, beinahe bedrohliche Aggression während der Fütterung hat sich mir tief eingeprägt. Das birgt Gefahren für das Wohl der einzelnen Tiere.

Wie am Vortag nähere ich mich vierbeinig und mit sanften Bewegungen dem Gehege. Aber alles Gurren – und sei es noch so liebevoll – ist vergeblich, die Gepardin tobt vor Wut. Ich bleibe einfach, wo ich bin, stütze meinen Kopf in die Hände und betrachte sie.

»Ich liebe dich, ich liebe dich doch«, schicke ich ihr zu. Doch noch immer missversteht sie mich. Sie faucht wieder und wieder, schlägt mit aller Wucht gegen das Drahtgeflecht.

»Ich habe dich trotzdem lieb«, versuche ich ihr zu vermitteln. Manchmal drücke ich meine Gefühle mit einem zarten Gurren aus. Weitere Laute gebe ich nicht von mir, obwohl ich mehr als einmal überlege, ob wir uns nicht in aller Heftigkeit streiten sollten, bis wir einfach nicht mehr können. Es geht aber auch so. Ich schaue sie weiter liebevoll an, und darüber ermüdet die Gepardin in ihrer Aggression. Schließlich sitzt sie verlegen da, beäugt mich seltsamen Gepard, und wir sagen beide überhaupt nichts mehr.

Verblüffend, wie geduldig sie dieser Situation standhält. Anfänglich lässt sie beharrlich ihren Unterkiefer hängen, was auf unterschwellige Aggression hindeutet. Klar misstraut sie mir, das wird sich auch so schnell kaum ändern. Ich betrachte das Spiel ihrer Augen. Sie tasten mich regelrecht von oben nach unten ab. Ich bin zur Salzsäule erstarrt. Die kleinste Körperreaktion meinerseits würde eine Eskalation auslösen. Das wäre schade, denn den jetzt erreichten Zustand wiederherzustellen wäre ein hartes Stück Arbeit. Die Geduld, die ich im Leben mit den Geparden gewonnen habe, kommt mir jetzt zugute.

Die Gepardin wendet den Blick von mir ab. Ich kriege eine Gänsehaut. Das ist ein enormer Vertrauensvorschuss, den sie mir gewährt. Stattdessen schaut sie nun sehnsüchtig in die Ferne. Drüben am Wasserloch scheinen einige Kudus zu sein. Ich drehe mich wohlweislich nicht um, das würde die Katze mir übel nehmen. Hingegen fasziniert mich ihr hoffnungsvoller Blick – sie ist so wunderschön. Am liebsten würde ich sofort mein Zeichenpapier holen und diesen Ausdruck festhalten. Auch so prägt er sich ein. Ich werde dieses Gepardengesicht, eines, das die Freiheit herbeisehnt, niemals vergessen. In meine tiefsten Träume wird es mich verfolgen. Unsere Blicke treffen sich. Ich bin tief berührt von diesem Moment.

Die Gepardin geht in eine der Boxen zurück. Sie wirft sich auf den kahlen Grund, räkelt sich und gähnt. Als ich mich vorsichtig zurückziehe, verabschiedet sie mich fauchend.

Nach dem Frühstück taucht Herr Ackermann bei uns auf. Die

Frage, die mir brennend auf der Seele liegt, scheint auch ihn zu beschäftigen. »Was kann man mit den Geparden machen?«, fragt er mich unverblümt.

»Ich weiß es ehrlich gesagt nicht«, gebe ich zu. »Natürlich müssen sie in die Freiheit zurück«, füge ich an, auch wenn ich noch keinen konkreten Plan habe. Ich erkläre Herrn Ackermann, wie problematisch die Lage ist. Glücklicherweise wurden die Tiere gerettet. Sie wurden nicht wie viele andere Geparden, die sich angeblich an Haustiere herangemacht haben, einfach abgeknallt. Geparden, die in der Freiheit gelebt haben, müssen eine Chance bekommen, in die Freiheit zurückzukehren, auch das ist klar. Aber die Tiere müssen auch überleben können. Ein Gebiet zu finden, das ihnen bietet, was sie brauchen – das ist meine Aufgabe. Doch wo kann man die Geparden auswildern, ohne dass sie gleich erschossen werden? Wo gibt es genügend Beutetiere, so dass sie nicht wieder abwandern müssen? Wütend erzähle ich von dem Farmer, den wir trafen und der prahlte, binnen eines Jahres sieben Geparden ins Jenseits befördert zu haben. Der Mann kam mir vor wie ein Kopfgeldjäger, der jedes rücklings erschossenen Opfers mit einer Kerbe in seinem Gewehrschaft gedenkt. Außerdem hat man mehrfach festgestellt, dass Geparden, die umgesiedelt wurden, nur Tage danach in 60 Kilometer Entfernung und mehr gesichtet wurden. Bis dahin hatten sie schon höchst gefährliche Farmgegenden durchwandert. Warum? Ist die Ökologie in Namibia dermaßen aus dem Gleichgewicht, dass es keine geeignete Lebensgrundlage mehr für Geparden gibt? Wir verfallen in eine heftige Diskussion, ohne zu Resultaten zu gelangen. Einzig die fortgeschrittene Zeit zwingt uns, das Thema zu vertagen.

Eine wichtige Information hat der Farmverwalter allerdings noch für uns: Günter besitzt eine weitere Farm in der unmittelbaren Nachbarschaft des Etosha-Parks. Sie ist rund 2600 Hektar groß und in etwa zweieinhalb Stunden Fahrt zu erreichen. Diese Farm ist vollkommen unbewirtschaftet und dient keinem besonderen Zweck. Vielleicht wäre das eine neue Heimat für die Geparden?

Wir vereinbaren, dass Monika und ich uns die Farm am nächsten Tag ansehen. Warum soll ich nicht jeden Strohhalm ergreifen, wenn nur die geringste Aussicht besteht, den Geparden zu einem besseren Leben zu verhelfen?

Abends fahren wir erneut zum Füttern. Ich möchte jeden Moment nutzen, mit den Tieren zusammen zu sein und mehr über sie in Erfahrung zu bringen. Wieder begeben wir uns in die Mitte des Gepardenterritoriums. Doch bereits auf halbem Weg fangen uns die Raubkatzen ab und stürzen, aufgebracht von ihrem Hunger, hinter dem Auto her. Kaum haben wir geparkt, sind wir von gierigen Geparden umzingelt. Wir überlegen, wer zuerst in die Arena soll: eine Runde Fleisch oder ich. Herr Ackermann beobachtet uns vergnügt durch die Rückscheibe der Fahrerkabine. Er lacht. Gut, er soll seinen Spaß haben. Ohnehin wollte ich das Aggressionspotenzial der Geparden testen. Für alle Fälle bitte ich meine Frau, mich mit Fleischgaben freizukaufen. Sie nimmt schon mal zwei üppige Fleischportionen in die Hand, während ich mich auf der den Geparden abgewandten Seite auf den Boden plumpsen lasse.

Mein Erscheinen verfehlt seine Wirkung nicht. Die Geparden vermuten auf der Hinterseite des Autos einen besonders großen Happen und stürmen zu fünft heran. In einer ersten Reaktion fauchen sie und schlagen heftig um sich. Glücklicherweise kommen sie von beiden Seiten und geraten sich selbst in die Haare. Trotzdem mische ich geistesgegenwärtig mit. Ich fauche, so böse ich kann, und schlage mit meinen Händen kräftig auf den Boden, wobei ich mich mehrmals um meine eigene Achse drehe. Auf diese Art bringe ich meine ganze Wut und Entschlossenheit zum Ausdruck. Die Geparden merken, dass mit mir nicht gut Kirschen essen ist, und da ich ihnen zudem kein Futter streitig mache, ist die kritische Situation schnell bereinigt.

Monika beginnt, Fleischbrocken zu verteilen, und von diesem Moment an verläuft die Fütterung wie tags zuvor. Nur wenn die Geparden annehmen, ich würde ihnen einen Teil des Bratens streitig machen, gibt es kleine Reibereien. Ich bin stets auf der Hut. Fünf

Geparden sind einfach ein Vielfaches stärker als ich, und die fortwährende Kampfeslust ist ein erhebliches Verletzungsrisiko. Die Fütterung endet mit dem Sonnenuntergang, und es ist ein beglückendes Gefühl, das letzte Licht des Tages im Kreise der Geparden zu genießen.

Der Farmverwalter holt uns pünktlich am frühen Morgen vor unserer Hütte ab. In Kürze erreichen wir den Ort Otavi und wenden uns danach westwärts. Herr Ackermann schenkt dem Auto nichts. Er kennt die Strecke wie seine Westentasche und will sie offensichtlich schnell hinter sich bringen. Während der Fahrt erzählt er uns seine Geschichte als Farmer.

Bis vor einigen Jahren hatte er eine große Farm am Südostrand des Etosha-Nationalparks. Er betrieb Rinderzucht, ein zu damaliger Zeit noch sehr lukrativer Broterwerb – wenn da nicht die Löwen gewesen wären, die ihm das Geschäft ordentlich verdorben haben. Immer neue Räuber sind aus dem Etosha-Gebiet auf seine Farm gekommen und haben den Rindern den Garaus gemacht. Der Farmer Ackermann wurde schließlich zum Löwenjäger. Doch so viele Tiere er erlegte, es folgten immer neue nach. Die Situation spitzte sich zu, als die Farm auch noch von Geparden und Leoparden heimgesucht wurde, während zur selben Zeit die Preise für Rinder fielen. Ackermann war in einer ausweglosen Lage, doch er erkannte, dass die Farmer und die wilden Tiere zu einer akzeptablen Koexistenz kommen müssen – eigentlich ein fortschrittlicher Gedanke, den er aber leider gar nicht mehr versuchte umzusetzen, weil er die Farm verkauft hat.

Ich stelle die Frage, die sich mir in diesem Zusammenhang stets aufdrängt: »Warum hast du nicht einfach Hirten eingestellt, die die Herden bewachen? Arbeitskräfte sind doch billig zu haben.« Aber wie immer erhalte ich nur eine ausweichende Antwort, und Ackermann wechselt das Thema. Die Frage nach einem Miteinander von Mensch und Natur ist indes ungelöst geblieben, zumal die Farmer selbst im Interessenkonflikt zueinander stehen. Zum einen gibt es nach wie vor den klassischen Farmbetrieb mit Nutztieren, mehr und mehr aber auch Leute, die aus den Wildtieren Kapital zu schlagen suchen, indem sie Abschüsse vergeben. Und schließlich gibt es Idealisten wie Günter, doch diese sind freilich in der Minderzahl.

Unterwegs treffen wir einen afrikanischen Farmer. Herr Ackermann hält an, und sie unterhalten sich eine Weile. Soweit wir es mithören, hat der Farmer wohl große Schwierigkeiten. So ist es. Kaum fahren wir weiter, klärt uns Herr Ackermann auf: »Das war der Nachbarfarmer. Er hat Probleme mit Löwen. Seine Rinderherde ist sowieso zu klein. Wenn die Löwen die Herde weiter dezimieren, ist er bald pleite. Er wird versuchen, die Löwen zu jagen. Das ist schwierig und obendrein gefährlich. So mancher ist dabei schon draufgegangen, aber wenn es um alles geht, warum nicht? Ich kann ihn verstehen, mir ist es ja genauso ergangen.«

Die Worte des Farmverwalters Ackermann sind ein Abgesang auf ein eigentlich faszinierend schönes Land. In diesem Moment hasse ich dieses Namibia mal wieder abgrundtief. Ich könnte wetten, noch heute oder spätestens in den nächsten Tagen wird das Blatt sich wenden. Es ist eben ein schreckliches und schönes Land zugleich. Und weil ich eine Vorliebe für solche gegensätzliche Gebiete habe, fürchte ich, werde ich auf absehbare Zeit davon nicht loskommen, zumindest solange dort noch Geparden leben.

Wir passieren ein Labyrinth von Wegen, die kaum befahren zu sein scheinen. Ich weiß nicht, das wievielte Tor wir geöffnet und wieder geschlossen haben, als Herr Ackermann unvermittelt verkündet, wir seien nun eingetroffen. Wir können unsere Verwunderung kaum verbergen. So weit wir sehen, bietet sich unserem Blick allein eine sandige Piste, die beidseitig von einer Wand aus Büschen und Bäumen eingefasst ist. Ich überlege, ob dieses Terrain für Geparden geeignet ist, und halte Ausschau nach Spuren von ihnen.

Eindeutigster Hinweis auf die Anwesenheit von Geparden in einem Gebiet sind die Spielbäume. Sie dürfen nicht allzu hoch sein und müssen starke, gerade Äste haben, auf denen die Geparden sitzen oder liegen können. Diese bevorzugten Aufenthaltsorte sind leicht zu erkennen am Kot sowie an den Kratzspuren in der Rinde, weil die Raubkatzen dort ihre langen und scharfen Krallen wetzen. Mir wurde gesagt, dass die Geparden immer wieder an diese Stellen zurückkehren. Wenn das so wäre, hätten die Geparden in Namibia zumindest ansatzweise ein Territorialverhalten, was sie von den Artgenossen in den ostafrikanischen Grassteppen unterscheiden würde. Doch die Ansichten über Geparden in Namibia sind vielfältig und, wie mir mitunter erscheint, von einer gewissen Willkür.

Zuweilen lichtet sich der Busch ein wenig. Mir ist immer noch nicht klar, inwiefern dieses Gelände den Geparden überhaupt zusagt.

»Die Geparden hier sind Buschgeparden, die hervorragend an die Gegebenheiten angepasst sind«, weiß auch hier mein Begleiter postwendend eine Antwort.

»Gut, ich halte von der These, Geparden könnten sich nicht anpassen, auch nicht viel. Aber wie ist es mit der Beutetiersituation«, lasse ich nicht locker. Da habe ich wieder so einen Punkt angesprochen. Die Farmen gerade um den Etosha-Park werden zurzeit häufig verkauft und weiterverkauft, zumal keiner so recht etwas damit anzufangen weiß. Bei allen diesen Gepflogenheiten hat sich allerdings eine radikale Form des Kapitalismus breit gemacht. Ein Gutteil der Farmer, die verkaufen, schießen jegliches Wild, dessen sie in der Kürze der Zeit noch habhaft werden können, um es zu versilbern. Die Folgen dieser Raffgier liegen auf der Hand. Für die Ökologie der Gebiete ist es ohne Zweifel verheerend.

Auch hier erleben wir die unrühmliche Konsequenz hautnah. Die Farm ist total verbuscht, da schlicht und ergreifend die Blatt- und gleichermaßen die Grasfresser fehlen, die den nachwachsenden Biomassen Einhalt gebieten.

Der Sandweg wechselt in einen Fahrpfad aus losem Geröll. Obgleich der Farmer lange zuvor den Allradantrieb zugeschaltet hat, quält sich das Auto mit äußerster Mühe gen höchstem Punkt der Anhöhe.

»Das ist der höchste Punkt der Farm!«, brüllt der Farmverwalter, und wir verstehen es kaum, denn er kommt nur noch mit Vollgas voran. Eigentlich hätten wir viel lieber die Hürde zu Fuß erklommen. Die letzten Meter bewältigen wir auf Wunsch des Fahrers auch so. Nichtsdestotrotz bringt er die rauchende und stinkende Karre hinterher. Dereinst wurden eigens dafür zwei Steinwälle angelegt, die genau der Spurbreite des Gefährts angepasst wurden. Wehe, ein Reifen rutscht ab. Die Folgen wären fatal.

Die Aussicht von da oben hat einen berauschenden Charme. Wir überblicken weite Teile des Etosha-Parks.

»Kennt ihr den Hügel dort in der Ferne? Das ist Halali«, klärt uns Herr Ackermann auf.

Jetzt erinnern wir uns, klar, in Halali waren wir vor wenigen Tagen. Wir sind seither einen weiten Bogen von mehreren hundert Kilometern gefahren, um nun genau im Süden von Halali wieder auf den Etosha-Nationalpark zu treffen.

»Der Vorbesitzer dieser Farm hat erzählt, dass er von diesem Hügel aus auf offene Ebenen sah und eine Unmenge von Tieren beobachten konnte«, berichtet unser Begleiter. Mir läuft ein Schauer über den Rücken, weil mir unwillkürlich wieder Bilder aus der Serengeti durch den Kopf ziehen, wie sooft auf dieser Reise. Ich erinnere mich an die Felsenhügel in der Steppe, auf denen ich oft stundenlang saß und alle möglichen Tiere beobachten konnte. Als ich davon erzähle, wird mir wieder bewusst, wie weit entfernt ich bin von dem Afrika, das ich bisher so geliebt habe.

Die Farm ist durchzogen von einem für uns undurchschaubaren Wegenetz, so dass uns die Orientierung schwer fällt. Immer wieder kontrollieren wir den sandigen Boden in der Hoffnung, Spuren von Geparden zu finden, doch wir werden einmal mehr enttäuscht. Der charakteristische Abdruck ist leicht zu erkennen, denn Geparden können ihre Krallen nicht einziehen, und so zeichnen sie sich zusammen mit den Fußballen ab.

Schließlich wollen wir noch ein Stück des Zaunes zum Etosha-Park abgehen. Es ist unschwer zu erkennen, dass die Zäune nicht instand gehalten werden, und ich vermute, dass ein Elefant mit entsprechendem Engagement ihn spielend überwinden könnte. Die größten Ausreißer sind aber vornehmlich kleinere Tiere, allen voran die Warzenschweine. Sie können hervorragend graben und winden sich innerhalb kurzer Zeit unter dem Zaun hindurch. Ist das Loch dann erst einmal da, lassen andere Tiere nicht lange auf sich warten, und so beult sich das Loch stetig weiter aus. Für Geparden reicht der Durchschlupf binnen kurzem allemal, und spätestens wenn sich ein Löwe mit seinem Gewicht gegen den Durchgang geworfen hat, gibt es freie Fahrt für alle Tiere.

Wir müssen nicht lange suchen, bis wir die erste Passierstelle finden. Das Loch ist nicht allzu groß – Glück für uns, denn solange sich die Tiere hindurchzwängen müssen, bleiben Haare hängen, und wir können anhand der Spuren feststellen, um welche Tiere es sich handelt. Bei dem ersten Durchschlupf finden wir nur Hinweise auf ein Warzenschwein, doch schon zweihundert Meter weiter wird es spannender. Der Tunnel im Zaun ist beachtlich, und wir entdecken Löwenspuren. Sie weisen in beide Richtungen und sind schon einige Tage alt. Leider ist das Gelände mit Steinen übersät, so dass ich die Trittsiegel nicht weiter in den Busch nachvollziehen kann.

Trotzdem sind wir im »Löwenfieber«, und selbst wenn wir wissen, dass wir ihn vermutlich nicht finden werden, gehen wir eine weite Strecke ab und halten aufmerksam Ausschau. Am Ende unserer Inspektion haben wir gut ein Dutzend verschieden große Löcher festgestellt. Der Zaun ist durchlöchert wie ein Schweizer Käse. Ganz offensichtlich haben die Wildhüter des Parks es längst aufgegeben, den Zaun zu warten.

Vor lauter Begeisterung haben wir die Zeit vergessen. Wir müssen uns sputen, um noch rechtzeitig für die abendliche Fütterung der Geparden zurück zu sein. Herr Ackermann beweist uns, dass man zur Not auch mit 120 Kilometern pro Stunde über die Schotterstraße fliegen kann – nicht das pure Vergnügen, aber was tun wir nicht alles, um bei unseren Geparden zu sein.

Die Fütterung wird allerdings nicht einfach. Alle Geparden sind bereits am Tor und beobachten, wie ich die Einfahrt öffne und der Geländewagen hinter das erste Tor fährt. Da ich als Mensch und nicht als Vierbeiner auch das zweite Tor öffnen muss, stelle ich für die Tiere eine Bedrohung dar. Mit ihren Tatzen hauen sie ungehemmt gegen das Drahtgeflecht. Immer wenn die Krallen über die Maschen schrammen, entsteht ein durchdringendes metallisches Geräusch, das mir durch Mark und Bein geht. Ich sehe mich gezwungen, zu reagieren und mir Respekt zu verschaffen. Ansonsten gerate ich in Gefahr, den wütenden Angriffen der Raubkatzen schutzlos ausgesetzt zu sein. Ich zähle auf den Überraschungseffekt. Während ich das Tor schwungvoll zurückwerfe, gehe ich unvermittelt auf alle viere und gebärde mich ganz wild. Mit Scheinangriffen halte ich mir die Katzen vom Leib. Manchmal wundere ich mich, wie mir dieses Verhalten in Fleisch und Blut übergegangen ist. Es kommt mir vor wie ein Automatismus. Würde ich darüber nachdenken, würde ich zögern, und das allein wäre gefährlich genug für mich. Nichtsdestotrotz bin ich mehr als überrascht Die körperliche Aggression, die mir entgegenschlägt – aber auch unter den Geparden im Gehege herrscht –, ist enorm. In einem solchen Ausmaß habe ich das mit meinen Gepardenfamilien in der freien Natur nie erlebt.

Mit einem Sprung ziehe ich mich aus der Affäre. Bis wir den Platz der Fütterung erreichen, fahre ich lieber auf der Ladefläche mit. Gleich Furien stürzen die Geparden hinter uns her. Sooft sich eine Gelegenheit ergibt, schrammt eine Tatze über die hintere Klappe der Ladefläche. Als wir angekommen sind, verteilt Monika wie gehabt die Köstlichkeiten, und ich mische mich unter die lautstark schmatzende Gepardenmeute. Mitunter gibt es Streit, und dann muss ich mich heftig verteidigen, aber die meiste Zeit habe ich die Möglichkeit, mich ausführlich mit den Geparden zu beschäftigen.

Die Buschgeparden Namibias unterscheiden sich deutlich von den Geparden der großen Steppengebiete Afrikas. Gerade durch den hautnahen Kontakt wird mir das sehr bewusst. Die Geparden im Gehege sind gedrungener und damit weniger elegant – eine folgerichtige Anpassung an ihre Lebensumstände. Im dichten Buschland haben die Tiere ganz andere Jagdtechniken entwickeln müssen, um ihren Nahrungsbedarf zu decken. Folglich sind die Geparden hier auch nicht Hochleistungssprinter, sondern vielmehr Pirsch- oder Ansitzjäger, die ein exaktes Gespür für den richtigen Zeitpunkt einer Attacke entwickeln müssen. Auch das Fell ist etwas dunkler und wirkt durch den ständigen Kontakt mit stachligen Pflanzen und Kletten ein wenig struppig. Daran ändern auch andauernde Putzversuche nichts.

Als die Sonne beinahe den Horizont berührt, sitze ich noch immer inmitten der Meute und überlege, wie die Zukunft der Geparden aussehen könnte. Mir ist klar, dass mir die Zeit dieses Mal nicht reicht, um ein konkretes Bild davon zu gewinnen. Ich muss noch viel mehr über die Geparden erfahren. Insbesondere Verhaltensveränderungen, die auf die Gefangenschaft zurückzuführen sind, und individuelle Stärken und Schwächen der einzelnen Tiere werden später ein wichtiges Kriterium sein, welche der Geparden ausgewildert werden können. Auch wenn die Geparden mitunter bedrohlich aggressiv sind, bin ich sehr von ihnen berührt. Sobald sie alle Fleischportionen in ihre Mägen verfrachtet haben, sitzen sie da wie Unschuldslämmer, die niemandem ein Haar krümmen können. Und wenn dann das sanfte Abendlicht kommt und sie sich so wunderbar in das Buschland einfügen, dann macht mein Herz einen Sprung. Ich stelle mir vor, so wäre es in der Freiheit, nachdem sie gejagt und gefressen haben. Als würden sie mich verstehen, betrachten sie mich ab und zu überaus interessiert. Ich hoffe, sie spüren, dass ich nur ihr Bestes will.

An diesem Abend gebe ich ein Versprechen ab – mir und den Geparden: Ich werde alles tun, um euch in die Freiheit zurückzubringen.

Ich bin randvoll mit Eindrücken. Schon beginne ich, Ideen zu entwickeln, die ich allerdings gleich darauf wieder verwerfe. Insofern bin ich froh, dass mir nur noch wenige Tage in Namibia bleiben. Ich brauche jetzt erst einmal einen freien Kopf. Schließlich habe ich mit meinem Versprechen eine große Verantwortung auf mich genommen, und alle weiteren Schritte müssen sorgfältig überlegt werden. Mit meiner Frau habe ich darüber noch nicht wirklich gesprochen. Natürlich sind wir uns einig, dass die Geparden in der Freiheit leben sollten, doch nach dieser Reise durch Namibia ist Freiheit ein dehnbarer Begriff geworden. Für mich ist jedenfalls wichtig, Abstand zu gewinnen und aus der Distanz neue Entscheidungen zu fällen. Sicher werde ich zu den Geparden zurückkehren, aber bis eine Auswilderung in die Wege geleitet ist, gibt es noch vieles zu regeln und zu arrangieren. Außerdem ist mir klar geworden, dass die Situation der Fütterung nicht wirklich eine gute Möglichkeit ist, eine Beziehung zu den Geparden aufzubauen, geschweige denn, deren körperliche Fitness in Erfahrung zu bringen.

Einstweilen verabschieden wir uns von der Farm und der Familie Ackermann. Eine letzte Etappe führt uns über das Waterberg-Plateau in den Osten des Landes. Wir spüren aber, dass wir nicht mehr in der Lage sind, neue Eindrücke aufzunehmen. Wenn wir durch die Dörfer fahren und an den Tankstellen von Kindern umringt werden, komme ich mir fast wie ein Tourist vor, der es eilig hat, Programmpunkte auf seiner Liste abzuhaken. So eindrucksvoll die Landschaften auch sind, die wir durchqueren – das Thema Geparden beschäftigt uns so sehr, dass wir uns nicht mehr wirklich darauf einlassen können.

Zwei Tage später sind wir am Flughafen. Es geht zurück nach Deutschland. Bisher habe ich mich nie gerne aus Afrika verabschiedet. Diesmal ist es anders. Ich sehne mich danach, aufgestaute Gefühle freizulassen, und kann es nicht erwarten, in meinem Atelier zu Werke zu gehen.

Wo ist das Paradies?

Ich bin kein Mensch, der großen Wert auf Vorräte legt. In diesem speziellen Fall ist es aber etwas anderes, streng genommen sogar lebensnotwendig. Ich brauche dringend viele leere Leinwände und Papier, an dem ich mich nach Lust und Liebe auslassen kann.

Ich beginne, mich mit dem Traum der Auswilderung der Geparden zu beschäftigen. Die ganze Zeit verfolgt mich dabei der Blick der traurigen Gepardin hinter dem Drahtzaun. Ihr Gesichtsausdruck vereinnahmt mich voll und ganz und lässt mir selbst im Schlaf keine Ruhe. Ich ertappe mich, wie ich in den Tagebüchern von meinem Leben mit den Geparden in der Serengeti blättere, um mich auf andere Gedanken zu bringen. Doch die Augen des Tieres wenden sich nicht von mir ab. Sie starren in meine Seele. Die Gepardin zwingt mich geradezu, in einen Dialog mit ihr zu treten, den ich hier, weit weg von ihr, nur auf der Leinwand führen kann. Ich lasse mich auf ein zeichnerisches Experiment ein. Zu Beginn wandert die Spitze meines Zeichenstiftes unentschlossen über das Skizzenpapier. Kaum habe ich den Mut, die Mine aufzusetzen. Weil ich die Raubkatze vor meinem inneren Auge so klar sehe, bin ich mit dem entstehenden Ergebnis äußerst kritisch. Prompt kann es meiner Erwartung nicht standhalten, und ich tue etwas, was ich nur sehr selten tue – ich zerreiße das Papier voller Zorn. Doch schon im nächsten Moment überkommt mich eine unendliche Leere. Traurig schaut mich die Gepardin an, und es ist, als hätte ich sie verraten. Sie hat Recht, ich muss mich zusammenreißen.

»Konzentrier dich, verdammt noch mal!«, befehle ich mir. Ich weiß, jetzt gibt es nur noch eines, nämlich die Flucht nach vorn. Ich setze neu an, fieberhaft konzentriert auf die sehnsüchtigen Augen der Gepardin. Mir steht der Schweiß auf der Stirn. Nachdem die ersten Umrisse geschafft sind, wird mir kühler. Die Augenpartie kommt gut, ich versinke fast darin. Das ist perfekt.

Ich glaube, meine Frau ist im Atelier und spricht mit mir. Ich verstehe nicht. Sie versucht es ein paar Mal, aber ich sehe überhaupt nicht ein, auch nur einen Moment zu reagieren. Am liebsten würde ich einfach »raus« brüllen. Schlussendlich könnte das den Tod der Zeichnung bedeuten. Dies will ich nicht riskieren. Folglich lasse ich das ganze Geschwätz über mich ergehen, bis ich früher oder später mit der Gepardin allein bin.

Sanft umspielt der Farbstift die Nasenpartie. Die Übergänge müssen weicher werden. Jetzt entwickelt sich Tiefe um die Mund- und Nasenpartie, ich kehre zu den Augen zurück. Ich überarbeite den Augenwulst, verstärke die Schatten. Jetzt wird es gut, so ist es nach meiner Vorstellung.

»Ich will hier raus«, fleht mich die Gepardin an. Ja, genau so hat sie mich angesehen, das ist das Gesicht, das mich Tag und Nacht verfolgt. Als ich das Bild betrachte, entdecke ich einen Anflug von Hoffnung in ihren Augen, und ich entschließe mich, der Gepardin auf der Grundlage dieser Zeichnung ein Ölgemälde zu widmen. Durch die ständige Auseinandersetzung mit ihr entwickelt sich das Bild weiter – ein hartes Stück Arbeit. Als es nach Wochen schließlich vollendet auf meiner Staffelei steht, kann ich regelrecht den Zaun zwischen mir und dem Tier sehen. Um es auch dem Betrachter zu verdeutlichen, spanne ich Draht über den Rahmen. Es sieht entsetzlich aus. Nicht immer kann ich es ertragen, und so setze ich es mitunter in einen normalen Rahmen. Immer aber schaut mich die Gepardin sehnsüchtig und voller stiller Hoffnung an. »Bring mich zurück in die Freiheit«, erinnert sie mich an mein Versprechen, sooft ich heimkomme und die Treppe hinaufsteige, um ins Atelier zu gehen.

Im Frühjahr besuche ich Günter in seinem Haus in Schleswig-Holstein. Haben wir uns auf seiner Farm nur knapp verfehlt, wollen wir wenigstens jetzt in aller Ruhe beraten. Er erzählt mir seine Geschichte. Sie gleicht Geschichten, wie ich sie mehrfach gehört habe. Es gibt ein Initialerlebnis, und dann ist sie da, die Begeisterung für die Geparden. Jeder geht damit auf seine Weise um. Günter hat sich eben entschlossen, zumindest einige Geparden vor dem sicheren Tod zu bewahren und ihnen eine Überlebensmöglichkeit in großräumigen Gehegen zu geben. Irgendwann hatte er auch darüber nachgedacht, eventuell Geparden zu züchten. Sehr bald ist es ihm aber von ganz allein eingefallen, dass diese Idee weniger gut ist. Ich bin froh darüber.

Ich erzähle Günter von meinen Auswilderungsplänen, wobei klar ist, dass ich noch kein definitives Konzept in der Tasche habe. Wir diskutieren bis spät in die Nacht. Schließlich sind wir uns jedoch einig: Die Geparden sollen die Chance bekommen, in Freiheit zu leben. Wir werden beide unser Bestes geben. Und das ist immerhin schon einmal eine gute Grundlage für meine zukünftigen Bemühungen.

Als wir im Mai unsere Jahreshauptversammlung des Vereins »Leben für Geparden e. V.« abhalten, ist der nächste Flug im August nach Namibia längst gebucht. Eine neue Heimat für die Geparden zu finden ist das erklärte Ziel. Meine Frau wird mich nicht begleiten. Immerhin das stand frühzeitig fest. Ansonsten sind die Vorbereitungen chaotischer denn je. So muss ich die Reise vier Wochen vor dem Abflug verschieben, weil ich zu einer Talkshow nach Chile eingeladen bin. Die Redakteure im fernen Südamerika bestürmen mich, in ihrer Sendung über mein Leben mit den Geparden zu berichten – eine wunderbare Möglichkeit, mein Anliegen in die Welt hinauszutragen, und so sage ich zu.

Die Sendung ist tatsächlich eine Herausforderung. Das Thema heißt Angst. Während zwei Damen aus Kolumbien spannungsgeladen über ihr monatelanges Kidnapping berichten, vergegenwärtigt ein polnischer Fotograf seinen Überlebenskampf in Auschwitz. Ich erzähle von der Angst, die ich verspürte, als ich den Geparden erstmals ausgeliefert war. Wie ich lernen musste, Aggression mit ebensolcher zu erwidern, und wie aus meiner Angst *vor* Geparden eine Angst *um* Geparden wurde. Der chilenische Moderator ist begeistert. Für ihn sind Geparden die weitaus gefährlichsten Tiere auf der Erde. Wer mit ihnen lebt, der schreckt vor nichts zurück. In diesem Sinne hat er sich drei Geschenke für mich ausgedacht. Zunächst betritt der Zoodirektor von Santiago de Chile die Bühne. Seine Aufgabe ist es, mich mit den gefährlichsten Tieren Südamerikas zu konfrontieren. Vermeintliche Gefahr Nummer eins schließe ich gerne ins Herz: eine Pumadame. Sie ist scheu und schreckhaft und tut mir sehr Leid, denn auf den ersten Blick ist ersichtlich, unter welch schlechten Haltungsbedingungen sie leidet. Sie kuschelt sich an meine Beine und lässt sich kraulen. Dann bekomme ich eine Vogelspinne auf die Hand gesetzt. Vor dem stattlichen Skorpion hat der Zoodirektor dann selbst Angst. Er drückt mir lediglich das Glas, in dem das Tier scheinbar bodenlos herumtapst, in die Hand.

Am späten Nachmittag trete ich von Santiago de Chile die Rückreise an. Der Flug über die Anden ist traumhaft. In nicht allzu großer Höhe schwebt das Flugzeug über die Berggiganten hinweg. Als die Kordilleren abrupt in das Amazonas-Tiefland abfallen, verspüre ich für einen kleinen Augenblick Höhenangst. Es ist, als hätten wir den Kontakt zur Erde unter uns verloren.

Am Vormittag des folgenden Tages lande ich in Frankfurt. Monika kommt zum Flughafen, um mir mein Gepäck für Namibia zu überreichen. Abends geht es unverzüglich weiter.

Es klappt alles perfekt. Diesmal habe ich mich für einen anderen Mietwagen entschieden. Die Karre soll geländegängiger sein, weil ich eventuell ein Gebiet, welches eine neue Heimat für die Geparden sein könnte, inspizieren will. Ich werde von einem Afrikaner namens Frank abgeholt. Eigentlich wartet der noch auf zwei weitere Gäste. Die sollen gleichfalls aus Frankfurt anreisen. Offensichtlich ging da etwas schief. Ich sage ihm, dass in Frankfurt zwei Passagiere von der Polizei aus dem Jumbo-Jet geholt wurden. Möglicherweise waren das seine Gäste

»Wirklich«, meint Frank entsetzt, »was war da los?«

»Keine Ahnung«, muss ich gestehen. Im Grunde genommen ist es mir auch egal. Ich will einzig und allein schnell das Auto haben, damit ich noch heute die Farm erreiche. Glücklicherweise hat sich Frank schnell beruhigt. Ich komme schneller an das Auto, als mir lieb ist, denn an Frank ist ein Rennfahrer verloren gegangen. Der Geländewagen, der für mich bereitsteht, ist in gutem Zustand. Allerdings sind die Reifen vollkommen abgefahren. Ich muss abwägen. Am Ende verzichte ich auf den Reifenwechsel. Wird schon gut gehen: »Kurs Nordost – volle Kraft voraus!«

Ich treffe noch vor Eintritt der Dunkelheit ein. Ich bin ziemlich erschöpft und verzichte deshalb darauf, eine Fütterung im Gehege vorzunehmen.

Auf der Farm hat sich im vergangenen halben Jahr einiges verändert. Herr Ackermann hat seinen Posten als Farmverwalter aufgegeben. An seine Stelle ist Günters Sohn Marius getreten. Wir besprechen kurz, was ich in den nächsten Tagen vorhabe. Im Grunde will ich mit den Geparden einfach allein sein, um mich vertrauter mit ihnen zu machen. Ich weiß noch nicht einmal, wie lange ich dafür brauche. Aber mir brennt die Neugier unter den Nägeln, denn ich wurde mit einer großen Neuigkeit begrüßt: Wir haben einen Neuankömmling, der auf einer Nachbarfarm gefangen wurde. Er hat Glück gehabt, denn dort sind schon einige der herrlichen Tiere dem Konflikt mit dem Farmer zum Opfer gefallen.

Am selben Abend ist mir noch ein Blick auf ihn vergönnt – es ist ein mächtiger Gepardenmann. Ich kann mich nicht erinnern, jemals einen so großen Geparden gesehen zu haben. Sein Fell ist sehr dunkel und sein Kopf äußerst markant. Seinem Aussehen nach zu urteilen, hat er einen guten Teil seines Lebens bereits hinter sich. Ich schätze ihn auf mindestens neun Jahre. Ein einziges Mal mustert er mich aufmerksam. Richtig weise sieht er aus, finde ich, und so nenne ich ihn den »Philosophen«.

Er ist zur Beaufsichtigung noch in dem kleinen Gehege, denn er ist nur knapp der Gewehrkugel eines Farmers entkommen, das heißt, genauer gesagt ist die Kugel direkt unter seinem Fell hängen geblieben. Der Tierarzt konnte sie ohne große Probleme entfernen. Glücklicherweise hat sich der Gepard bestens von dem Eingriff erholt und ist topfit. Das fällt mir spätestens auf, als er erschrickt und mit gewaltigen Sprüngen in den verborgenen Teil des Gatters sprintet. Die Erde bebt. Das ist geballte Kraft.

Während ich mich noch darüber freue, dass der Philosoph eine neue Chance erhält, fällt mir unwillkürlich eine höchst unerfreuliche Begebenheit ein. Hier fehlen zwei Geparden – die nämlich haben es nicht geschafft. Ich schlage wutentbrannt mit der Faust auf den wenigstens weichen Boden. Trotzdem tut die Hand weh.

Vor drei Monaten bekam ich eine E-Mail von einem Vereinsmitglied. Er hatte seinen Freund, den Verwalter einer Jagdfarm, davon überzeugen können, keine Geparden mehr zu schießen, wie es der Farmbesitzer von ihm verlangte. Stattdessen beschaffte der Verwalter eine große Kastenfalle, um Geparden bei Bedarf lebend zu fangen. Dieser Begriff »bei Bedarf« hat uns damals schon sehr irritiert. Schließlich haben die Geparden auf der Farm nur natürliche Beutetiere, vornehmlich Springböcke, gejagt. Diese aber wollte der Farmbesitzer – ein Großindustrieller aus Wuppertal – selbst jagen und manchmal auch für eine entsprechende Prämie jagen lassen. Folglich war der Gepard für ihn ein Konkurrent und der »Bedarf«, die Raubkatzen zu beseitigen, gegeben. Aber das sollte ja ab sofort in Lebendfallen geschehen, was uns sehr freute.

Nun erreichte mich am 11. Mai – ich werde diesen Tag nie vergessen – besagte E-Mail: »Zwei Geparden sind gefangen. Wo können wir sie hinbringen?«

Weil schnell eine Lösung gefunden werden musste, haben wir sofort Maßnahmen ergriffen. Ich habe Günter unterwegs in Dänemark aufgetrieben, und wir haben uns geeinigt, die Geparden zu den anderen auf die Farm zu nehmen. Selbst die Futterkosten hatten wir binnen einer Stunde organisiert. Die E-Mail mit der freudigen Nachricht wurde von uns postwendend verschickt. Für eine weitere Stunde waren wir euphorisch, denn wir glaubten, wir hätten zwei Geparden gerettet.

Dieses Gefühl hat uns aufs Schlimmste betrogen. Es war alles umsonst. Ein Mitarbeiter des Verwalters hatte nicht dicht gehalten. Wie der Teufel es so will, hatte der Farmbesitzer, der selbst nicht anwesend war, nämlich ausgerechnet an diesem Tag mit jenem Mitarbeiter telefoniert und von zwei Prachtexemplaren in der Kastenfalle erfahren. Was das zur Folge hatte, ist das Perverseste, was mir jemals zum Thema Jagd zu Ohren gekommen ist. Der Farmbesitzer flog zusammen mit einem Geschäftspartner nach Namibia, um beide Geparden Auge in Auge in einem kleinen Gehege zu erschießen! Die Tiere hatten nicht den Hauch einer Überlebenschance. Und wir konnten nichts unternehmen, weil das Vereinsmitglied den Namen der Farm nicht verraten wollte.

Die Erinnerung an diese Geschichte verursacht mir regelrecht Übelkeit. Wie wunderbar wäre es gewesen, wenn ich die beiden jetzt hätte kennen lernen können. Die Nacht im Zelt wird kalt, denn in Namibia ist es noch Winter. Außerdem bin ich so aufgewühlt, dass ich trotz der zurückliegenden Anstrengung lediglich etappenweise schlafen kann.

Am nächsten Morgen um sechs Uhr bin ich jedoch schon wieder unterwegs. Als ich mit dem Geländewagen das Tor des Geheges erreiche, bleibe ich für einige Momente stehen. Wer weiß, ob nicht doch ein Gepard in der Nähe lauert. Es ist nichts zu hören und schon gar nichts zu sehen. Ich rolle hinter das erste Tor, kurz darauf hinter das zweite – nichts.

Ich habe keinerlei Vorstellung, wo die Geparden sich aufhalten. Demnach gehe ich behutsam vor. Die einzige Fahrspur führt mitten durch das umzäunte Revier. Doch so gründlich ich auch vom Auto aus einsehbare Geländepartien mit dem Feldstecher unter die Lupe nehme, ich entdecke nichts, was auf die Anwesenheit der

Wildkatzen hinweisen könnte. Nun, allzu weit können sie nicht sein, ich werde sie schon finden. Jedenfalls habe ich mir fest vorgenommen, mich, soweit es irgend möglich ist, in das Leben der Geparden hier im Gehege zu integrieren, um später, wenn die Auswilderung naht, auch die richtige Entscheidung zu treffen. Wohlweislich habe ich meine Knieschützer und die Lederbesätze zum Schutz der Hände dabei. Als ich sie angelegt habe, muss ich mir noch überlegen, ob ich mich durch die Büsche rechter oder linker Hand des Weges schlage. Ich entscheide mich für die linke Seite, denn bei der Fütterung sind die Geparden stets aus dieser Richtung gekommen.

Ich robbe los. Das Gras ist enorm hoch und ausgedörrt von der langen Trockenzeit. Wochenlang hat es nicht mehr geregnet. Die Bäume sind kahl. Sobald Wind aufkommt, rauscht und raschelt es. Ich kann mich daher kaum auf mein Gehör verlassen.

Ich habe kein bestimmtes System, nach dem ich suche. Frei nach dem Motto »Ab durch die Mitte« habe ich bald den äußeren Zaun im Visier, drehe sodann nach rechts. Nachdem ich so eine ganze Weile umhergestreift bin, kommt mir in den Sinn, es besser mit dem »gepardischen Miau-Ruf« zu versuchen, mit dem ich mir schon oft Aufmerksamkeit verschafft habe. Die Wirkung folgt auf dem Fuß. Unweit erscheint ein überaus überrascht dreinblickender Gepardenkopf aus der Tiefe des Grasgewirrs. Wo sind die anderen Tiere? Zunächst traue ich mich nicht, mich weiterzubewegen. Es ist eine gänzlich andere Situation als bei einer Fütterung. Ich fühle mich, als würde ich Anschluss an eine Gruppe suchen und wüsste nicht im Geringsten, worüber wir plaudern könnten. Ich bin ein Fremder.

Der Blick des Geparden weicht nicht von mir. Was soll ich tun?

»Geh weiter«, sporne ich mich an. Freilich tue ich es nicht, ohne vorher noch einmal den Gepardenruf auszustoßen. Das Gras stört. Auf einmal irritiert mich das Knistern und Knacken, wenn ich eine Hand vor die andere setze und das Knie mit den unförmigen Knieschützern deutlich hörbar nachziehe. Die Katze scheint sich auch zu wundern. Sie lässt mich keinen Moment aus den Augen.

»Nur die Ruhe, du hast alle Zeit der Welt«, rede ich mir zu. In solchen Situationen ist das gedankliche Gespräch mit sich selbst außerordentlich hilfreich. Ich warte. Offensichtlich siegt meine Geduld. Der Gepard legt sich hin. Selbst das sieht bewunderungswürdig elegant aus, wie das Tier sich hinstreckt und mit Leichtigkeit seinen Kopf regelrecht abknickt und seitlich an den Rücken schmiegt.

Wieder einmal erteilt mir die Natur eine Lektion in puncto Tarnung. Denn erst als ich mit aller Aufmerksamkeit den liegenden Geparden betrachte, bemerke ich die anderen Tiere. Dabei bin ich höchstens 20 Meter von der Gruppe entfernt.

»Aha, da stand wohl einer Schmiere«, denke ich erstaunt. Zwar hat bisher tatsächlich alles darauf hingedeutet, dass die Geparden gezwungenermaßen eine lockere Gemeinschaft gebildet haben, aber es wundert mich dennoch, denn es widerspricht dem Einzelgängertum, das man den Tieren nachgewiesen hat.

Allmählich nähere ich mich dem inneren Bereich der Gruppe, der kritisch wird. So langsam wollen wohl alle Geparden gerne wissen, mit welchem komischen Wesen sie es hier zu tun haben. Sonderlich irritiert sind sie immerhin nicht. Ob sie mir aber Zutritt gewähren, scheint fraglich. Endlich lasse ich die letzten Grasbüschel hinter mir. Vor mir tut sich eine Fläche von vielleicht zehn mal zehn Metern auf, wo das Gras gänzlich niedergedrückt ist. Ohne Zweifel ist das ihr bevorzugter Ruheplatz.

Vier Geparden teilen sich dieses Stückchen ihres viel zu eingeschränkten Reiches, das linker Hand von mir bereits durch den Zaun begrenzt wird. Rechter Hand steht ein weit ausladender Busch, dessen Schatten wohl sehr beliebt ist, was unschwer an dem spärlichen Grasbewuchs zu erkennen ist. Da es aber noch recht kühl ist, suchen die Katzen die wärmenden Sonnenstrahlen. Ich will sie dabei nicht stören. Der nächste Gepard liegt allenfalls acht Meter vor mir. Es hat den Anschein, als würde er schlafen, aber mitunter würdigt er meine Anwesenheit mit verstohlenen, misstrauischen Blicken. Ich liege flach auf dem Bauch und rutsche unendlich langsam Zentimeter um Zentimeter näher in der Hoffnung, meine Gegenüber würden es nicht bemerken. Zeit darf in einer solchen Situation keine Rolle spielen.

Jetzt, da ich so nahe bin, dass ich die Tiere genauer sehe, erschrecke ich. Ein Gepardenmännchen hat einen furchtbar dicken Fuß. Marius hat mich vorgewarnt. Es ist ihm schon aufgefallen, dass einer der Geparden hartnäckig sein Vorderbein schont. Aus unmittelbarer Nähe betrachtet wundert mich das nicht mehr. Offensichtlich hat sich das Tier im Kampf gehörig verletzt. Die Zehen klaffen auseinander, der untere Teil des Beines ist erheblich angeschwollen. Ein Gemisch aus Erde und Blut hat die Wunde vollständig verklumpt. Der Gepard ist unruhig. Er merkt als Erster, dass ich versuche, unbemerkt näher zu rücken. Mühsam erhebt er sich. Es tut weh, ihn dabei zu beobachten. Anscheinend verspürt er bei der geringsten Belastung des Beines Schmerzen, denn er vermeidet es, den Fuß einzusetzen. Auf drei Beinen schleppt er sich in die Büsche und legt sich in den Schatten. Ich nenne den Geparden liebevoll »Humpelfuß«. Gleichwohl bin ich mir bewusst, dass dieses Tier die Freiheit niemals mehr wieder sehen wird. Weiter möchte ich fürs Erste nicht denken.

Nach und nach erheben sich auch die anderen Geparden. Ich bin mir nicht sicher, ob es an meiner ungebetenen Anwesenheit liegt oder ob sie ohnehin zu einem Kontrollgang durch das Gebiet aufbrechen. Ein Gepardenmännchen streift nur einen Meter entfernt an mir vorbei. Er würdigt mich keines Blickes – ein Herrschertyp eben. Ich finde, der Name »Zeus« würde ganz gut zu ihm passen. Außerdem ist er jung und kräftig gebaut. Dementsprechend ist ein Göttername durchaus vertretbar.

Ein weiteres Gepardenmännchen zieht nicht seines Weges, ohne vorher seinem Unbehagen Ausdruck zu verleihen: »Du hast in unserem Club nichts verloren«, faucht er mich an. Er kann so herrlich wütend dreinschauen, besonders wenn er den Kopf senkt, den Unterkiefer hängen lässt und versucht, mit bösem Blick sein Gegenüber einzuschüchtern. »Miesepeter« fällt mir dazu nur ein. Ich bemühe mich meinerseits, meinen Unmut mit einem durchdringenden Fauchen auszudrücken. Selbst die unerschütterlich daliegende Gepardin staunt über so viel geballte Wut. »Miesepeter« akzeptiert das Unentschieden. Ehrlich gesagt bin ich erleichtert, denn wenn er in voller Größe vor mir steht, zolle ich ihm jeglichen Respekt. Jedenfalls würde ich mich nicht freiwillig auf eine Auseinandersetzung mit ihm einlassen.

Die Gepardin lässt sich vom Treiben der männlichen Gruppenmitglieder keineswegs aus der Ruhe bringen. Sie beharrt auf ihrem Sonnenplatz, auch wenn es inzwischen ziemlich heiß geworden ist. Soll sie ruhig liegen bleiben, ich döse gerne mit ihr ein wenig vor mich hin. Allerdings nicht, ohne unentwegt mein Umfeld im Auge zu behalten. Ich darf nicht vergessen, dass ich unter Raubkatzen bin, deren Verhalten ich nur bedingt einschätzen kann. Das ist nicht einfach, denn mitunter übermannt mich nach der Anstrengung der Reise nach Namibia doch die Müdigkeit.

Später geht die Gepardin dann auch auf Kontrollgang. Weil sie sich im Club von vier Gepardenmännchen selbstsicher behauptet, wie mir bei den Fütterungen auffiel, soll sie von nun an »Emma« heißen. Ich muss beinahe über diesen Gedanken lachen. »Emma« ist wirklich ein toller Name für eine Gepardin. Ich bin begeistert und außerdem wieder hellwach.

Vielleicht ist es ganz gut, den Geparden zumindest mein Bemühen zu demonstrieren, mich so zu verhalten wie sie. Ich schließe mich den Kontrollgängen von Zeus und Emma an. Entlang des Zaunes wächst kein Gras mehr. Unablässig gehen die Katzen auf und ab, jedoch jede für sich. Ich bin stolz, dass ich einigermaßen mithalten kann. Wenn wir uns begegnen, halten wir einen Sicherheitsabstand von vier bis fünf Metern. Näherer Kontakt ist vorerst tabu, und das ist ganz in meinem Sinne. Ich bin hier, um eine Auswilderung vorzubereiten, mehr nicht.

Nach einiger Zeit entschließe ich mich zum Rückzug und robbe in Richtung Auto. Dabei hätte ich beinahe vergessen, dass es ja noch einen fünften Geparden im Gehege gibt. Der liegt in einer

Senke, an der ich unweigerlich vorbeimuss. Ich weiß nicht, wer von uns beiden überraschter ist. Ich zumindest werde den Gesichtsausdruck der Raubkatze nicht mehr vergessen.

Der Gepard ist schmächtig und uralt. Warum ist mir das Tier nicht schon aufgefallen? Die Schläfen und Wangen sind fahlgrau und eingefallen. Wie er so dasitzt und mich voll entsetzter Überraschung anblickt, drückt er auf geheimnisvolle und fesselnde Weise seine ganze Lebenserfahrung aus. Die Augen sind groß und klar, die Augenpartien scheinen zerfetzt, als hätte sie der Wind zerstreut. Ebenso die Nase – ich möchte nicht wissen, wie vielen Kämpfen der Gepard im Laufe seines Lebens ausgesetzt war. Nun, er hat überlebt. Das ist das Wichtigste, wenngleich sein Gesicht durch zahlreiche Schrammen und Kerben gebrandmarkt ist. Ich habe nicht Zeit, über die Geschichten der einzelnen Verletzungen nachzudenken. Gelassen und ohne Hektik stiehlt sich der Gepard davon. Natürlich lässt er keinen Blick von mir. Das hat ihn sein langes Leben gelehrt. Aber er faucht auch nicht. Nicht einen einzigen Laut gibt er von sich, sondern verschwindet hinter Büschen im hohen Gras. Für einen Augenblick zweifle ich an der Realität des Geschehnisses. Genauso geheimnisvoll, wie es war, so soll er auch heißen: »Gandalf«.

Im Lauf der nächsten Tage muss ich feststellen, dass mir die Geparden alle Geduld der Welt abverlangen. Aber es hat keinen Sinn, irgendetwas erzwingen zu wollen. Ich bemühe mich, ihnen zu zeigen, dass ich kein Störenfried bin, und wenn es denn doch so wäre, sie möglichst behutsam vom Gegenteil zu überzeugen.

Mittlerweile bin ich ziemlich krank geworden. Die Hektik vor dem Abflug nach Namibia, der Abstecher nach Chile und die langen Stunden im Gehege fordern ihren Tribut. Ich habe Schwierigkeiten, mein Gepardenvokabular aufrechtzuerhalten, denn des Öfteren versagt mir die Stimme. Immerhin sind davon das Fauchen und die Laute der Wut, die ich überraschend häufig äußern muss, nicht betroffen. Allein das hohe Fieber vermindert meine Reaktionsfähigkeit, und das birgt Gefahren.

Mehr und mehr wird mir bewusst, wie hoch das Aggressionspotenzial in den beiden Gehegen ist. Sooft wir abends die drei Geparden im kleineren Gehege mit Futter versorgen, gibt es heftigste Streitereien, obgleich wir viele kleinere Fleischstückchen verteilen. Damit verhindern wir, dass mehrere Geparden an einem Beutestück fressen müssen. Doch mehr als einmal habe ich den Eindruck, dass sich die Raufereien weniger um die Beute an sich drehen, sondern dass die Aggression vollkommen unkontrolliert ist. Umso schlimmer empfinde ich es, wenn die Geparden mit aller erdenklichen Brutalität aufeinander einhauen.

Interessanterweise ist dabei nicht der Philosoph als überaus kräftiges Männchen der Aggressor, sondern das Weibchen mit einer so markanten Kopfform, dass ich nicht umhinkomme, es »Kleopatra« zu nennen. Das andere Weibchen, »Alice«, muss meistens kaum Schläge ertragen, bevor es sich einen Teil der Beute sichern kann. Anders ergeht es dem Philosophen. Ohne Gnade muss der arme Kerl sämtliche aufgestaute Wut über sich ergehen lassen. Gemessen daran, dass Geparden so ruhige Tiere sind, wird es dann ziemlich laut hinter dem Zaun. Der Philosoph indes fügt sich in sein Schicksal. Er hat ein bemerkenswert dickes Fell und wehrt Attacken bestenfalls ab, greift jedoch selbst in keinem Fall an.

Die Notwendigkeit, die gefährlich aggressive Gruppendynamik zu entschärfen, liegt auf der Hand. Marius und ich unterhalten uns des Öfteren darüber, wie das zu bewerkstelligen sei. Wir kommen überein, noch im Laufe des Jahres das große Gehege beträchtlich zu vergrößern und die drei Geparden aus dem kleinen Gehege dorthin zu überführen. Lieber wären mir zwei große Gehege. Dagegen sprechen die enormen Kosten.

Meine unermüdlichen Versuche, mich in die Gruppe zu integrieren, zeigen allmählich Erfolge. Doch meine Freude darüber wird getrübt durch den Zustand von Humpelfuß – es geht ihm unvermindert schlecht. Wir können von Glück reden, wenn wir innerhalb der nächsten zwei bis drei Wochen einen Tierarzt auf der Farm zu Gesicht bekommen. Ich bin dennoch ziemlich skeptisch. Je öfter ich das malträtierte Bein betrachte, umso sicherer bin ich mir, dass der arme Kerl keine Chance mehr hat. Mindestens die Sehnen sind irreparabel beschädigt – eine Erkenntnis, die mich sehr traurig stimmt.

An einem der folgenden Morgen robbe ich wie üblich an die Gruppe heran. Obwohl die Geparden das Ritual zur Genüge kennen, haben sie sich ein gesundes Maß an Skepsis bewahrt. Es vergeht kein Tag, an dem meine Annäherung nicht mit wachsamen Blicken begleitet würde. Ich krabble mitten in die Gruppe und suche mir einen einigermaßen bequemen Platz aus, wo mich keine Dornen piesacken. Schließlich füge ich mich der Mehrheit, und wir dösen ein wenig. Emma und Zeus liegen nahe beieinander und lecken sich gegenseitig das Fell. Das sind seltene Momente. Sozialverhalten in der Gruppe habe ich bis jetzt kaum feststellen können. Es ist schön, das zu beobachten, und ich freue mich über die entspannte Atmosphäre. Auch Humpelfuß scheint das so zu empfinden, er blinzelt, weil das frühe Sonnenlicht grell durch die entlaubten Büsche blitzt, kneift die Augen zusammen und dreht sich genießerisch auf die andere Seite. Ich bin unmittelbar hinter ihm, und er wendet mir seinen Rücken zu. Das ist Vertrauen, das man sich stückweise erarbeitet.

Mitunter schnurre ich und füge mich damit in die Verhaltensmuster der Geparden ein. Es sorgt für Entspannung in der ganzen Gruppe. Inzwischen wundert sich auch keine der Katzen mehr über mein komisches Schnurren. Anders als sie kann ich es nämlich nur stoßweise. Leider ist es mir nicht möglich – das ist aber das einzige Defizit meiner Gepardensprache –, den Luftstrom beständig durch den Kehlkopf zu leiten, wie sie es tun, um ihr lang anhaltendes Schnurren zu erzeugen. Dabei vibriert ihr ganzer Körper. Allerdings ist es nicht nur ein Wohllaut, sondern regt auch die Selbstheilungskräfte der Tiere an. Langwierige wissenschaftliche Versuche sind diesem Phänomen auf den Grund gekommen: Die niederfrequenten Laute und Vibrationen fördern den Heilprozess von Knochenfrakturen.

Emma und Zeus tauschen immer noch Zärtlichkeiten aus. Ich stelle mir vor, wie schön es wäre, wenn sie in Freiheit glücklich miteinander leben würden. Aber ich weiß, dass dieser romantische Gedanke nicht der Realität entspricht – nach einer Auswilderung würden sie schnellstens ihre eigenen Wege gehen.

Wieder vergeht einige Zeit, die ich mir mit allerlei Gedankenspielen vertreibe, während die Geparden vor sich hin dösen. Dann richtet sich Zeus plötzlich auf. Er gurrt tief, was mich auf der Stelle in Alarmbereitschaft versetzt, denn das ist der Warnlaut. Sein Gurren schlägt unvermittelt in ein wütendes Knurren um. Miesepeter, der die ganze Zeit im Reich der Träume schien, ist binnen einer Sekunde auf den Beinen, und Emma kennt nur eine Strategie, nämlich ab durch die Mitte. Für mich ist es zu spät. Zeus ist voller Wut. Ohne ersichtlichen Grund geht er Miesepeter ans Fell. Heftig schlagen die Vordertatzen auf den Gegner ein. Doch der hält sich wacker, was Pech für mich ist. Zeus wird zurückgedrängt und schrammt dabei gegen mich. Irritiert dreht er sich um. Zum Glück liege ich nicht flach auf dem Bauch, sondern bin bereits auf allen vieren.

»Bloß nicht zurückweichen«, ermahne ich mich. Und es kommt, wie es kommen musste. Im nächsten Augenblick bin ich für den Geparden das Objekt, an dem er all seine Aggression auslässt. Auch Miesepeter mischt kräftig mit. Ein, zwei schlimme Schläge kann ich mit dem Knieschützer parieren. Den Jackenärmel erwischt er nicht richtig, aber bei einer weiteren Attacke kriegt er mein Bein über dem Knieschützer zu fassen und reißt es auf. Es blutet. Jetzt muss ich in die Offensive gehen, sonst gerate ich in eine unkontrollierbare Situation. Ich fauche, stürze blindlings auf den Angreifer los und haue so zornig mit meinen Händen auf den Boden, dass mir danach alles wehtut. Fürs Erste habe ich meine Haut gerettet. Humpelfuß kann das nicht von sich behaupten – er wird nach Strich und Faden verdroschen. Ich lasse vorsichtshalber nicht nach, meiner Wut auf Gepardisch freien Lauf zu lassen, um weitere Aggressionen frühzeitig zu hemmen. Gerade als ich eine weitere

Attacke befürchten muss, passiert erstaunlicherweise überhaupt nichts mehr. Ganz im Gegenteil, die Raubkatzen stehen da, als könnten sie keiner Fliege etwas zuleide tun. Die Aggression ist abgebaut.

Mit solchen Situationen muss ich in diesem unnatürlichen Umfeld des engen Geheges immer wieder rechnen. Das macht mir Angst, nicht nur um meine Unversehrtheit, sondern vor allem um die der Geparden. Humpelfuß ist das erste traurige Beispiel dafür, wie schwerwiegend die Folgen sein können. Ich vermute, es wird nicht lange dauern, bis das nächste Tier folgt. Die Auswilderung und vorab die Vergrößerung des Geheges sind ein Wettlauf mit der Zeit.

Im August – dem Winter Südafrikas – ist es in Namibia vollkommen trocken, die Nächte sind kalt, und ab Mittag herrscht eine lähmende Hitze. Büsche und Bäume tragen kein Laub, was die Situation oft genug unerträglich macht, weil es keinen Schatten gibt.

Die Geparden lösen das auf ihre Art. Im höchsten Gras, da, wo die Buschgerippe am dichtesten stehen, vertreiben sie sich den Nachmittag. Ich nutze die Zeit mit ihnen, um meinen Plänen nachzuhängen und meine Krankheit auszukurieren.

Von Zeit zu Zeit untersuche ich das Gehege nach Spuren, die auf das Verhalten seiner Bewohner schließen lassen könnten. Ich finde in der Tat einen Spielbaum: Er ist in einer Höhe von etwa 1.5 Metern abgeknickt und bietet eine einigermaßen waagerechte Liegefläche. Außenherum ist das Gras sichtbar flach getreten, und zu Füßen des Baumes ist die Katzentoilette. Der Stamm ist ordentlich zerkratzt, aber noch schlimmer hat es den Baum unmittelbar daneben erwischt. Die Rinde hängt in Fetzen herunter. »Ja, man sollte tunlichst nicht mit Gepardenkrallen in Berührung kommen«, denke ich aus eigener leidvoller Erfahrung. Aber natürlich bin ich hocherfreut zu sehen, dass die Geparden ihr natürliches Verhalten im Wesentlichen beibehalten haben. Die ungewöhnlich hohe Aggression ist zurückzuführen auf die Enge und die daraus resultierende widernatürliche Gruppendynamik.

Am selben Abend füttere ich im Gehege an der bekannten Stelle. Die Geparden haben gewaltigen Hunger, wie immer. Nachdem ich das Fleisch im Gras verteilt habe, mische ich mich unter die Raubkatzen. Ich robbe von einer zur anderen und filme ein bisschen. Wenn ich zu nahe gerate, werde ich böse angefaucht. Das Fleisch gehört den Geparden, und zwar bis auf das letzte Stück.

Doch plötzlich spielt das Futter keine Rolle mehr. Die gesamte Aufmerksamkeit der Geparden richtet sich auf einen Kudu, der außen am Zaun steht und irritiert schaut. Wahrscheinlich hat er in seinem ganzen Leben noch nie einen so seltsamen Geparden wie mich gesehen. Er riskiert einiges in seiner Neugierde. Die Geparden gehen sofort zur Jagd über. Allen voran schleicht die freche Emma, die ohnehin den anderen stets das Futter vor der Nase wegschnappt. Geschickt nutzt sie das hohe Gras. Der Körper ist flach, die Beine angewinkelt. Da es bereits dämmert, ist sie kaum zu sehen. Sie bildet regelrecht eine Einheit mit dem trockenen, gelbbraunen Gras. Das Tempo, das sie vorlegt, ist bewundernswert. Die Männer in ihrem Rücken sind etwas langsamer. Freilich müssen sie bei ihrer Pirsch mehr Körpergewicht voranbewegen, und das kostet Kraft. Letzten Endes verhindert der Zaun natürlich den Jagderfolg, aber es war schön, diese Szene zu beobachten. Es bestärkt mich in meinem Glauben an die Auswilderung der Geparden. Nur Humpelfuß hat es gar nicht erst versucht. Das ist traurig. Es kommt mir vor, als hätte er sich bereits aufgegeben.

Die Zeit vergeht wie im Flug, vor allem ab dem Zeitpunkt, an dem ich das Gefühl habe, endlich den richtigen Bezug zu den Geparden gefunden zu haben. Ich bin zufrieden, und es ist für mich keine Frage mehr, dass eine Auswilderung zumindest mit einigen der Tiere möglich ist. Ich habe auch schon zwei potenzielle Kandidaten im Hinterkopf. Gleichwohl ist mir bewusst, dass ich die definitive Entscheidung erst kurz vor der anstehenden Freilassung treffen kann. Bis dahin ist es noch ein langer und steiniger Weg. Vor allem anderen muss ich ein geeignetes Gepardenparadies finden – und eine Antwort auf die Frage, ob ich die Wiederansiedlung in einem Gebiet wage, in dem früher Geparden gelebt haben, oder eine Auswilderung in einer Region, in der es noch Geparden gibt.

Der Abschied von den Geparden steht bevor. Ich bin im Begriff aufzubrechen, um ein ehemaliges Gepardengebiet im Süden Namibias zu besuchen.

Die letzte Fütterung vor der Abreise scheint ein Flop zu werden. Ich bin pünktlich im Gehege, und wer sich nicht blicken lässt, sind die Geparden. Wollen sie mir einen Streich spielen? Jedenfalls stehe ich auf dem Auto und rufe mir in schönstem »Gepardisch« die Seele aus dem Leib. Die Katzen müssen mich längst bemerkt haben, aber sie weigern sich beharrlich, sich zu zeigen. Ich kann nur vermuten, wo sie sich herumtreiben. Wahrscheinlich sind sie in den Büschen, aber noch immer fehlt jede Spur. Auch meine Geduld kennt Grenzen, und so fahre ich mit dem Geländewagen zurück zum Tor. Aber dann bringe ich es doch nicht übers Herz, den Geparden ihren Schmaus am Abend vorzuenthalten. Stattdessen nehme ich mir vor, auf allen vieren in die Büsche zu kriechen und sie nochmals zu bitten. Das Auto lasse ich am Tor stehen.

Ganz wie ich vermutet habe, haben es sich die Geparden hinter zwei Büschen gemütlich gemacht: »Bloß kein Stress, der Abend ist ja so herrlich.« Sie wundern sich zu alledem nicht einmal, als ich ranrobbe und aufgeregt rufe.

»Verdammt noch mal«, schimpfe ich leicht verärgert und erinnere mich: »Wenn die Gepardenmutter Diana ihre Jungen an die Beute gerufen hat, dann sind die auch hurtig herangetrabt. Was sind das hier eigentlich für Sitten?«

Die Geparden blinzeln mich verständnislos an. Weil ich zu der Erkenntnis gelange, dass sie nicht Unrecht haben, schließe ich mich der faulen Runde an und lege mich demonstrativ dazu. Emma ruht abseits der Männergang unter einem kleinen Baum. Sie räkelt sich und dreht sich vergnügt von einer Seite auf die andere. Dabei demonstriert sie in immer kürzeren Abständen, wie herzhaft Geparden gähnen können. Bald schon hat sie mich angesteckt, und ich gähne auch. Zeus und Miesepeter tun mal wieder so, als wären sie die dicksten Freunde, und putzen sich gegenseitig das Fell. Humpelfuß und Gandalf sind rege Zuschauer, aber so faul, dass sie nicht einmal zu Zärtlichkeiten fähig sind.

Ein Hauch Dämmerung legt sich über das namibische Buschland. Ich überlege schon, was ich mit dem Futter machen soll, da die Geparden offensichtlich kein Interesse haben. Doch derlei Nachsinnen kann ich mir sparen. Als könnten die Raubkatzen Gedanken lesen, erheben sie sich plötzlich, formieren sich zu einer kleinen Gruppe und marschieren in Richtung des vermeintlichen Futterplatzes. Ich brauche einen Moment, diesen plötzlichen Beschluss nachzuvollziehen. Da zögern die Katzen kurz und schauen mich an, als wollten sie sagen: »Kommst du nicht mit?« Das lasse ich mich nicht zweimal fragen und krabble hinterher, so schnell meine viere mich tragen.

Aber wo ist die Beute? Die Enttäuschung ist groß, als die Katzenbande am Fressplatz eintrifft. Misstrauisch laufen die Geparden im Kreis herum und untersuchen mögliche Futterverstecke im hohen Gras. Doch da ist nichts, wie ich ja zu gut weiß. Selbst die feine Gepardennase kann nichts entdecken. Die Stimmung wird zusehends konfus. Die Katzen gurren tief und wirken gereizt. Ich überlege, wie ich die Situation lösen kann, und krabble schließlich einige Meter in Richtung des Autos mit dem Futter. Dabei gurre ich hoch, um sie zu locken und ihre Aufmerksamkeit auf den Wagen zu lenken, wo das Fleisch auf sie wartet. Im ersten Moment scheint es zu funktionieren, sofort sind die Katzen aufmerksam. Doch gleich darauf nimmt der Hunger sie wieder voll in Beschlag, und sie suchen weiter. Unermüdlich probiere ich, ihnen den anderen Futterplatz schmackhaft zu machen, robbe und gurre. Es gelingt beim vierten oder fünften Mal. Wieder einmal hat es Emma am schnellsten kapiert. Wenn es ums Fressen geht, ist sie unschlagbar. Sie hat wohl den Duft des Fleisches in die Nase bekommen und läuft los. Die anderen sind weniger euphorisch, folgen der Gepardendame in deutlichem Abstand. Miesepeter hingegen ist mehr als skeptisch – denn anstatt den anderen zu folgen, greift er mich unvermittelt an! Glücklicherweise bemerke ich es rechtzeitig, da ich aufgrund der entstandenen Situation kein gutes Gefühl hatte. Ohne zu überlegen stelle ich mich ihm entgegen.

»Verflucht, diesen Blick kenne ich«, schießt es mir durch den Kopf, als der Raufbold gerade einen Meter vor mir seine Attacke abbremst. Ich starte einen Gegenangriff, aber Miesepeter ist hartnäckig. Obgleich ich mir alle Mühe gegeben habe, einen erzürnten Geparden abzugeben, weicht er keinen Millimeter zurück. Das kann heiter werden.

Der Geländewagen ist achtzig Meter entfernt, eine verdammt lange Strecke. Ich krabble in der linken Fahrspur, während Miesepeter für sich die rechte in Anspruch nimmt. Der Kampfplatz ist dazwischen. Wer sich aus seiner Spur nach außen abdrängen lässt, hat ein handfestes Problem. Es ist ein ungleiches Duell, was mein Gegner freilich nicht spüren darf. Deshalb erwidere ich jeden Angriff. Immer wenn er eine Attacke gegen mich gefahren hat, schlage ich zurück. Manchmal ergreife auch ich die Initiative und attackiere, um mir Respekt zu verschaffen. Mir ist klar, dass ich so oder so einem hohen Verletzungsrisiko ausgesetzt bin. Nur wenn ich meine gesamte Konzentration aufbringe, wird es mir gelingen, einer blutenden Wunde zu entgehen und damit heftigere Konfrontationen zu vermeiden. Ich weiß nicht, ob ich das bis zum Auto durchhalte. Noch habe ich Hoffnung, dass sich seine Aggression legt. Diese Erwartung wird aber auf eine lange Folter gespannt. Sobald ich glaube, jetzt wird es besser, versucht er über mich herzufallen. Er nutzt selbst die kleinste mentale Schwäche. Ich weiß nicht, wie wir bis zum Auto gekommen sind, aber es ging ziemlich langsam. Die letzten Meter beäugen wir uns wenigstens nur noch argwöhnisch. Wir sind beide völlig erschöpft von dem Kampf.

Nachdem ich mich etwas erholt und das Futter verteilt habe, sitze ich mit den Geparden im Gras zusammen und bin verblüfft darüber, wie friedlich plötzlich alles ist. In meinen Gedanken bin ich der Zeit weit voraus und sinne bereits über das nächste Mal nach.

»Ich hole mindestens zwei von euch hier raus«, gebe ich den Geparden zum Abschied mit auf den Weg. Dennoch, es bleibt ein beklemmendes Gefühl. Die irrsinnige Aggression im Gehege und Humpelfuß' Zustand erfüllen mich mit größter Sorge. Ich kann nur hoffen, dass es keine weiteren Opfer geben wird.

Mittlerweile ist es schon fast dunkel. Drei der Geparden haben sich bereits zurückgezogen, nur Emma und Zeus sind noch in der Nähe. Sie putzen sich gegenseitig das blutverschmierte Fell. Das ist ein schöner Abschied. Morgen, wenn es hell wird, bin ich längst auf dem Weg in den Süden.

Beinahe neunhundert Kilometer sind an einem einzigen Tag kaum zu schaffen. Obwohl ich lange vor Sonnenaufgang gestartet und zügig gefahren bin, muss ich kurz vor dem privaten Naturschutzgebiet Namib Rand eine Zwischenübernachtung einlegen. Mich stört es nicht, umso früher erreiche ich am nächsten Morgen das Gebiet an der Grenze zum Namib-Naukluft-Park.

Das Namib-Rand-Naturreservat umfasst über 150 000 Hektar. Es verdankt seine Existenz der Tatsache, dass mehrere Investoren unrentable Farmen aufgekauft und zu einem zusammenhängenden Reservat vereinigt haben. In diesem Gebiet fällt oft jahrelang kein Regen, was der klassischen Farmwirtschaft die Grundlage entzieht, dafür aber der Natur und den Wildtieren eine neue Chance gibt. Vielleicht ist hier die neue Heimat für die Geparden? Es ist allerdings lange her, dass die letzten Geparden in Namib Rand gesichtet wurden – die Schaffarmer haben die Tiere kontinuierlich ausgerottet.

Namib Rand ist eine Sinfonie der Farben. Zu keiner Zeit des Tages ist das Licht so grell, dass das Rot der gewaltigen Sanddünen, das Gelb der weiten Grasebenen und das Blau der Berge verblassen würde. Sobald dann die Sonne im Westen über der Wüste verschwindet, kann man nur dasitzen und staunen. Mehr ist dazu kaum zu sagen, denn jegliche weitere Beschreibung spottet der überaus charmanten Wirklichkeit.

Ich habe mich in einem Camp einquartieren lassen, das mitten im Reservat liegt. So hoffe ich, mir in den wenigen Tagen, die mir vor der Rückreise noch bleiben, einen Eindruck von dem Gebiet verschaffen zu können. Während der ganzen Fahrt haben mich die Geparden stets begleitet, und ich merke, dass ich jetzt, seit ich hier bin, meine Umgebung mit den Augen und dem Herzen eines Geparden sehe. In diesem Sinne tut mein Herz auch einen Freudensprung, als ich die ersten Springböcke entdecke.

Das Camp, errichtet auf einer hölzernen Plattform, liegt imposant in den Sanddünen. Vom Balkon aus habe ich einen phantastischen Ausblick über die Ebenen und auf die kahlen blauen Berge, die bis zu 2000 Meter in den Himmel ragen. Mein Begleiter durch die Wüste ist Tom – ein Spezialist für Fahrten durch den weichen Wüstensand, der jedes noch so unüberwindbar scheinende Hindernis mit Bravour meistert. Manchmal sehen wir nur noch den blauen Himmel vor uns, so steil sind die Sanddünen, die wir erklimmen.

Doch so fesselnd die Dünenlandschaften auch sind, mich zieht es in die Grasebenen, zweifelsohne das Gebiet, das für die Geparden in Frage käme. Ich bin so gespannt zu sehen, ob es über die Ressourcen verfügt, die ausgewilderte Raubkatzen als Lebensgrundlage benötigen. In der Tat finden wir mehr Springböcke, als ich anfänglich erwartet hatte. Zwar sind die Gruppen noch klein, doch wie ich höre, steigt die Vermehrungsrate stetig an.

Das war nicht immer so. Früher wurden die Farmen, die heute das Naturreservat bilden, intensiv bejagt. Die Farmer suchten nach Einnahmequellen und ließen für ein paar Mark die berüchtigten Biltong-Jäger aus Südafrika nach Lust und Laune gewähren. Die schossen sogar im Lichtkegel der Autoscheinwerfer alles ab, was ihnen über den Weg lief. Die massenhaft getöteten Tiere wurden zu Trockenfleisch, dem beliebten »Biltong«, verarbeitet. Noch heute ist die Angst der Wildtiere vor Autos und Menschen groß. Meistens kriegen wir die fliehenden Tiere nur von hinten zu sehen.

Am Abend trifft der Ranger von Namib Rand im Dünencamp

ein. Wir treffen uns am Lagerfeuer, denn die Hitze des Tages ist schnell verflogen, und mit Einbruch der Nacht wird es binnen kurzem empfindlich kalt. Wir diskutieren lange das Für und Wider einer Neuansiedlung von Geparden in dem Gebiet und versuchen zu einer Einschätzung zu gelangen, ob einer Auswilderung in Namib Rand dauerhafter Erfolg beschieden wäre.

»Den Nachbarfarmern missfällt das Naturschutzkonzept von Namib Rand. Vermutlich würden sie dem Projekt sehr ablehnend gegenüberstehen, da sie um ihre Schafe fürchten«, gibt Achim zu bedenken. Er befürchtet sogar, dass die Wahrscheinlichkeit hoch ist, dass die Geparden in kürzester Zeit geschossen werden, falls sie das Naturschutzgebiet verlassen. Bei diesem Gedanken zucke ich unwillkürlich zusammen. Allein die Vorstellung, ein Farmer würde den Geparden auch nur ein Haar krümmen, bringt mich in Rage. Aber wir müssen der Realität ins Auge sehen – und die sieht für die Geparden hier im Süden Namibias überhaupt nicht gut aus.

»Es hängt schlussendlich davon ab, ob die Geparden im geschützten Territorium ganzjährig genug Beutetiere finden«, ist für mich die logische Schlussfolgerung. Die Springbockgruppen, die ich heute beobachten konnte, sind Funken der Hoffnung.

Achim versucht damit eine Flamme zu entfachen: »Bei unserer letzten Wildzählung haben wir rund 1300 Springböcke festgestellt. Die sollten das ganze Jahr da sein«, versichert mir der Ranger. Achim gefällt die Idee, Geparden auf Namib Rand auszuwildern, das merkt man dem leidenschaftlichen Wildhüter an. Er erzählt, wie er einmal weiter nördlich, inmitten der roten Sanddünen der Namib-Wüste, einen Geparden entdeckt hat. Es war ein großes Tier. Anstatt zu flüchten hat sich die Raubkatze wie vom Blitz getroffen auf die Seite geworfen, sich flach hingelegt und dem verblüfften Achim den Rücken zugekehrt. Offensichtlich ist dieses Verhalten eine perfekte Anpassung an das karge Terrain, denn danach war der Gepard nahezu nicht mehr zu sehen. Wäre er davongesprintet, hätte er viel Energie vergeudet. Erst als Achim wegfuhr, hat sich das Tier in aller Ruhe zurückgezogen.

Es bleiben viele offene Fragen, die ich mit nach Deutschland nehmen werde. Mit Namib Rand habe ich beileibe kein Paradies für Geparden gefunden. Aber es ist eine Option für eine Auswilderung – vielleicht der erste Schritt hin zu einem Paradies. Ich muss darüber nachdenken.

Der Traum, den Geparden die Freiheit zu schenken, ist ein zentraler Bestandteil meines Lebens geworden. Wo ich gehe und stehe, kann ich mich dem nicht mehr entziehen.

Eigentlich bin ich ja ganz gerne nach Deutschland zurückgekehrt, um weit weg von Afrika in aller Ruhe die nächsten Schritte vorzubereiten. Just da ich zu Hause bin und die Treppe zum Atelier hinaufsteige, holt mich Afrika auch gleich wieder ein. Ich habe für eine kurze Weile das Bild vergessen, das mit der Gepardin, die mich anschaut: »Hol mich hier raus!«. Angstvolle Augen, in denen die Sehnsucht vom Leben jenseits des Zauns reflektiert, schauen in meine Seele.

»Matto, du weißt, was du zu tun hast«, kommt es mir in den Sinn. Dementsprechend bringe ich hinfort nur die notwendigsten Dinge hinter mich, die nichts mit dem Ziel der Auswilderung zu tun haben.

Im Herbst 2000 ziehen wir um und eröffnen eine neue Galerie. Natürlich ist es ein Gepardenhaus, gelegen in dem Stadtteil »Afrika«, den wir in unserer neuen Heimat ausrufen. Glücklicherweise sind die Leute im Ort begeistert. Weiterhin schreiben wir einen internationalen Malwettbewerb für Kinder aus. Die Aktion findet in Kenia, Namibia, Sambia und Deutschland statt. Das Projekt soll selbstverständlich den Geparden zugute kommen, und so treten unter dem Slogan »Malen für Geparden« die Kinder als Botschafter der Geparden aus Sicht ihrer Kultur ein.

Nach diesen beglückenden Erlebnissen landen jedoch Anfang 2001 schlechte Nachrichten auf meinem Tisch: Humpelfuß ist tot. Das Bein war zu sehr in Mitleidenschaft gezogen. Auch wenn ich damit rechnen musste, bin ich doch sehr niedergeschlagen. Ich tröste mich damit, dass der Gepard wenigstens von seinen Leiden erlöst ist – während sich meine steigern. Die Sorge um die Geparden belastet mich immer mehr.

Die gute Nachricht ist, dass nunmehr das neue und größere Gehege für die Geparden fertig gestellt ist. Das ist ein großer Fortschritt. Dennoch bleibt ein mulmiges Gefühl. Wie wird die Umsiedelung der drei Geparden aus dem kleineren Gehege verlaufen? Ich verfolge alles im Geiste und bin mit meinen Gedanken tagelang in Namibia. Wie werden sich die Geparden vertragen? Wie verändert sich die Gruppendynamik? Bildet sich eine einzige Gruppe, oder wird es mehrere Clans geben? Das alles sind bange Fragen, die mich anspornen, die Auswilderung immer schneller voranzutreiben. Ich will unter allen Umständen vermeiden, dass ein weiterer Gepard der Aggression zum Opfer fällt. Humpelfuß sollte traurige Warnung genug sein. Ich muss zurück, lieber heute als morgen. Jedoch nicht, bevor ich die Auswilderungsgenehmigung der namibischen Regierung habe.

Im Mai muss ich eine Entscheidung fällen, und bald steht fest, dass ich im August nach Sambia reisen werde, um dort nach einem geeigneten Lebensraum für die Geparden zu suchen. Sambia klingt mir schon allzu lange in den Ohren, ich setze einige Hoffnung in dieses Land. Gemäß unserem Abkommen, neue Länder in Afrika nur gemeinsam zu erkunden, werde ich mich mit Monika auf den Weg machen. Dieses Mal unterdrücke ich auch den geringsten Anflug einer vorgefertigten Meinung über das neue Reiseziel, um nicht einen ähnlichen Schock wie in Namibia zu erleiden. Ich will diesem Fleck Afrika vollkommen frei im Kopf begegnen.

Genau in dem Moment, in dem wir die Flüge nach Sambia gebucht haben, kommt Bewegung in das Auswilderungsprojekt. Seit längerem liebäugeln wir damit, die Auswilderung filmisch zu dokumentieren. Offensichtlich findet der Vorschlag Gefallen, denn eines

Tages im Mai klingelt das Telefon. Am Apparat ist mein Freund Rolf, ein Produzent, der mir ohne Umschweife mitteilt, dass er den Film unbedingt machen möchte – und zwar so schnell wie möglich. So schnell wie möglich, das ist Musik in meinen Ohren, fürchte ich doch jeden Morgen, wenn ich aufstehe, ich könnte den Wettlauf mit der Zeit verlieren! Freilich heißt so schnell wie möglich auch, dass die Auswilderung nicht in Sambia stattfinden kann, sondern in einem Gebiet, das mir bereits bekannt ist. Und daraus ergibt sich wiederum, dass die Auswilderung gleich nach der Sambiareise im September auf dem Plan steht und wir höllisch gut zusammenarbeiten müssen, um das alles in der Kürze der Zeit zu organisieren.

In der Nacht entschwinde ich in das Reich der Träume. Ich bin in Namibia bei den Geparden. Wir haben die Geparden in ein kleines Gehege gelockt. Mit einem Tierarzt stehe ich draußen am Zaun. Er fragt mich unentwegt, welchen Geparden er betäuben soll. Ich weiß es nicht. Die Geparden springen wild durcheinander. Welchen soll ich da mitnehmen? Am besten alle. Ach ja, da war doch was mit Zeus und Emma. Aber die beiden passen plötzlich gar nicht mehr zusammen. Egal, der Tierarzt verliert schließlich langsam die Nerven. Ich versuche, ihm die Geparden zu beschreiben, aber der Typ glotzt mich nur an, als hätte ich gerade eine Bank überfallen.

»Was, die Viecher haben Namen?«, raunzt mich der Arzt an.

»Na klar, was für eine Frage!«, erwidere ich. Am liebsten würde ich dem Kerl eine runterhauen.

Der Traum wird vollkommen diffus. Der Tierarzt ist ein Rambo. Er ballert wie wild auf die Tiere ein und zieht schließlich zwei betäubte Katzen an den Hinterläufen aus dem Gehege.

»Das kann man doch nicht machen!«, schnauze ich den Rüpel an.

»Dann mach deinen Scheiß doch allein«, beschimpft der mich verständnislos. Ich bin total am Ende.

Als ich aufwache, muss ich erst mal um mich greifen. Gott sei Dank, ich bin in meinem Bett in Deutschland. Im Halbschlaf versuche ich die Auswilderung dann professioneller weiterzuführen.

Der Transport mit dem Flugzeug wirft einige Fragen auf, die ich noch dringend abklären muss. Vor lauter Grübeln schlummere ich in meine Traumwelt zurück. Wie sooft entwischen Trauminhalte so leicht. Ehrlich gesagt weiß ich auch nicht so genau, wie ich die Geparden ins Namib-Rand-Naturschutzgebiet gebracht habe. Sie sind schlussendlich einfach da und obendrein putzmunter und zufrieden. Es ist herrlich.

Ich krabble auf allen vieren hinter Emma und Zeus her. Sie sind ein richtiges Liebespaar. Sie gehen gemeinsam jagen. Wir sitzen an der Beute zusammen, und am Abend, als die Sonne hinter der riesigen Sanddüne untergeht, laufen sie ganz obenauf über den Sandwall. Ich verabschiede mich. Mir laufen die Freudentränen über die Wangen. Kein Film der Welt kann schöner sein. Allerdings bin ich stets davon ausgegangen, dass ein romantischer Film mit einer stimmungsvollen Musik zu Ende geht. Stattdessen piepst der Wecker. Ich weigere mich, in die Realität zurückzukehren, indem ich den Krachmacher versuche zu ignorieren. Der will aber partout nicht still sein. Indes überlege ich, das blöde Ding zum Fenster hinauszuwerfen. Geht nicht, es steht außer Reichweite. Also gut, ich gebe mich für heute geschlagen.

Nach dieser unruhigen Nacht voll wirrer Träume rufe ich Rolf in aller Frühe an: »Wir wildern die Geparden auf Namib Rand aus. Das Gebiet sollte genug Beutetiere haben. Natürlich müssen wir uns vor dem Transport der Geparden noch einmal vergewissern.«

Ich weiß nicht, ob es der Traum in der Nacht oder der Druck ist, in aller Kürze zu entscheiden, der mich zu diesem spontanen Entschluss drängt. Bei genauer Betrachtung ist es allerdings allemal besser, die Geparden nach Namib Rand zu bringen, als sie in dem Gehege einem ungewissen Schicksal auszusetzen. Namibia ist groß genug. Haben wir erst einmal die Auswilderungsgenehmigung in der Tasche, können wir in aller Ruhe handeln. Letztendlich entscheiden der Sachverstand und das gute Gewissen, wo die Geparden ihre neue Heimat finden. Namib Rand ist eine Option. Ich scheue mich nicht, notfalls im Nachhinein der Regierung darzulegen, dass ein anderer Fleck Erde für die Tiere die bessere Lösung sei.

Rolf jedenfalls ist begeistert, denn auch er kennt das Gebiet und die Leute von Namib Rand und hält große Stücke auf sie. Rolf erklärt sich auch bereit, die Besitzer des Naturschutzgebiets zu informieren. Sie werden beim Ministerium in Namibia eine eigene Genehmigung für die Auswilderung beantragen, um unser Anliegen voranzubringen.

Während ich den Hörer zurück auf den Telefonapparat lege, spüre ich meine Aufregung. Mir zittern die Hände. Wenn das die Geparden wüssten. Operation »Freiheit« ist in vollem Gange. Doch die Mühlen der Bürokratie mahlen in Afrika extrem langsam. Sie haben fast etwas »Gepardisches«. Zeit spielt nicht die geringste Rolle, dessen bin ich mir bewusst. Es wird Wochen, vermutlich sogar Monate dauern, bis wir unsere Genehmigung in Händen halten. Wir versuchen die Zeit zu nutzen, indem wir im Vorfeld alle etwaigen Probleme lösen, die noch auf uns zukommen mögen.

Das Warten und die Angst um die Geparden sind ein explosives Gemisch. Damit es nicht wirklich in die Luft geht, lasse ich allen aufsteigenden Emotionen in meiner Kunst freien Lauf. Bisweilen ist auch das nicht genug. Dann läuft der Telefondraht zwischen Rolf und mir heiß. Den armen Kerl hat auch schon das Gepardenfieber gepackt. Die meisten Menschen begrüßen sich bekanntlich am Telefon mit einem netten »Hallo«. Wir werfen uns erst einmal wüste namibische Flüche an den Kopf, bevor wir den Grund des Anrufs erläutern. Dabei gibt es in der Regel nichts, was die Telefongebühren rechtfertigen würde, außer dass wir versuchen, uns die Zeit des Wartens zu versüßen.

In meiner Verzweiflung experimentiere ich mit grellen Farben. Je länger sich die Anspannung hinzieht, um so poppiger werden die Bilder. »Gib's ihnen« und »Auf sie mit Gebrüll« ist das Motto. Ich schrecke nicht davor zurück, die wildesten Farbkontraste auf meinen Leinwänden zu verewigen. Es ist mir vollkommen egal. Ab sofort breche ich alle Tabus. Jedem Kunsttheoretiker würde speiübel werden. Ich male Bonnie und Clyde, Dione und ihre Brüder, und natürlich Diana, als wollte ich ihnen sagen: »Schaut her, ich löse mein Versprechen ein.«

Das Arbeiten im Atelier lenkt mich wirklich ab, vielleicht weil ich kein einziges Mal einen der Geparden aus dem Gehege mit Pinsel oder Zeichenstift festhalte. Jedes Bild, das entsteht, ist ein intensiverer Dialog mit einem meiner in Freiheit lebenden Geparden als jemals zuvor.

Der Juni ist vorbei. Bis jetzt ist aus Namibia nichts Konkretes zu hören gewesen. Trotzdem lässt meine Konzentration in der künstlerischen Arbeit nicht nach. Nebenher bereite ich die Sambiaexpedition vor. Eigens dafür erleichtere ich unser Bankkonto um nicht unbeträchtliche Summen. Ich wäre nicht ich, sofern mir nicht reichlich brauchbare und wichtige Investitionen zum Thema Fotoausrüstung einfallen würden. Meine Frau kennt dieses Ritual bereits und lässt mich gewähren. Sie weiß ohnehin, dass meine Nerven bis zum Zerreißen gespannt sind, zumal auch Mitte Juli noch immer keine Auswilderungsgenehmigung ausgestellt ist.

Rolf und ich telefonieren immer häufiger. Eigentlich könnten wir eine Standleitung einrichten. Wir erzählen uns allerhand Unsinn und fluchen mittlerweile besser als jeder Namibianer.

Ab Ende Juli kommt die Kommunikation zwischen Deutschland und Namibia wenigstens ansatzweise in Gang. Es gibt einige Nachfragen, etliche können wir nachvollziehen, andere beantworten wir mit einem gewissen Maß an Bewunderung, denn es erscheint uns wie eine Hinhaltetaktik. Die Behörden erkundigen sich nach der Herkunft der Geparden. Dabei sind die Tiere offiziell beim Ministerium registriert und damit deren Geschichte dokumentiert.

Der August zieht ins Land. Ich arbeite sporadisch an einem Ölgemälde, doch die klaren Strukturen vorheriger Bilder lösen sich auf. Das Werk wird wirr. Gesichter der Geparden verschwimmen wahllos ineinander. Sie schauen neugierig, misstrauisch und fordernd, manchmal traurig. »Was glotzt ihr so?«, fauche ich sie gelegentlich wütend an, aber schon im nächsten Augenblick tut es mir Leid: »Aber was könnt ihr denn dafür? Ich versuche ja nur, mein Bestes zu geben.«

Das Beste für die Auswilderung, das geben wir in der zweiten Augustwoche. Wir laufen zur absoluten Hochform auf. Den Abflug nach Sambia im Visier, wissen wir, es geht um alles oder nichts. Wenn ich aus Sambia zurückkehre, bleibt mir ein einziger Tag. Danach geht es sofort weiter nach Namibia, zumindest falls die Genehmigung da ist. Alles, was noch getan werden kann, muss jetzt geschehen: Wir beantworten Anfragen aus Namibia mit allem Nachdruck. Wir machen den Besitzern von Namib Rand Dampf. Wir schalten alle erdenklichen Regierungsorganisationen ein und rühren unermüdlich die Werbetrommel für die Sache der Geparden. Aber der Stress lohnt sich.

Vier Tage vor der Abreise nach Sambia ist die Erlaubnis für die Auswilderung von zwei Geparden da! Wir lassen die Sektkorken knallen. Mir – und nicht nur mir – fällt jedenfalls ein Stein vom Herzen. Mit dieser guten Nachricht im Rücken bin ich voller Zuversicht, auch in Sambia Gepardenparadiese zu finden.

Noch ehe wir den Flughafen Frankfurt erreichen, fasse ich den feierlichen Beschluss, das Handy für vier Wochen abzuschalten. In diesem Moment ruft Rolf an.

»Mach bloß keinen Scheiß und pass in Sambia auf dich auf!«, warnt er mich. »Jetzt, da wir endlich die Genehmigung haben, darf nichts mehr schief gehen«, rechtfertigt er seine unwirsche Warnung.

»Deinetwegen komme ich sowieso nicht zurück, aber wegen der Geparden natürlich, falls ich in Sambia am Ende nicht ein viel besseres Territorium für die Katzen finde«, verspreche ich mein Bestes zu tun.

Gut, das Handy ist nach dem kurzen Gespräch endgültig außer Gefecht gesetzt. Lange 18 Stunden später sind wir nach Umwegen über London und Harare endlich in der sambischen Hauptstadt

Lusaka. Am Flughafen werden wir gleich hinter der Passkontrolle von einer Afrikanerin abgeholt, an den wartenden Schlangen vorbei durch die Gepäckkontrolle geschleust und zu einem kleinen Hangar abseits gebracht. Dort werden wir mitsamt unserem ganzen Gepäck deponiert. Immerhin können wir so unsere Koffer und Teile der Ausrüstung arrangieren.

Eine halbe Stunde zieht ins Land, ohne dass etwas passiert. Es ist stickig und heiß. Fast haben wir den Eindruck, man hätte uns vergessen. Keinesfalls, wo denken wir hin, wir sind in Afrika! Die Tür springt auf.

»Hi, ich bin Grant!«, schmettert uns ein junger Mann entgegen, der wohl unser Pilot sein muss. »Wo soll's denn hingehen?«

»Na, ich dachte, der sollte das wissen«, wundere ich mich.

»Nach Kalabo«, antwortet Monika bestimmt.

»Kalabo! Wo ist das denn?« Grant fallen fast die Augen aus dem Kopf. Wir hingegen sagen erst einmal überhaupt nichts. Seine Angelegenheit, wie er das Problem löst.

Der Pilot verschwindet und taucht nach einiger Zeit mit einer Karte wieder auf, die er so auf dem Tisch ausbreitet, dass wir ganz Sambia überschauen können. Wir zeigen ihm Kalabo, kurz vor der angolischen Grenze.

»Was wollt ihr denn da?« Offensichtlich versteht er die Welt nicht mehr.

»Wir werden dort abgeholt«, erwidern wir, und es ist Grants Gesicht anzusehen, dass er uns für einigermaßen durchgeknallt hält.

Ein Helfer kommt herein und holt unser Gepäck, während der Pilot grübelt, rechnet und nachdenklich vor sich hin murmelt. Nach einer Weile erklärt er uns, dass er noch zusätzliches Flugbenzin mitnehmen möchte. »In dieser gottverlassenen Gegend holt euch niemand ab. Darauf könnt ihr euch verlassen«, fügt er noch hinzu, und langsam wird uns etwas mulmig.

Für einige Minuten mehr scheint Grant scharf nachzudenken. Sodann wird er hektisch: »Wir müssen los. Beeilt euch. Der Flug dauert fast drei Stunden!«

Wir fliegen mit einer zweimotorigen Maschine. In dem kleinen Innenraum ist es irrsinnig heiß. Grant fällt das auch auf, aber er meint, oben wird es schon kühler. Ansonsten ist er nicht sehr gesprächig. Lieber studiert er die Karte, die er auf seinem Schoß arrangiert hat.

»Alles klar!«, schreit Grant dann plötzlich und fährt die Propeller hoch, dass uns Hören und Sehen vergeht. Als die letzten Vorstadtsiedlungen Lusakas nicht mehr zu sehen sind, fühle ich mich unendlich frei. Ich könnte brüllen vor Glück, und mir läuft es eiskalt den Rücken hinunter.

Meistens schaut Grant auf die Karte, und manchmal spielt er mit seinen Messinstrumenten herum. Ich glaube, er hält uns immer noch für nicht ganz zurechnungsfähig.

Unter uns verschwindet die Landschaft im Dunst, wird wieder klarer und greifbarer und löst sich Minuten danach in ein abstraktes Kunstwerk auf. Offenbar brennt es vielerorts. Dort bilden sich weiße und graue, undurchdringliche Inseln von Rauch, die von schwach pigmentierten Mosaiken umrahmt werden.

Endlich, Grant spricht mit uns, und ich bin froh, dass er so eine laute Stimme hat, denn in der Maschine herrscht ein Höllenlärm.

»Das ist der Sambesi!«, schreit er und deutet nach unten. Bisher dachte ich, der Sambesi sei ein Fluss. Das ist zwar richtig, aber genau genommen ist er mehr – nämlich ein weitverzweigtes Wassersystem, das eine ganze Landschaft prägt. Da es in unmittelbarer Nähe der wasserreichsten Kanäle beiderseits des Hauptstroms keine Buschbrände gibt, ist die Luft erfrischend klar.

Ich bin dermaßen fasziniert, dass ich unablässig meinen Kopf gegen das Flugzeugfenster presse. Das grelle Sonnenlicht spielt mit der Wasseroberfläche. Streckenweise ist sie dunkel, an anderer Stelle gleißend hell, und die zahllosen grazilen Wasseradern schimmern und funkeln, dass es uns blendet. An mancher Stelle wird aus dem Fluss ein See, der sich flussaufwärts wieder verjüngt und in viele Kanäle aufteilt. Grant folgt diesem Wasserlabyrinth für geraume Zeit, ehe er auf Nordwest schwenkt. Je näher wir dem vermeintlichen Ziel Kalabo kommen, umso unruhiger wird der Pilot, umso öfter checkt er die Instrumente.

Aber Grant ist ein Vollblutflieger. In der Tat gibt er uns die exakte Position durch und kündigt selbstsicher eine halbe Stunde Restflugzeit an. Wir überfliegen Kalabo. Kalabo ist keine Stadt und kein Dorf, sondern einfach eine Ansammlung von Lehmhäusern, mehr nicht. Die Landebahn ist weit außerhalb. Grant zieht einen eleganten Bogen, und wenig später setzen wir auf. Sein geübtes Auge hat kein Tier entdecken können, das die Landebahn blockiert.

»Ha, wer sagt's denn!« Wir triumphieren. Dem verblüfften Grant entgeht das nicht. Wir werden tatsächlich erwartet. Das hätte sich der Buschpilot nie träumen lassen. Sein zusätzliches Flugbenzin kann er wieder mit nach Hause nehmen.

Wir machen uns ohne Umschweife auf den Weg in die Liuwa-Steppen. Wir kennen diesen Fleck Erde nur vom Hörensagen. Liuwa soll eine kleinere Ausgabe der Serengeti sein. Es gibt dort ebenfalls eine große Wanderung von Gnus und Zebras, angeblich die zweitgrößte der Welt.

David, unser Abholer von der Flugpiste, ist der Einzige, der versucht, dort ein Camp zu betreiben. Er ist bereit, für seine Ziele zu kämpfen, und das ist die Voraussetzung, um ein solches Projekt am Leben zu erhalten. David ist Südafrikaner und hat lange im Krieg in Angola gekämpft. Dann lebte er einige Zeit bei den Buschmännern. Jetzt ist er wieder im Busch, so weit abseits, dass er selten Besuch bekommt. Das Gebiet ist nur schwer zu erreichen und oft genug, wenn in der Regenzeit Teile der Steppen überschwemmt sind, völlig unzugänglich. Selbst mit dem geländegängigsten Auto ist auf dem weichen Sandboden dann nichts mehr auszurichten.

Die Liuwa-Steppen liegen jenseits des Luanginga-Flusses. Brücken gibt es keine. Stattdessen benutzen wir eine Fähre bei Kalabo. Als wir am Flussufer ankommen, gibt es einen großen Menschenauflauf. Jedoch sind die Bewohner Kalabos sehr zurückhaltend. Wir lachen und winken, sie winken zögerlich zurück, halten aber strikt Distanz.

Die Fähre ist ein Meisterwerk der Improvisation. Im Wesentlichen besteht sie aus zwei Benzinfässern, die über Metallstege notdürftig miteinander verbunden sind. Genau auf die Spurbreite eines Autos ausgelegt sind schmale Plattformen aufgeschweißt. Das muss genügen.

Während David das Auto gemeinsam mit dem Fährmeister auf den schwimmfähigen Untersatz manövriert, begrüßt uns ein junger Mann. Offensichtlich hat sich die Nachricht schnell verbreitet, dass mal wieder ein paar Weiße in die Liuwa-Steppen wollen. Der Afrikaner stellt sich uns als der Parkdirektor vor, und es ist nett, uns mit ihm zu unterhalten. Meines Erachtens kennt er den Park allerdings eher von früher, weil er dort aufgewachsen ist. Über den jetzigen Zustand des Gebietes ist er weniger informiert.

Die Fähre legt los, David drängt uns, an Bord zu gehen. Wir haben noch vier lange Stunden Fahrt vor uns und werden kaum vor Einbruch der Nacht im Camp ankommen. Hurtig verabschieden wir uns.

Wir erwarten das Geräusch des anspringenden Motors, doch die Fähre wird von Hand über den Fluss gezogen. Eigens dafür hat der Fährmeister ein Seil vom einen zum anderen Ufer gespannt, an dem er sich entlanghangelt. Die Anstrengungen sind ihm ins Gesicht geschrieben. Zunächst dreht er die ganze Konstruktion, die überraschend stabil im Wasser liegt, und dann kann es losgehen. Innerhalb von nur zehn Minuten erreichen wir das gegenüberliegende Ufer.

Davids Camp liegt völlig verborgen in einer Waldinsel. Wäre uns nicht die Antenne aufgefallen, die selbst die höchsten Baumwipfel überragt, wir hätten den Stützpunkt glatt übersehen. Eine Orientierung scheint in dem Gelände nahezu nicht möglich. Alles sieht gleich aus, es gibt kaum eine Struktur in der Landschaft, weil es quasi keine Höhenunterschiede gibt. Zumindest versuche ich mir einigermaßen die Himmelsrichtungen einzuprägen. David gibt zu, dass auch er seine liebe Not hat, sich zurechtzufinden. Deshalb nimmt er immer einen Scout mit, wenn er in die Steppe fährt.

Im Camp ist es urgemütlich. David ist ein vorzüglicher Koch. Wir sitzen am Abend unter dem freien Himmel am Feuer und reden stundenlang. Vergessen ist alle Müdigkeit von der langen Anreise. Und als unser Gastgeber zu guter Letzt auch noch von Geparden in den Liuwa-Steppen erzählt, freuen wir uns umso mehr auf den neuen Tag.

Am nächsten Morgen liegt ein grauer Schleier über Liuwa. Die Sonne hebt sich träge über den Horizont. Jedenfalls sehnen wir es herbei, denn es ist grausig kalt. Mit der Zeit wird es zwar beharrlich heller, aber da, wo die Sonne sein sollte, ist nur ein kometenhafter Lichtpunkt. Immerhin lassen seine blassen Strahlen den schweren Dunst hellgrau aufleuchten, wir müssen uns vorerst damit begnügen. Als wir die Sonne schon endgültig aufgegeben haben, erscheint sie doch noch als schmutzig rosaroter Ball weit über dem Horizont. Eine Gruppe Kraniche zieht vorüber. Ich versuche einige der Vögel gegen die Sonne zu fotografieren. Vergeblich – es ist fortwährend zu dunkel.

Ich empfinde die Stimmung als völlig unwirklich. Monoton rollt das Auto vor sich hin. Wir fahren ins Nichts, in eine trauernde, eintönige Landschaft. Rauch liegt in der Luft. Kein Wunder – häufig genug überqueren wir ausgedehnte Flächen, die erst kürzlich abgebrannt wurden. Die harten Grasstoppeln knirschen unter den Reifen, und immer wieder wirbeln wir Asche und verbrannte Pflanzenteile auf, die uns um die Ohren wehen. Die Aura der Umgebung überträgt sich auf die wenigen Tiere, die wir sehen, überwiegend Vögel. Trübsinnig sitzen sie da, und ich habe den Eindruck, sie finden die Atmosphäre auch nicht unbedingt berauschend. Die wenigen Gnus, die wir treffen, beäugen uns, als kämen wir von einem anderen Stern, sofern sie nicht auf der Stelle flüchten.

Gegen elf Uhr haben wir erstmals das Gefühl, dass der Tag richtig angebrochen ist. Es scheint, die Sonne hätte den Kampf gegen den Dunst für sich entschieden. Es wird binnen kürzester Zeit unerträglich heiß. Gegen den Rauch in der Luft kann die Sonne hingegen nichts ausrichten. Allerorten riecht es danach, mal mehr, mal weniger. Der Himmel ist milchig grau. Wenn ich mir die Mühe mache, ihn länger zu betrachten, kann ich die azurblaue »Unterhaut« erahnen.

Nach Mittag legen wir eine Pause am Rande eines Wäldchens ein. Es kommt mir vor, als seien wir im Laufe des Vormittags schon dort gewesen. Vorsichtshalber sage ich nichts, weil es aller Wahrscheinlichkeit nach nicht stimmt. Eher hat mich Liuwa genarrt.

»Hier brennt es ja überall«, stelle ich fest und kann meine Verwunderung nicht verbergen.

»Das ist jedes Jahr das Gleiche«, erwidert David.

»Jedes Jahr, das ist doch verrückt!« Ich bin einigermaßen entsetzt. »Normalerweise brennt man doch nur alle drei Jahre ab, um das neue Gras nachwachsen zu lassen.« David weiß das sicherlich selbst genauso gut, und ich bin gespannt, was er sagen wird.

»Das ist Tradition«, gibt unser Gastgeber aber nur knapp zur Antwort. Man merkt, er hat nicht die geringste Lust, darüber zu diskutieren. Ich werde mich gedulden müssen.

Die Liuwa-Steppen werden von den Hyänen beherrscht. Löwen und Geparden stehen in der zweiten Reihe. Das ist weltweit einmalig, für uns aber offensichtlich, denn wo wir gehen und stehen begegnen uns die Aasfresser. Von den Geparden fehlt noch jede Spur, obwohl es ein ideales Terrain für die schnellsten Landsprinter ist. Die offene Steppe kommt ihrer Jagdtechnik sehr entgegen, und es gibt mehr als genügend Beutetiere. Aber unser Gastgeber hat uns bereits vorgewarnt: Die Geparden hier sind immens scheu. Es ist wie eh und je Geduld angesagt.

Die Tage vergehen, und der geheimnisvolle Rauchschleier über der Liuwa will sich nicht lichten – kein einziges Mal. Schließlich hat David eine Überraschung für uns. Er hat einem Löwen des ansässigen Rudels ein Halsband mit einem Sender angelegt. Er drückt uns Empfänger, Kopfhörer und Antenne in die Hand, und los geht es. Anfänglich sind wir kein bisschen begeistert. Es ist in unseren Augen Frevel, Tiere mit technischer Unterstützung aufzuspüren. Trotzdem lassen wir uns auf das Spiel ein. Schließlich wollen wir den guten David nicht verärgern. Er ist sehr stolz auf seine Tätigkeit als Hobbyforscher.

Es rauscht und grunzt, und was weiß ich, was da noch für unanständige Laute aus dem Kopfhörer dröhnen. Die erlösenden Pieptöne, die auf den Löwen hinweisen sollen, bleiben allerdings aus. Je länger wir lauschen, umso häufiger hören wir Phantomlaute.

»Hier, hör du mal«, dann wandert der Kopfhörer durch die Runde, aber leider Fehlanzeige. Einmal sind wir jedoch so verwirrt, dass wir eine geschlagene Stunde wie besessen um ein Waldstück herumfahren, weil wir sicher sind, die Löwen dort zu finden.

Schließlich kommt David in Erklärungsnot. »Das Ding arbeitet nicht sehr zuverlässig«, gibt er lapidar zu verstehen. Wir könnten ihn erwürgen.

Am nächsten Tag starten wir abermals weit vor Sonnenaufgang. Selbstverständlich haben wir die Funkausrüstung dabei. David entscheidet sich heute für einen gänzlich anderen Weg. Was er sich dabei gedacht hat? Wir müssen ein Wasserloch durchqueren. Das Auto verliert mehrfach den Grund unter den Reifen. Es dreht und windet sich, kommt wieder in die Spur und droht Sekunden später schon wieder stecken zu bleiben. Sobald wir sichtlich erleichtert endlich festen Boden unter uns haben, müssen wir den Empfänger anschalten und brav den Kopfhörer aufsetzen – Anweisung von David.

Kein Piep, kein Piep, kein Piep… Aber was ist das? Abrupt tritt David auf die Bremse. Wir sind ohnehin nur im Schritttempo unterwegs gewesen, so dass wir das Manöver ohne blaue Flecken überstehen. Es ist auch keine Zeit, sich zu beschweren. Da vorne ist ein Löwe, ziemlich weit vor uns, auf einer leichten Erhöhung, sonst wäre das Tier im hüfthohen Gras gar nicht zu erkennen. Wir nehmen unverzüglich die Ferngläser an die Augen. Alles läuft synchron.

»Löwe«, sagt David.

»Ein Löwe«, wiederholt Monika.

»Ein Löwe?«, fragen wir uns aus einem Munde nach dem zweiten Hinsehen. Siehe da, dem Gewand des Löwen entsteigt kurzerhand ein riesiger, außerordentlich dunkler Gepard. Ich bin so begeistert, dass ich mir den Kopf jämmerlich an dem Dachgestänge des Wagens anschlage.

Unentschieden – der Gepard schaut zu uns, wir schauen zu dem Geparden. Es passiert nichts. Die Sekunden schleichen auf Samtpfoten voran. Keine der beiden Parteien weiß, was zu tun ist. Mir kommt auch gar nichts anderes in den Sinn, als mich einfach zu freuen. Wenn wir uns weiterbewegen, läuft der Gepard vielleicht davon… Wenn wir stehen bleiben, auch.

Wie von der Tarantel gestochen, springt das Tier von dem Erdhügel. Durch das Fernglas versuche ich, seinen Weg nachzuzeichnen. Keine Chance, das Meer aus Gras verschluckt die Erscheinung. Wenigstens noch einmal wollen wir einen Blick auf die Katze erhaschen, damit wir auch sicher sind, keiner Fata Morgana aufgesessen zu sein. Es hat wenig Sinn, uns dem Geparden hektisch an die Fersen zu heften. In diesem Gelände ist er uns weit überlegen.

Während David ihm in bedächtigem Tempo in die vermeintliche Fluchtrichtung folgt, stehen wir auf dem Auto und durchkämmen mit aufmerksamen Blicken unentwegt die Umgebung. Kaum haben wir einen interessanten Punkt im Fernglas entdeckt, ist er im nächsten Moment verschwunden. Außerdem wankt und schwankt die Karre viel zu heftig, als dass wir die Umgebung konzentriert beobachten könnten.

»Halt!« Glücklicherweise kommt der Geländewagen sofort zum Stehen. Ich habe den Geparden entdeckt. Er steht da und mustert uns über seinen Rücken. Es ist ein tolles Tier, zweifelsohne ein Männchen. Ich inspiziere ihn, soweit es auf diese Distanz möglich ist, gründlich. Allzu lange wird er mir nicht mehr Modell stehen. Ich habe diesen Gedanken noch nicht zu Ende gebracht, da setzt er seine Flucht fort. Die Grashalme gleiten auseinander und schließen sich wieder. Für kurze Momente taucht die dunkle Rückenpartie auf, dann ist die Raubkatze unerreichbar entschwunden.

Wir versuchen gar nicht erst, den Geparden ein weiteres Mal aufzustöbern. Vielmehr lenkt unser Fahrer das Fahrzeug auf eine erhöhte Bodenwelle. Wir steigen auf das Dach und spähen von oben in die Steppe. Nichts ist zu sehen, kein Tier weit und breit. Drüben im Wäldchen sitzt ein Schreiseeadler. Sein wunderbarer Ruf mischt sich mit dem Säuseln des Windes. Sogar der Himmel schimmert heute milchig blau. Die Luft ist frischer denn je und der Geruch nach verbrannter Steppe nunmehr kaum feststellbar.

Der Tag ist für mich fast perfekt. David ist da sicherlich ganz anderer Meinung, denn es will und will kein Piepston aus dem Kopfhörer dringen. Wo sind die Löwen? Wir machen allerhand Witze, doch David kann darüber nicht lachen. Er sucht besessen weiter, bis es dunkel wird.

Und dann haben wir ein massives Problem, das uns die Löwen ganz schnell vergessen lässt. Wie gelangen wir zurück ins Camp? Wir wissen es nicht. David hat keine Ahnung, und der Scout, der uns begleitet, ist völlig überfordert. Schöne Bescherung. Ich möchte die Suche nicht im Einzelnen beschreiben. Wir sind mehr als einmal an dem Punkt, an dem wir uns überlegen, lieber aufzugeben und zu schlafen, weil wir uns sonst noch hoffnungsloser verfranzen. Doch wie heißt es so schön: Ende gut, alles gut.

Ich bin um eine wichtige Erfahrung reicher. Die Reise nach Liuwa oder an das Ende der Welt hat sich gelohnt. Dieser Fleck Erde bekommt einen Ehrenplatz in meinem Hinterkopf. Hier könnten ohne weiteres ein paar mehr Geparden leben!

Der letzte Tag in Liuwa ist der trübste. Offenbar wurden neue Buschbrände gelegt. Die Luft ist erfüllt von Rauch und die Sonne den ganzen Tag über nur zu erahnen. Es scheint, als wäre eine riesige Käseglocke über das gesamte Gebiet gestülpt, und wir drohen zu ersticken. David ist nach Kalabo gefahren, um unseren Piloten abzuholen. Hoffentlich ist der wagemutiger als unser erster Luftchauffeur Grant. Möglicherweise ist er sonst gleich zu Hause geblieben. Wir müssen es allen Ernstes befürchten, denn es ist schon lange dunkel, und wir sind noch immer allein. Kein Motorengeräusch, kein Scheinwerferlicht deutet auf den Heimkehrer hin. Hat uns Afrika von Anfang an Geduld gelehrt, so sind wir in Liuwa zu wahren Meistern herangewachsen. Wer hier draußen nicht einfallsreich und stets besonnen ist, hat verloren. Wir unterdrücken mit Erfolg jegliche Sorgen. Letzen Endes mögen drei weitere Stunden vergangen sein, da naht der Landrover.

»Tut mir Leid, der Pilot kam zu spät«, entschuldigt sich David, und wir lachen nur. Der Pilot, Duncan, ist ein netter Kerl und schwärmt beim Abendessen in den höchsten Tönen vom Kafue-Nationalpark, wohin wir morgen fliegen werden. Die ganze Nacht über schwelgen wir in Begeisterung und können kaum schlafen, so gespannt sind wir auf den nächsten Tag.

Sambia brennt. Unter uns liegt eine Komposition aus Rauch, grauem und weißem Qualm und scheinbar endlosen Miombe-Wäldern mit ihrer außergewöhnlichen Pflanzenvielfalt und den regengrünen Bäumen, die in der Trockenzeit ihre Blätter farbenfroh verlieren. Es ist ein schreckliches Bild. Ich möchte gar nicht daran denken, dort irgendwo zu landen und auf dem Landweg weiterzureisen. Aber genau das tut Duncan schließlich. Wir kommen dem Boden immer näher. Plötzlich zieht Duncan die Maschine extrem nach unten. Wo soll hier ein Landeplatz sein? Tatsächlich, eine kleine Schneise tut sich vor uns auf. Hoffentlich kann der Pilot gut zielen. Aber genau in dem Moment, in dem wir beinahe aufsetzen, gibt Duncan noch einmal kräftig Gas. Eine Warzenschweinfamilie sucht entsetzt das Weite. Wenn die Tiere ihr Heil in der Flucht suchen, sieht das immer sehr lustig aus: Sie stellen ihren Schwanz gleich einer Antenne senkrecht nach oben und werfen den Kopf nach hinten, als könnten sie dem selbst erzeugten Fahrtwind nicht widerstehen. Jetzt steigt der Flieger in extremer Steillage auf. Uns surrt der Kopf. Eine letzte enge Kurve. Die Luft ist rein, die Landebahn frei, und sodann vollbringt Duncan eine saubere Landung.

Wir arrangieren unser Gepäck am Rande der Piste, zuversichtlich, dass wir abgeholt werden. Duncan hat es eilig fortzukommen, er rollt die Piste zurück, dreht den Vogel und startet durch. Für einige Zeit gellen uns die Ohren von dem schrecklichen Krach des Flugzeugmotors, dann wird es ruhiger, in Bälde ist es still. Wir genießen die Ruhe, den Grund unter den Füßen, das neue Terrain, und auch der Rauchgeruch ist hier weniger ausgeprägt. Leider bekommen wir aber auch unweigerlich zu spüren, dass wir im Buschland eingetroffen sind: Eine der so verhassten Tsetsefliegen malträtiert uns auf das Schlimmste.

»Was ist eigentlich, wenn wir nicht abgeholt werden?«, fragt Monika in die Stille hinein. Das ist eine gute Frage. So allmählich könnte wirklich jemand kommen.

»Dann ist Improvisation angesagt«, antworte ich. Nach angestrengtem und langem Lauschen nehmen wir endlich das Motorengeräusch eines Landrovers wahr.

Cameron heißt unser Begleiter für die nächste Zeit. Ich bin hin und weg. Cameron sieht aus wie Crocodile Dundee, nur noch besser. Zur Verstärkung hat er einen pechschwarzen Wildhüter mitgebracht. Der nennt ein Schießeisen sein Eigen, mit dem man locker auf eine Entfernung von zwei Kilometern einen Elefanten in Stücke schießen könnte. Schnell verfrachten wir unser Gepäck auf dem Autodach und brechen auf. Den Wildhüter liefern wir unterwegs in einem Dorf ab. Cameron scheucht ihn regelrecht aus dem Auto und fährt ohne Umschweife weiter.

»Es ist schlimm. Das ganze Territorium ist mit Tsetsefliegen regelrecht verseucht«, warnt uns Cameron und gibt gemessen an dem Zustand des Fahrwegs mächtig Gas. Der Schwarm an Tsetsefliegen, der uns folgt, wird beharrlich größer. »Kürzlich hatten wir Gäste, die wegen der Fliegen sofort wieder abreisen wollten«, legt Cameron nach. Will er uns loswerden?

Plötzlich bremst der Fahrer, und wir werden gehörig durchgerüttelt. »Da ist Elefantenmist!«, ruft er. Das ist zwar toll, aber wir haben allesamt keine Zeit, unserer Freude freien Lauf zu lassen. Wie die Geier fallen die Tsetsefliegen über uns her, sobald wir das Auto verlassen. Wir schlagen um uns, auch wenn wir wissen, dass es ein zweckloses Unterfangen ist. Die verdammten Piesacker lassen sich einfach nicht erschlagen. Sie haben mindestens drei Leben. Solange wir den Elefantenmist untersuchen, versuchen wir das Unheil zu ignorieren. Unmöglich, die Stiche schmerzen zu sehr. Wir zischen, jaulen, fluchen und fuchteln um uns. Der Elefantenmist ist ein bis zwei Tage alt. Er enthält die Schalen von Weißdornfrüchten, die hier in der Gegend nicht vorkommen.

»Die Elefanten müssen ein gehöriges Stück Weg hinter sich gebracht haben«, stellt Cameron fest. Trotzdem überlegen wir, ob wir den Dickhäutern folgen sollen. Es muss sehr lustig sein, uns zuzusehen, während wir uns beraten: Wir zappeln und springen hektisch herum, kratzen uns wie die Verrückten an Armen und Beinen – allerdings mit dem Ergebnis, dass wir vorerst weiter zu unserem nächsten Camp fahren.

Wir sind jetzt auf dem Weg in die Busunga-Ebene im Norden des Kafue-Nationalparks, von dem uns Duncan am Abend zuvor schon so begeistert erzählt hat. Der Kafue-Nationalpark ist der älteste und mit 22 400 Quadratkilometern größte Nationalpark in Sambia. Weite Teile des Parks bestehen aus Buschland und Mopane-Wäldern, doch noch ist es nicht so weit. Vor uns erstrecken sich riesige Flächen, die erst kürzlich abgebrannt wurden. Der mittlerweile vertraute Geruch von Asche liegt jetzt wieder in der Luft, der Himmel ist grau und milchig. Beiderseits der Fahrspur wirbelt das Auto verbranntes Gras auf. Der Boden ist schwarz, die Atmosphäre von einer schaurigen Traurigkeit. Wir sehen fast keine Tiere außer einigen Puku-Antilopen, die verloren dastehen und aussehen, als wüssten sie mit sich und ihrer Umwelt nichts anzufangen. Glücklicherweise verlassen wir das Buschland bald, und vor uns tut sich eine grüne Ebene auf. Weil der Rauchschleier in der Luft das Sonnenlicht dämpft, will allerdings keine richtige Farbstimmung aufkommen.

»Da sind wir, das ist die Busunga-Ebene«, sagt Cameron. Augenscheinlich ist der Untergrund häufig sehr feucht, denn wir sehen tiefe Spuren von Geländewagen. Mittlerweile ist der Fahrweg ausgetrocknet. Damit ist es äußerst schwierig, ihn zu benutzen. Sobald man in eine der tiefen Spuren rutscht, droht man aufzusetzen oder die Kontrolle über das Fahrzeug gänzlich zu verlieren.

Inmitten der Ebene machen wir eine erstaunliche Entdeckung – ein Boot. Was hat das denn hier verloren? Die Lösung ist naheliegend. Zwischen Oktober und November beginnt die Regenzeit. Die Niederschläge sind mehr als ergiebig und klingen oft genug erst im Juni wieder ab. Den größten Teil der Zeit ist das Busunga-Flachland deshalb überschwemmt, und zwar rund einen Meter hoch. Doch die Regenzeit ist auch die Zeit der Wilderer. Sie fahren mit ihren selbst gebauten Booten aus Baumrinde in den Park und jagen. Und manchmal – wenn das Wasser zurückgeht und die Fahrt mit dem Kanu unfreiwillig beendet wird – bleiben die Boote einfach zurück.

Schließlich erreichen wir das Camp, wo uns Bridget, die Leiterin, schon erwartet. Hier, in der Einsamkeit der Wildnis, kommen nur selten Autos vorbei, und sie hat uns schon von weitem gesehen. Wir sind die einzigen Gäste im Camp.

Von unserem Zelt haben wir einen atemberaubenden Blick auf das Busunga-Tiefland. Die Ebene ist von zahllosen, dicht mit Büschen und Bäumen bewachsenen Bodenwellen geschmückt, die in der Regenzeit von den Überschwemmungen verschont bleiben. Diese Inseln bieten vielen Tieren Refugium und Versteck – auch den Löwen. Es scheint, als beherberge das Land eine Unmenge von Tieren. Große Gruppen von Pukus – rehgroße Antilopen, die die Nähe des Wassers lieben – und Pferdeantilopen ziehen des Weges. Die allererste Pirschfahrt am Abend ist ein Erlebnis und für uns der Beginn einer großen Liebe zu diesem Fleck Erde. Wir folgen dem Lufupa-Fluss mit seinen Seitenarmen, bis wir an eine Stelle kommen, an der er sich zu einem See von beträchtlicher Größe verbreitert. Dort wollen wir den ersten Tag im Kafue-Nationalpark beschließen. Der Fluss ist Heimat vieler Flusspferde. Sie genießen das letzte Licht ebenso wie wir. In Abständen von zwei bis fünf Minuten tauchen sie aus dem Wasser auf, schnauben und wiehern mit

Inbrunst, so dass manchmal eine Wasserfontäne gen Himmel schießt – ein wunderbar friedlicher Anblick im Licht der roten untergehenden Sonne. Langsam senkt sich Stille über das Gebiet. Nachdem die Sonne bereits im Dunst des Horizonts versunken ist, sammeln sich die Störche auf den Bäumen. Sie fliegen wie Geister, vollkommen lautlos.

Sechs Uhr morgens, Eiseskälte, wir brechen im offenen Geländewagen auf. Cameron hat sich eine dicke Wollmütze übergezogen. Das sieht ziemlich lustig aus. Wir müssen erst einmal gut einen Kilometer fahren, ehe der letzte Schlaf aus unseren Augen gewichen ist und wir uns an die Kälte gewöhnt haben.

Wie sooft haben wir uns für diesen Tag vorgenommen, endlich Geparden zu entdecken. Eigentlich müsste Busunga ein ganz gutes Biotop für sie sein, abgesehen davon, dass sie sich ungern nasse Füße holen und in der Regenzeit vielleicht doch anderen Territorien den Vorzug geben. Jetzt gibt es auf alle Fälle einen reich gedeckten Tisch. Cameron hat erst kürzlich einen Geparden gesichtet, das macht Hoffnung.

Wir mögen höchstens 15 Minuten unterwegs sein, da treffen wir auf einen Gesellen, den wir in der Nacht des Öfteren rufen hörten: einen Löwenmann, noch dazu in Begleitung einer Dame. Das können wir uns – Geparden hin oder her – nicht entgehen lassen und beschließen, uns an die Fersen des Paares zu heften. Die Löwen haben ein über und über nasses Fell. Das überrascht uns, doch Busunga-Löwen mussten sich an ihren Lebensraum anpassen. Die sprichwörtliche Scheu vor dem Wasser haben sie abgelegt. Zur Not wird ein Gewässer kurzerhand durchschwommen, und eine solche Schwimmeinlage haben die beiden wohl hinter sich. Mich fröstelt es bei dem bloßen Gedanken daran.

Busunga-Löwen sind auch für ihre imposante Größe und kräftige Statur berühmt. Unser Löwenmann macht diesem Image alle Ehre. Zunächst legen die Raubkatzen eine Pauseein. Sie liegen eng beieinander. Nachdem die Rast länger dauert als erwartet, beginne ich zu filmen. Durch den Sucher beobachte ich, wie sich die Sonne träge über den Horizont nach oben tastet. Es ist ein sambisches Morgengrauen, wie wir es jetzt schon kennen. Noch für Stunden wird der Dunst die Sonne verschleiern.

Als die beiden Löwen sich erheben und getrennter Wege gehen, folgen wir dem Pascha. Er wandert ruhelos von Buschinsel zu Buschinsel, untersucht alles genauestens, um dann unverrichteter Dinge weiterzuziehen. Was mag er suchen? Wir kommen dem Geheimnis nicht auf die Spur. Offensichtlich hat er auch keine Lust, es mit uns zu teilen. Schließlich taucht er aus einer Buschgruppe einfach nicht wieder auf. Der Bewuchs ist so dicht, dass wir ihn nicht mehr zu Gesicht bekommen, obgleich wir das Terrain mehrfach umrunden.

Immerhin gibt uns das die Möglichkeit, wie geplant nach Geparden Ausschau zu halten. Stattdessen begegnen wir gleich darauf der Löwin. Sie hat zwei Warzenschweine im Visier, die allerdings sichtlich unbekümmert sind. Ahnungslos marschieren sie auf die lauernde Raubkatze zu, die ganz offen in der Steppe liegt. Wahrscheinlich hat sie die plötzliche Situation auch überrascht. Wie heißt es so schön: »Einem geschenkten Gaul schaut man nicht ins Maul.« Fast wäre das passiert. Aber der Zufall ist eben doch nicht ganz auf der Seite der Löwin. Die Warzenschweine schwenken scharf nach rechts und trotten davon. Die Löwin versucht gar nicht erst anzugreifen. Sie weiß sehr wohl, wie überaus schnell die Warzenschweine sprinten können. Trotzdem macht es Spaß, die Zuckungen und Regungen der Jägerin durch das Fernglas zu beobachten: »Soll ich jagen – oder nicht – oder vielleicht doch?«

Während wir mit der Löwin durch das Land ziehen, bemerken wir die deutlich vergrößerten Zitzen. Die Löwin hat Junge. Das erklärt auch ihre Unruhe. In der Hoffnung, dass sie uns zu ihrem Nachwuchs führt, bleiben wir ihr hartnäckig auf den Fersen. Aber den Gefallen tut sie uns nicht. Fast habe ich den Eindruck, sie narrt uns ganz bewusst. Würde eine Löwenmutter wirklich das Versteck ihrer Kinder nicht wiederfinden? Es ist ein erhebendes Gefühl, im Gleichschritt mit der Löwin unterwegs zu sein. In unserem offenen

Geländewagen sind wir stets auf Tuchfühlung mit ihr, ihr ausgesetzt. Sie könnte uns angreifen, wenn sie wollte, aber sie will nicht. Dennoch lassen wir sie nach einer Weile allein weiterziehen.

Der Tag hält noch andere Überraschungen für uns bereit: Wir werden Zeuge einer Geburt eines Puku. Das Puku-Baby versucht bereits nach einer halben Stunde, auf eigenen Beinen zu stehen. Vier bis fünf Versuche sind nötig. Dann klappt es, und zwar so gut, dass das Kleine der Gruppe folgen kann. Neugierig wird der Neuankömmling von allen beschnuppert.

Die Stunden vergehen wie im Flug. Wieder hat die raucherfüllte Luft dem Tag sein letztes, farbiges Licht geraubt. Doch die Abendstimmung, die sich über die Steppe senkt, ist wie immer ein großartiges Erlebnis. Als nur noch ein Silberstreifen über dem Horizont von dem sich neigenden Tag zeugt, fahren wir zurück.

Doch unterwegs treffen wir noch einen alten Bekannten, der keine Anstalten zeigt, sich zur Ruhe zu legen. Es ist der Löwenmann. Allem Anschein nach hat er den ganzen Tag verdöst und ist jetzt im Begriff, sein Rudel zu versammeln. Er bleibt stehen. Er ruft. Es fährt uns durch Mark und Bein. Wer den kilometerweit zu hörenden Ruf eines Löwen in nächster Nähe erlebt, den packt das Fieber. Kein Gedanke mehr daran, ins Camp zurückzukehren. Der Löwe ruft nicht nur sein Rudel, sondern auch uns. Wir sind wie gebannt. In respektvollem Abstand folgen wir dem König der Busunga-Ebene. Seine Majestät schert sich kein bisschen um das Spotlicht, das wir manchmal brauchen, um ihn nicht aus den Augen zu verlieren. Wenn wir längere Zeit stehen, saugt die Lampe die Autobatterie aus, und das Licht wird schwächer. Dann verschwimmen die Umrisse des Löwen zu einem Schatten, der an uns vorüberzieht – mehr als einmal so nahe, dass ich ihn mühelos mit dem ausgestreckten Arm berühren könnte. Unversehens ruft er abermals in die pechschwarze Nacht. Meine ganze Hautoberfläche gerät unter Spannung, eine Gänsehaut überläuft mich. Spätestens in dem Moment überkommt mich das Gefühl, mit mir und einer unbeschreiblich großartigen Natur im Einklang zu sein. Cameron scheint es nicht anders zu ergehen. Wir sprechen nicht darüber, wie wir überhaupt kaum ein Wort wechseln. Langsam zieht der Löwe nun weiter, wir folgen ihm. Viel später in der Nacht trennen sich unsere Wege: Ein unüberwindbarer Sumpf, der den Lufupa-Fluss flankiert, stoppt unser Geleit. Der Löwe passiert uns ein letztes Mal, dann watet er immer tiefer in den Morast. Schließlich ist er bis zum Bauch im Wasser. Ganz sachte höre ich das Plätschern. Im Spotlicht erkenne ich, wie ihn das Wasser umspült. Der Löwe geht mit unverminderter Würde weiter. Fast meine ich, er würde gleich einem Geist aus der Tiefe völlig im Wasser verschwinden. Doch so weit reichen meine Blicke nicht mehr. Das Licht ist zu schwach geworden. Die Silhouette der Raubkatze löst sich im Dunkel der Nacht auf.

»Er wechselt auf die andere Seite des Flusses«, haucht Cameron kaum hörbar. Dann sprechen wir lange Zeit nichts mehr, es ist totenstill um uns herum. Angestrengt denke ich nach, was sich im Laufe der vergangenen Stunden zugetragen hat. War es Traum oder Realität? Der Löwenpascha ruft. Es klingt noch immer sehr nah, doch wir wissen, dass er das andere Ufer erreicht hat. Ich habe es also nicht geträumt.

»Phantastisch!« ist das Einzige, was wir für lange Zeit über die Lippen bekommen. Erst viel später im Camp sprechen wir wieder mit normal lauter Stimme. Die Nacht ist beinahe vorüber. Trotzdem liege ich schlaflos im Zelt und denke an die Auswilderung der Geparden, die unweigerlich näher rückt. »Heute in vier Wochen bist du bei den Geparden in Namibia«, ist mein letzter Gedanke, bevor ich endlich einschlafe.

Wir lassen uns es nicht nehmen, am Morgen vor Tagesanbruch in die Steppe zu fahren. Gesprächig sind wir alle nicht, denn die Müdigkeit sitzt uns in den Knochen. Dennoch haben wir alle den gleichen Gedanken – wir wollen wissen, wo das Löwenrudel ist. Und wir haben großes Glück. Genau an der Stelle, an der wir uns in der Nacht trennen mussten, befindet sich eine mit hohem Gras zugewucherte Baumgruppe. Dort treffen wir sie alle an – den Pascha, vier Löwinnen und meist obenauf drei Löwenkinder. Die kleinen Racker malträtieren Mutter und Tanten beharrlich, was denen nur teilweise gefällt. Besonders die Mutter wird bisweilen fuchsteufelswild. Anfänglich ist das den Kleinen egal. Nachdem sie aber ein paarmal einen Klaps abbekommen haben, werden sie ruhiger. Die Alten beobachten nun konzentriert eine Gruppe von Antilopen, die in einiger Entfernung aufgetaucht ist. Ihnen läuft das Wasser im Mund zusammen. Doch die Tiere sind zu weit weg. Es bleibt ihnen nichts, als abzuwarten. Die Löwen haben Zeit.

Wir unsererseits haben uns die Perspektive der Löwen zu Eigen gemacht. Anstatt dem Treiben der großen Raubkatzen länger zuzusehen, beobachten wir lieber in der Manier des potenziellen Jägers die Beutetiere. In einer Entfernung von etwa einem halben Kilometer grast eine Gruppe Pukus. Ich schätze, es sind fünfzig Tiere, die sich unbesorgt dem Genuss des feuchten Grases in der Sumpfebene hingeben. Es liegt ein Hauch Idylle über der Szenerie, zumal der Morgen heute einigermaßen klar ist. Trotzdem lauert der Tod: Hier, um uns herum, macht sich die sichtlich hungrige Meute der Löwen bereit, und dort unten, wo die Pukus eben noch friedlich grasten, herrscht plötzlich Aufruhr. Panik breitet sich aus. Doch alles ist so weit entfernt, dass wir mehrere Augenblicke benötigen, um uns einen Überblick zu verschaffen.

»Ein Gepard!«, rufen wir wie aus einem Munde. Während Cameron das Tier anfeuert, vergesse ich zu atmen. Freilich können unsere Augen dem Geschehen aus der Distanz kaum folgen. Es vergehen einige Sekunden, dann scheinen sich Gepard und Puku zu vereinen. Mehr erkennen wir nicht. Die Herde der Pukus bleibt stehen. Sie schauen wie gebannt in eine Richtung. Ein weiteres Mal flüchten sie, diesmal nur kurz. Sie fixieren wieder diesen einen Punkt an, den wir nicht mehr ausmachen können. Glücklicherweise zeigen die Löwen keinerlei Reaktion auf das Jagdgeschehen, so dass der Gepard unbehelligt bleibt.

Während wir diskutieren, ob wir eine realistische Chance haben, uns dem vermeintlichen Punkt der Jagd zu nähern, sehen wir, wie sich die Katze aufrichtet und ihre Umgebung aufmerksam beobachtet. Sie hat einen Puku zur Strecke gebracht, ich bin mir jetzt ganz sicher. Allein das Verhalten der entkommenen Artgenossen lässt darauf schließen. Unverändert verharren sie in unmittelbarer Nähe und wenden kein einziges Mal ihren Blick von dem Jäger ab. Fast ist es wie eine Anklage: »Mörder«. Doch ich für meinen Teil freue mich für den Geparden, und deshalb entscheide ich auch, dass wir bleiben, wo wir sind. Wenn die Löwen nicht mitbekommen haben, was sich dort in rund sechshundert Meter Entfernung abgespielt hat, ist das nur gut. Mir ist das Risiko zu groß, die Aufmerksamkeit einer ganzen Löwengruppe auf den Geparden zu lenken. Ein Gepard hat gegen acht Löwen schlicht keine Chance. Konzentriert beobachte ich die Katze durch das Fernglas. Sooft sie sich sichernd aufrichtet, kann ich einen ganz guten Blick erhaschen. Der Gepard ist groß und vergleichbar mit seinen Artgenossen in den Liuwa-Steppen bemerkenswert dunkel.

Sobald das Tier sein Mahl beendet hat, versuchen wir uns einen Weg in seine Nähe zu bahnen. In der sumpfigen Ebene ist das alles andere als einfach. Wer bleibt schon gerne stecken oder holt sich nasse Füße? Diese Ansicht teilt auch die Löwin, die wir auf halbem Wege überholen. Es ist die mit den großen Zitzen, die allem Anschein nach Babys hat. Wir sind nicht wenig verblüfft. Wir waren so abgelenkt, dass wir nicht gemerkt haben, wie sich das Tier davongestohlen hat. Haben die Löwen den Geparden doch bei der Jagd beobachtet?

Über einige Umwege kommen wir dem Geparden nun tatsächlich näher. Er hat seinen Fressplatz mittlerweile verlassen und bewegt sich in Richtung einiger Buschinseln, die ihm mehr Deckung bieten. Der Gepard ist sehr scheu. Wir haben äußerste Bedenken, uns mehr als hundert Meter zu nähern, und selbst das wird vermutlich schwierig. Unablässig treffen uns zaghafte Blicke. So glauben wir zumindest. Bei genauerem Hinsehen stellen wir nämlich fest, dass der Gepard an uns vorbeischaut. Klar, wir haben die Löwin in unserem Rücken vergessen. Wenn diese ihre Babys in einer der Buschgruppen versteckt hat, ist größte Gefahr im Verzug. Der Gepard würde mit den kleinen Nahrungskonkurrenten kurzen Prozess machen.

Wenig später ist der Gepard zwischen Busch und Baumgruppen verschwunden – dafür tritt jetzt die Löwin auf den Plan. Trottete sie bisher gemächlich vor sich hin, so ändert sich das nun schlagartig. Aus für uns nicht nachvollziehbaren Gründen legt sie mehrere Gänge zu. Sie passiert uns linker Hand und taucht ihrerseits in das unübersichtliche Buschgestrüpp der Busunga-Ebene ein. Wir heften uns ihr an die Fersen. Offensichtlich ist die Löwin sehr aufgeregt. Längst hat sie es aufgegeben, den Geparden zu verfolgen. Stattdessen durchstöbert sie mit riesig aufgerissenen Augen jede einzelne Buschinsel, manche mehrfach. Sie wirkt vollkommen konfus. Sooft wir in ihrer Nähe sind, schaut sie allenfalls durch uns hindurch. Es scheint, als seien wir für sie nicht existent.

Abermals habe ich das Gefühl, die Löwin führt uns an der Nase herum, um uns vom Standort ihrer Kinder abzulenken. Ich bin mir aber nicht sicher, denn die vermeintliche Mutter ist extrem nervös und ängstlich. Oder hat sie ihre Jungen bereits verloren und ist deshalb in dieser Verfassung? Obwohl wir beschließen, dieses Mal den Grund ihres Verhaltens hartnäckiger zu recherchieren als gestern, gelangen wir zu keiner Lösung. Nachdem wir der Löwin rund zwei Stunden auf Schritt und Tritt gefolgt sind, geben wir auf. Den Geparden haben wir leider nicht mehr zu Gesicht bekommen. Allerdings hat uns das Geschehnis deutlich vor Augen geführt, wie groß die Konkurrenz zwischen Löwen und Geparden in der Busunga-Ebene ist. Der Gepard ist als Einzelgänger deutlich im Nachteil gegenüber dem großen und kompakten Löwenrudel und sucht lieber schleunigst das Weite.

Am späteren Nachmittag werden wir Zeugen verschiedener Jagdversuche von zwei Löwinnen aus dem Rudel. Doch so geschickt diese ihre Strategien auch schmieden, es springt kein Erfolg dabei heraus, nicht einmal für mich mit meiner Kamera. Ein Jagdversuch ist zu weit weg, ein anderer spielt sich uneinsehbar hinter eine Buschgruppe ab. Schließlich haben die Löwinnen keine Lust mehr und kehren zum Ausgangspunkt ihrer Exkursion zurück, nämlich genau dorthin, wo sie ihre drei Katzenkinder zurückgelassen haben. Als die Katzenmütter ankommen, huschen die Kleinen hurtig aus ihrem Versteck und fallen über die beiden Heimkehrer her. Es ist wunderbar, diese Szene zu beobachten. Die Kleinen balgen ohne Rücksicht auf die schlechte Laune der Löwinnen, die fauchen und sich zu wehren versuchen. Nach einiger Zeit ergibt sich die Katzenmutter aber dann doch bereitwillig ihrem Schicksal. Bis kurz vor Einbruch der Dunkelheit hat sich die versprengte Gruppe wieder zusammengefügt, sogar der Pascha findet sich ein. Das Spiel vom Morgen wiederholt sich. Die Löwen liegen da und beobachten mit gierigem Blick die Antilopen. Zunächst passiert nichts, und wir drohen ungeduldig zu werden. Mehr als einmal fragen wir uns, ob es nicht sinnvoller wäre, eher nach dem Geparden zu suchen. Wie gern hätte ich mir die Katze doch näher angeschaut.

Doch plötzlich kommt Bewegung in die faule Katzenmeute. Eine Antilope steht in einem Wasserloch und pflückt in aller Ruhe saftige Blätter von dessen Rändern. Wahrscheinlich haben die Löwen das Tier schon lange zuvor entdeckt, aber erst jetzt formieren sich drei Löwinnen im Halbkreis und schleichen sich an. Sie schieben Tatze vor Tatze. Während sie sich im Zeitlupentempo dem vermeintlichen Opfer nähern, schwindet das Licht. Als sie sich flach und für das menschliche Auge nahezu unsichtbar hinlegen, sind sie gut und gerne 100 Meter vom Zielobjekt entfernt. Eine vierte Löwin versucht sich linksversetzt an die Antilope heranzupirschen, die nach wie vor nichts bemerkt. Obendrein hat sie sich einen sehr unglücklichen Fressplatz ausgesucht. Sie steht so tief in einer Senke, dass es ihr von ihrer Position aus nahezu unmöglich sein dürfte, ihr Umfeld zu übersehen.

Das ist die Stunde der Jägerin, zumal sie sich ungeheuer geschickt voranarbeitet. Die Beine sind angewinkelt, Kopf und Rumpf bilden eine starre Linie. Der massige Körper schmiegt sich regelrecht an jede Unebenheit ihres Weges an. Die kleinste Deckung nutzt sie für eine Verschnaufpause, die Augen unverwandt auf ihre Beute gerichtet. Ein einziges Mal nur wagt sie einen prüfenden Blick zu ihren Jagdgehilfinnen. Die liegen regungslos da. Selbst den Löwenkindern sind jegliche Flausen aus dem Kopf gewichen. Für sie bahnt sich eine Lehrstunde in Sachen Jagen an.

Tatsächlich scheinen die Aussichten für einen Löwenschmaus zu steigen. Die Jägerin ist wohl bis auf vierzig Meter herangekommen. Der Wind muss günstig sein. Nach wie vor ahnt die Antilope das drohende Unheil nicht. Minutenlang passiert überhaupt nichts. Die Antilope frisst. Die Löwin verharrt. Wir warten. Ich würde nicht darauf wetten, dass der Löwin der Jagderfolg sicher ist. In dem sumpfigen Terrain hängt die grazile Antilope die Verfolgerin möglicherweise leicht ab.

»Mist!«, meint Cameron. Die Antilope wendet sich ab und bewegt sich weiterhin fressend von uns fort. Für die Löwin indes ist es ein Signal. Ein Ruck fährt durch ihren Körper. Sie hebt sich leicht, um für den Bruchteil einer Sekunde ein letztes Mal die Ausgangslage zu überprüfen: Die Jagd geht los! Die Antilope merkt sehr spät, welche Stunde ihr geschlagen hat. Bis sie reagiert, ist die Löwin bedrohlich nahe. Sie muss bereits den Atem der Jägerin in ihrem Nacken spüren. Das Wasser spritzt. Zuweilen verschwinden beide Tiere in der Gischt.

»Los, los, los!«, feuert Cameron die Löwin an. Vor lauter Begeisterung verliert er fast die Beherrschung. Die Antilope vollführt in höchster Flucht eine Kehrtwende. Die Löwin meistert dieses Manöver mit beachtlicher Leichtigkeit. Trotzdem wird der Abstand zwischen Jäger und Beute zusehends größer. Noch einmal haben wir für einige Momente das Gefühl, sie könnte die Flüchtende doch noch erreichen. Dann gibt auch die Löwin auf. Doch der Zufall ist auf der Seite der Raubkatzen. Mit unverminderter Geschwindigkeit flüchtet die Antilope weiter, buchstäblich in die Arme der anderen Rudelmitglieder. Eine andere Löwin nimmt sich des Falls an. Die Gejagte hat beträchtlich an Ausdauer verloren. Außerdem ist ihr ein weiterer Fehler unterlaufen: Sie ist mittlerweile auf festem Grund.

Ein Zurück gibt es nicht, weil ihr dort ein weiterer Widersacher den Weg versperrt. Was tun? Die Antilope mobilisiert ihre letzten Kräfte. Nichtsdestotrotz klebt ihr der Tod an den Fersen. Noch fünf, noch vier, noch zwei Meter, der massige Leib begräbt das grazile Tier förmlich unter sich. Das mächtige Gebiss der Löwin schließt sich unnachgiebig und endgültig um den Hals der Antilope. Es ist vorbei. Wenigstens weicht das Leben sofort. Das Tier merkt von alledem nichts mehr.

Das Rudel der Löwen schert sich nicht um Anstand oder gute Sitten. Alle stürzen sich ausnahmslos auf den Braten, und sofort ist eine Streiterei im Gange. Der Pascha ist wütend und macht bedrohlich hörbar seinen Anspruch geltend. Die Löwenkinder baden regelrecht in der Beute. Sie sind binnen kürzester Zeit von oben bis unten blutverschmiert und bekommen obendrein einen kräftigen Hieb mit der Tatze, wenn sie zu dreist werden.

Mittlerweile ist das letzte Licht des Tages gewichen. Im Strahl unseres Spotscheinwerfers sieht alles umso geheimnisvoller aus. Es bricht eine unbeschreibliche Nacht an, vollkommen surreal und voller Schrecken, hier und in der Ferne.

Am Horizont baut sich eine riesige Feuerwand auf. »Wieder hat einer Feuer gelegt«, flucht Cameron. Ein bedrohliches Bild brennt sich in unser Bewusstsein. Das Feuer tobt und rast. Es zerstört alles. Viele Tiere werden in dieser Nacht sinnlos sterben.

»Warum? Warum, verdammt noch mal?«, hämmert es in unseren Köpfen.

Die Brände rücken näher. Der Wind spielt mit den Flammen, die ganze zehn Meter und mehr gen Himmel lodern und dort, wo sie gewütet haben, nichts als schaurig verkohlte Baumleichen zurücklassen. Alles ist umhüllt von einem erstickenden grauen Rauchschleier: Willkommen in der Hölle.

Wieder geraten sich die Löwen in die Haare. Ihr Brüllen dringt aus dem tiefsten Inneren, so tief, dass die Erde zu beben scheint. Wir sind kaum fünf Meter von ihnen entfernt. Das Grauen schlägt auf uns ein. Es ist, als ob die Welt unterginge, wir fühlen uns bedroht und ausgesetzt – und voller hilflosem Zorn. »Scheißmenschen!‹ Für einen kurzen Moment kommen tiefe Abscheu und Hass auf. Solange wir keine Antwort auf die Frage finden, weswegen hier Menschen einfach wahllos Land verbrennen – noch dazu in einem Nationalpark –, ist die Situation unerträglich. Wir müssen hier weg, und zwar lieber jetzt als irgendwann. Jetzt ist in einer Stunde. Bis dahin hält uns die schaurige Situation gefangen.

Unser Camp ist wunderschön, vor allem weil wir die Brände nicht sehen können und die Luft einigermaßen klar ist. Wir essen an einem schweren Holztisch unter einem riesigen, verzweigten Teakholzbaum. Bridget gibt sich alle Mühe, uns wieder aufzurichten. Es gibt vorzügliches Abendessen. Doch die grauenvollen Bilder verfolgen uns, und wir haben nicht den geringsten Appetit. Während das Feuer da draußen verschlingt, was sich ihm in den Weg stellt geht es bei uns am Essenstisch hoch her. Cameron liebt den Kafue-Nationalpark bedingungslos. Seine Bitterkeit und seinen Zorn hält er nicht zurück, wenn es darum geht, das Problem mit den Bränden zu erörtern.

»Die Menschen brennen alles ab, weil sie Angst vor den Tieren haben«, sagt er wütend. »Das Problem sind die Fischer. Sie dürfen als Einzige auch in dem Nationalpark ihrem Broterwerb nachgehen. Das wäre nicht schlimm, aber sobald sie meinen, die Vegetation sei zu unübersichtlich, brennen sie alles ab, um keinesfalls einem gefährlichen Tier in die Arme zu laufen.«

Diese Behauptung halten wir für völlig absurd. Und wir merken, dass wir einen ganzen Abend lang völlig verschiedene Sprachen sprechen, obwohl wir uns ganz und gar einig sind: Das jährliche Abbrennen ganzer Landstriche muss aufhören. Cameron beharrt darauf, dass die Fischer bedingungslos den Nationalpark verlassen müssen. Wir hingegen sind uns absolut sicher, dass die Fischer ihr Verhalten ändern, wenn man ihnen die fatalen Folgen ihrer Zündeleien darlegt. Dann könnten die Fischer ein integrativer Bestandteil des Ökosystems im Nationalpark sein. Cameron kann über diese idealistische Denkweise nur verbittert lachen. Einen wirklichen gemeinsamen Weg aus dem Dilemma finden wir nicht.

Am nächsten Tag sehen wir die Sonne nahezu überhaupt nicht. Über dem ganzen Gebiet, das tags zuvor noch wie ein Paradies erschien, hängt ein Schleier von Rauch. Wir sind in einer ausgebrannten Hölle unterwegs. Weil Cameron von seinen Behauptungen nicht abrückt, wollen wir es nun genauer wissen. Wir überreden ihn, einen der Fischer aufzusuchen, die ab und zu in den Park kommen, um ihrem Handwerk nachzugehen. Ich muss es einfach aus dem Mund derjenigen Menschen hören, die die Brände legen. Vorher finde ich keine Ruhe.

Cameron erklärt sich bereit – allerdings nicht, ohne Cornet aus dem Camp mitzunehmen, der übersetzen kann und ihm den Rücken freihält, wenn die Emotionen mit ihm durchgehen. Denn Cameron hasst die Fischer, das wissen wir spätestens seit der vergangenen Nacht.

Auch wenn mich mein Begleiter gehörig vorgewarnt hat, nehme ich mir vor, den Menschen vorurteilsfrei gegenüberzutreten. Auf keinen Fall soll es in einer Anklage gipfeln.

Wir fahren Richtung Parkgrenze. Vorsichtshalber haben wir Lunchpakete mitgenommen. Wahrscheinlich wird unser Ausflug längere Zeit dauern. Außerdem ist es nicht schlecht, wenn wir etwas zu essen anbieten können. Das Land ist durch die zahllosen Brände völlig verwüstet. Auch auf große Distanzen können wir alles, was sich bewegt, erkennen. Lange müssen wir nicht suchen, da sehen wir einen Afrikaner. Da nur Fischer oder Touristen offiziell Zutritt in den Nationalpark haben, vermuten wir, an die richtige Adresse zu geraten. Wir halten auf den Mann zu. Hoffentlich geht er uns nicht aus dem Weg. Cameron hat uns gewarnt. Nur wenige Leute werden bereit sein, mit uns zu sprechen. In ihren Augen sind Nationalparks Spielplätze der Weißen, mit denen sie nichts zu tun haben wollen. Wir halten an und lassen Cornet vorausgehen. Er ist ein netter Kerl, der zudem aus der Gegend kommt, was die Annäherung erleichtert.

Nachdem wir die beiden eine Weile haben reden lassen, denke ich, es wird Zeit hinzuzustoßen. Wir stellen uns vor. Der Fischer heißt Mushala und gehört wie Cornet dem Volk der Kaonde an.

»Schöner Name«, sage ich höflich. Und überhaupt sei alles faszinierend hier in Sambia, füge ich hinzu, auch wenn es inmitten der abgebrannten Steppen und mit einem rauchig grauen Himmel über unseren Köpfen reichlich grotesk klingt. Vor lauter Schwärmerei vergesse ich fast, dass mein Gegenüber nahezu kein Englisch versteht. Vielleicht aber doch ein bisschen, denn er lacht, und damit habe ich seine Sympathien gewonnen.

Wir laden den Fischer zu einem Picknick ein. Neben einem Wassergraben lassen wir uns auf verkohlten Stoppeln in der prallen Sonne nieder. Cameron ergänzt die Runde, auch wenn ich ihm ansehe, dass es ihm nicht leicht fällt. Der Fischer staunt nicht schlecht, was da so alles aus den Lunchpaketen herauskommt. Fast schäme ich mich ein bisschen, und ich habe keine große Lust zu essen.

Mushala ist zurückhaltend. Das habe ich nicht anders erwartet, die Situation ist nicht ganz einfach für ihn. Mit Cornet spricht er reichlich, mit uns nur, wenn wir ihm konkrete Fragen stellen oder Cornet immer wieder nachhakt.

»Mit dem Fischen klappt es in letzter Zeit ganz gut«, erzählt Mushala. Zumindest kann er nicht klagen. Mit seinen drei Kindern und seiner Frau kommt er ganz gut über die Runden. Doch zehn Kilometer war er heute schon wieder zu Fuß unterwegs, um nach den Fischbarrieren am Lufupa zu schauen. »Zehn Kilometer, das ist weit«, wiederholt Mushala des Öfteren, und wir merken, dass er lieber näher am Lufupa-Fluss wohnen würde. Das ist allerdings ausgeschlossen, denn die Fischer dürfen den Park zwar betreten, aber nicht bewohnen.

Die Sonne brennt uns das Hirn aus dem Kopf. Es wird höchste Zeit, auf das Feuer zu sprechen zu kommen. Bisher haben wir uns gut verstanden, solange wir diesem Thema respektvoll ausgewichen sind.

»Ja, auch ich lege Feuer«, gibt Mushala freimütig zu. »Es hat in diesem Jahr wieder sehr viel geregnet. Das Gras war oft mehr als hüfthoch. Deshalb machen wir sauber. Wir haben Angst, wenn wir in den Busch gehen. Wir müssen das Land überblicken, um uns rechzeitig vor Raubkatzen in Sicherheit zu bringen.«

Ich versuche, meinen aufsteigenden Zorn herunterzuschlucken und möglichst sachlich nachzufragen. »War das schon immer so?«

»Das ist Tradition«, erwidert Mushala.

»Hat denn jemals ein Löwe einen Fischer angefallen?«, bohren wir nach.

»Löwen sind gefährlich«, weicht er aus und berichtet stattdessen von Unfällen mit Krokodilen.

Ich erzähle von meinen Erlebnissen, von den Begegnungen, die ich mit Löwen hatte, und dem Leben mit Geparden. Mushala wundert sich, vor allem, als wir ihm einige Postkarten, die mich mit Geparden zeigen, in die Hand drücken. Mushala scheint die Welt nicht mehr zu verstehen.

»Geparden sind gefährlich«, murmelt er beharrlich, aber ich habe dennoch das Gefühl, dass ihn dieser Teil des Gespräch nachdenklich gemacht hat. Wir könnten ihm jetzt alles Mögliche vortragen, zum Beispiel die ökologischen Folgen der jährlichen Brände. Mushala würde uns nicht verstehen, und ich würde trotz alledem nicht verstehen wollen, wie weit meinem Gegenüber das große Naturverständnis seiner Vorfahren abhanden gekommen ist. Jeder hat auf seine Weise mit der Begegnung zu leben, und so oder so ist es für uns beide ein Schritt nach vorn. Wir gehen freundschaftlich auseinander. Mushala versichert mir, dass er seinen Leuten im Dorf die Postkarte zeigen wird, und dabei hat er ein Leuchten in den Augen.

»Gut so«, denke ich mir, sagen Bilder doch mehr als tausend Worte.

Eigentlich bin ich nach Sambia gekommen, um nach einem Paradies für Geparden zu suchen. Doch am Abend diskutieren wir schon wieder über die Brände, das Thema lässt uns einfach nicht los. Die Begegnung mit Mushala hat neuen Diskussionsstoff geliefert. Ich zermartere mir den Kopf nach einer Lösung und glaube sie in der Zusammenarbeit mit den Menschen vor Ort zu sehen. Cameron hingegen hält an seiner These von den unverbesserlichen Fischern fest. Nur ein striktes Verbot mit drastischen Strafen kann nach seiner Einschätzung den Wendepunkt bringen.

»Aber wie soll man das in einem so riesigen Land kontrollieren?«, gebe ich zu bedenken. Cameron hat keine Antwort darauf. Als wir zu später Nachtstunde auseinander gehen, haben sich unsere Positionen angenähert. Cameron hat ein klein wenig mehr Vertrauen in die Menschen gefunden. Es ist nicht viel, aber es macht mich glücklich genug.

Mittlerweile haben wir ein neues Camp im Kafue-Nationalpark bezogen. Jetzt, zur Trockenzeit, haben die Bäume ihr Laub abgeworfen, und die Wälder sind regelrecht herbstlich licht.

Unser Camp liegt am Lufupa-Fluss. Fünf oder sechs Kilometer weiter flussabwärts gibt es eine der zwei Wildlife-Schulen in Sambia. Kinder, vor allem aus Lusaka, aber auch aus dem Busch, kommen dort in Gruppen von 15 bis 20 Teilnehmern für eine Woche zusammen, um die Natur ihres Landes hautnah zu erleben. Leider kann der Unterricht nur in der Trockenzeit abgehalten werden, also für rund 15 Wochen im Jahr.

Wir beschließen, unseren ungewöhnlichen Nachbarn einen Antrittsbesuch abzustatten. Die Schule heißt »Tree Tops«, weil sie sich in unmittelbarer Nachbarschaft eines fürwahr gewaltigen Affenbrotbaumes befindet, angeblich des größten in Afrika – das will mir der Schulleiter Tenyson weismachen.

Tenyson und sein Helfer Peter sind sehr nett und aufgeschlossen. Wir sitzen gemeinsam vor einer afrikanischen Hütte auf der Terrasse, die offensichtlich eine Art Lehrerzimmer ist. Tenyson ist der einzige Lehrer. Peter fährt die Kinder ab und zu mit einem kleinen Truck auf Safari. Das Ding sieht jedoch so abenteuerlich aus, dass ich nicht ganz unrichtig vermute, alle Tiere würden vor diesem Monster Reißaus nehmen.

Mit Tenyson kann ich ganz offen über das Problem mit den

Bränden reden. Das tut gut. Ich erzähle ihm von den Geparden und von unserer Malaktion in Deutschland, Namibia und Kenia, um Kinder verschiedener Kulturen zum Thema Gepardenschutz zusammenzubringen.

»Wie wäre es, wenn ich morgen unterrichten würde, und wir malen Geparden?«, kommt mir spontan eine Idee. Tenyson ist begeistert. Und als wir am Abend noch einmal darüber reden, sind wir uns einig, dass wir den richtigen Weg eingeschlagen haben.

Wie vereinbart trete ich pünktlich meine Tätigkeit als Lehrer an. Erst jetzt wird mir wirklich bewusst, wie fremd das den Kindern sein muss. Ob ich ihnen wirklich etwas nahe bringen kann? Zur Einführung erklärt Tenyson, dass ich mit Geparden gelebt habe und ihnen heute über Geparden berichten werde. Dann übergibt er mir das Wort.

Es ist eine absolut faszinierende Erfahrung für mich. In aller Kürze lasse ich mein Leben mit den Geparden Revue passieren.

Mit Geparden zu leben, von ihnen regelrecht adoptiert zu werden – nein, das ist jenseits jeglichen Vorstellungsvermögens für einen Afrikaner. Fragende Blicke haften auf mir. Ich versuche meine Gefühle zu erklären und warum wir Geparden schützen müssen. Ich berichte von den Kindern in Deutschland, die Geparden lieben und malen. Das Problem mit dem Feuer erwähne ich kein einziges Mal. Nach ungefähr einer Stunde höre ich auf zu erzählen, doch die Kinder wollen mehr wissen. Auch Tenyson löchert mich mit Fragen.

Und dann wollen die Kinder Geparden malen, unbedingt. Das ist gar nicht so einfach. Wir tragen alle auffindbaren Papierbestände zusammen. Farben gibt es keine. Freilich sind die Menschen im Busch auch in diesem Punkt Meister der Improvisation. Mit Holzkohle, Tee und Kaffee lassen sich bezaubernde Bilder schaffen. Wir schenken jedem Kind eine Gepardenpostkarte. Außerdem stellen wir dem Sieger des heutigen Malwettbewerbs mein englisches Gepardenbuch in Aussicht, in dem ich mit vielen schönen Fotos und einfachen Texten von meiner Gepardenfamilie berichte. Die Kinder sind mit Feuereifer dabei. Gill hat einen Lippenstift aus Lusaka mitgebracht. Der avanciert zur Attraktion. Jeder will den ungewöhnlichen Malstift einmal ausprobieren. Am Ende bleibt nichts mehr davon übrig. Erst als es dunkel wird, beenden wir die Malaktion. Am Abend jurieren wir die Kunstwerke im Kerzenlicht des Camps. Die Preisverleihung findet am nächsten Tag statt. Der Gewinn – das Buch – ist der Himmel auf Erden für das sambische Kind.

Wir müssen Tenyson versprechen wiederzukommen. Darauf kann er sich verlassen. Wir sind überglücklich. Nicht nur wir konnten den Kindern etwas weitergeben, sondern umgekehrt auch sie uns. Außerdem haben wir einen Weg gefunden, gegen das Problem mit den Bränden vorzugehen. Das ist im Laufe dieser Wochen unser Hauptanliegen geworden. Denn erst dann wird es ein Paradies für Geparden in Sambia geben – und das suchen wir noch immer mit uneingeschränktem Optimismus.

Wir wissen, es liegt noch ein weiter Weg vor uns. Denn wo immer wir auf dieser Reise noch hinkommen, werden wir Zeugen der Zerstörungswut unkontrollierbarer Flammenmeere.

Unsere letzte Etappe führt in den Lower-Sambesi-Nationalpark an der Grenze zu Simbabwe. Grant, der Besitzer des Chiawa-Camps an den Ufern des gewaltigen Sambesi-Flusses, empfängt uns mit einer Hiobsbotschaft. Wir waren in der Wildnis nicht auffindbar. Deshalb landete ein dringendes Fax für uns, das bereits vor zwei Wochen in Lusaka eintraf, bei ihm im Camp.

Die Nachricht ist von Rolf aus Deutschland. Die Auswilderungsgenehmigung scheint null und nichtig zu sein. Rolf erklärt mir alles in langen, schön formulierten Sätzen und bittet mich, ihn schleunigst anzurufen. Weiß er, wo ich bin? Ich bin erst einmal fassungslos und habe ehrlich gesagt nicht die geringste Ahnung, wie ich das Problem lösen könnte.

Mittlerweile haben wir den 6. September. In fünf Tagen fliegen wir zurück nach Deutschland. Ich bin nicht auf dem Laufenden, was jenseits des afrikanischen Busches in der Welt passiert, und kann nur hoffen, dass Rolf inzwischen nach Namibia geflogen ist, um die Sache zum Guten zu wenden. Ansonsten verdränge ich die unliebsame Neuigkeit, so gut es geht. Und es geht nicht.

Das schlechte Gewissen martert mich. Was tue ich eigentlich noch hier? Aber Afrika hält mich eben noch fünf Tage gefangen. Das weiß ich nur zu gut. Es gibt kein spontanes Entrinnen aus der Wildnis. Während ich mit dem Kanu auf dem Sambesi paddle und mich an dem Anblick schwimmender Elefanten weide, bin ich in Gedanken längst im trockenen Namibia und bei den Geparden, denen ich die Freiheit versprochen habe.

Immer wieder diskutiere ich mit Grant über die anstehende Auswilderung in Namibia, die nun keineswegs mehr sicher ist. Auch er liebt Geparden, obwohl er gerade einmal eine Hand voll in der freien Natur bewundern durfte. Grant ist sich sicher, dass mein Plan Erfolg haben wird. Er träumt davon, wir könnten eines Tages auch Geparden in diesem Teil Sambias auswildern.

»Im Lower Sambesi gab es früher auch Geparden. Aber schon seit mehreren Jahren gelten sie dort als ausgestorben«, erzählt mir Grant. Das ist eine interessante Information – sollten wir vielleicht doch ein Paradies für Geparden gefunden haben? Sicher bin ich mir nicht, denn auch hier haben die Menschen Angst vor allem, was gemeinhin als gefährlich gilt. Der einzige Ausweg ist zu töten. In mir wächst die Überzeugung, dass Artenschutz nur in Zusammenarbeit mit den Menschen vor Ort möglich ist. Trotzdem vermag ich darüber kaum noch nachzudenken.

Ich zähle die Tage. Die Ungewissheit zerrt an meinen Nerven. Doch sooft ich auch frage, es sind keine weiteren Nachrichten von Rolf für mich da.

Der 11. September 2001 ist endlich gekommen. Heute geht es zurück nach Deutschland, nur für einen Tag, davon gehe ich nach wie vor aus. Ein letztes Mal fahren wir am Morgen den Sambesi-Fluss abwärts. An keinem einzigen Tag während unseres gesamten Aufenthaltes war der Himmel so blau und klar wie heute, beinahe azurblau. Als hätte ich es geahnt, habe ich bei den Vorbereitungen für die Rückreise meine Fotokamera noch nicht eingepackt. Es fällt mir umso schwerer, mich von der zauberhaft schönen Gegend zu verabschieden. Zu allem Überfluss haben wir noch eine überaus feuchte Begegnung mit einem Elefantenbullen. Wir sind nämlich in eine Untiefe zwischen einer kleinen Insel im Fluss und dem Ufer geraten. Das wäre weiter nicht schlimm, wenn wir nicht einem Elefanten den Weg versperrten, der sich ausgerechnet diese Furt ausgesucht hat, um von der Insel auf das Festland zu gelangen. Im ersten Moment ist es ein ziemlich dummes Gefühl, einem Elefanten schutzlos ausgesetzt zu sein. Doch der Dickhäuter ist ein Spaßvogel ohnegleichen. Anstatt uns auf dem Boden des Flusses totzutrampeln, legt er sich unmittelbar vor unser Boot, just da, wo die Insel in den Fluss übergeht. Offensichtlich will er sich nicht unnötig nass machen. Ist ja auch unangenehm so früh am Morgen. Wie sanft Elefantenaugen blicken können. Jedenfalls schaut er uns an, als könne er keiner Fliege etwas zuleide tun. Wir unsererseits beäugen den Kämpen gelinde gesagt etwas hilflos. Was sollen wir sonst tun? Heftiger Aktionismus – und anders kriegen wir das Boot hier nie weg – könnte ihn allenthalben wütend stimmen. Freilich habe ich keine Lust, eine Schlägerei mit einem so ungleichen Gegenüber einzugehen. Schon eine Ohrfeige mit seinem Rüssel könnte für mich hinfort das Zähneputzen überflüssig machen.

Der Elefant löst das Problem auf seine Weise. Erst bläst er zur Attacke und trompetet, um dann genüsslich seinen Rüssel voller Wasser zu saugen. Oje, ich weiß, was jetzt kommt. In weiser Voraussicht verberge ich die Kamera hinter meinem Rücken. Gerade noch rechtzeitig, denn da werden wir schon kräftig geduscht. Ich verzichte darauf zurückzuspritzen. Der Elefant ist sichtlich zufrieden. Er richtet sich auf, trompetet ein- oder zweimal und nimmt einen anderen Weg an Land. Glück gehabt, diese Begegnung hätte auch ganz anders verlaufen können. Erleichtert ziehen auch wir unseres Weges, es ist Zeit, ins Camp zurückzukehren. Der Fahrtwind trocknet uns, aber es wird entsetzlich kalt.

Wenig später bringt uns Grant zur Buschpiste. Der Pilot soll rund eine Stunde später eintreffen als ursprünglich geplant, nämlich gegen 16.30 Uhr. Um 18.30 Uhr geht der Flug von Lusaka nach London. Eine Dreiviertelstunde brauchen wir hier vom Lower Sambesi nach Lusaka. Das sollte gerade so reichen. Trotzdem sind wir lieber frühzeitig an der Piste. Außerdem will uns Grant noch zeigen, wo wir ein Auswilderungsgehege für Geparden bauen könnten, für den Fall, dass ich sie hierher bringen sollte. Ich merke aber, dass ich im Geist bereits nach Namibia unterwegs bin und mich damit jetzt nicht mehr beschäftigen möchte.

»Das nächste Mal«, verspreche ich. Immerhin gut zu wissen, dass die Möglichkeit besteht.

Es ist 16.30 Uhr. Die Landschaft schweigt wie ein Lamm. Wäre eine Cessna in der Nähe, wir hätten sie längst gehört.

»Bist du sicher, dass er kommt?«, frage ich Grant, als der große Zeiger auf meiner Uhr wenige Minuten vor fünf anzeigt.

Grant ist sich nicht sicher. Er funkt ins Camp. Dort liegen keine neuen Informationen vor.

»Scheiße!« Langsam kann ich nur noch fluchen. Wenn der Flieger nicht augenblicklich kommt, sind alle meine Pläne zunichte. Grant weiß auch nicht mehr weiter. Anscheinend sind wir vergessen worden. Um Viertel nach fünf nähert sich eine Cessna. Wir hören den Motor ganz schwach. Fehlanzeige – die Maschine entschwindet in Richtung Simbabwe.

»Was ist los?«, erkundigt sich Grant via Funk. Nichts ist zu hören außer einem entsetzlichen Rauschen.

»Moment, schalte ab«, unterbreche ich seine Bemühungen, den Kontakt wiederherzustellen. Wieder ist Motorenlärm zu vernehmen. Gott sei Dank, der verdammte Flieger kommt endlich näher. Wir rasen über die Landebahn, dahin, wo wir vermuten, dass das Ding landen wird. Während der Pilot checkt, ob die Piste frei ist, formieren wir alle Gepäckstücke am Rande der Bahn, damit wir keine Zeit mehr verlieren. Offensichtlich kommt wieder ein Funkspruch aus dem Camp. Wir verstehen fast nichts, weil die Cessna im Landeanflug ist und einen irrsinnigen Lärm macht.

»Hallo, hallo … New York … Bomber!«, knattert es uns entgegen. In diesem Moment kommt der kleine Flieger direkt neben unserem Gepäck zum Stehen. Der Pilot ist Jeff, wir kennen den Kerl. Der hat uns schon einmal versetzt. Es scheint seine ganz persönliche Art zu sein, sich zu amüsieren. Immerhin merkt er, dass wir stinkesauer sind, denn diesmal zählt jede Minute.

»Wir müssen den Flieger um 18.30 Uhr in Lusaka erreichen!«, schreie ich, so laut ich kann. Auf anderem Wege ist bei diesem Krach keine Verständigung möglich. In fieberhafter Eile verstauen wir mit vereinten Kräften das Gepäck.

Grant sieht etwas blass aus. Der Funkspruch war jedenfalls keine Nachricht über einen Lottogewinn. »Amerika … Ein Selbstmordbomber ist in die Türme des World Trade Center und ins Pentagon geflogen … Alles im Arsch … Scheiße!«, brüllt Grant, als wir uns notdürftig verabschieden.

»Was?!« Zu weiteren Nachfragen bleibt keine Zeit. Wir springen in die Cessna, verriegeln die Türen, und los geht es. Um 17.40 Uhr verlieren wir den Grund unter den Rädern. Sofern alles gut geht, sind wir fünf Minuten vor Abflug der Maschine nach London in Lusaka.

»Weißt du was von New York? Was ist da passiert?«, versuche ich in Erfahrung zu bringen.

»Keine Ahnung, warum, was soll da sein?«, brummt Jeff. Aber der kann ohnehin nur fliegen, und das auch noch viel zu langsam.

Wir landen in Lusaka eine geschlagene Dreiviertelstunde später. Jeff schmuggelt uns direkt in die Abfertigung. Wir werfen unser Zeug auf das Band, schnappen uns die Flugtickets und stürmen zum Gate. Dort herrscht Chaos. Niemand kann uns genau sagen, was in Amerika passiert ist. Wir kriegen nur mit, dass amerikanische Passagiere aufgefordert werden, nicht nach London zu fliegen. Dort sei vorerst alles zum Erliegen gekommen, und weiter in Richtung Amerika gehe es sowieso nicht.

Wir verlassen Sambia mit fast drei Stunden Verspätung, weil das gesamte Fluggepäck noch einmal ausgeladen und überprüft werden muss. Den Weiterflug nach Frankfurt habe ich bereits aufgegeben.

Tatsächlich erreichen wir in London sogar den Anschlussflug, was uns aber nicht weiterhilft, denn wir stehen weitere fünf Stunden auf dem Rollfeld herum. Wann und ob wir noch an demselben Tag nach Frankfurt kommen, kann uns lange niemand sagen. Dass davon unter Umständen die Zukunft zweier Geparden abhängt, ist nicht von Interesse. Ich indes bange um das Schicksal meiner Schützlinge.

Am späten Nachmittag stehen wir nach langer Zeit wieder auf deutschem Boden. Wir können es kaum fassen. Eigentlich hätten wir vor mehr als acht Stunden um 7.30 Uhr in Frankfurt landen sollen.

Sobald ich mein Mobiltelefon wieder benutzen kann, rufe ich Rolf an. Ich hoffe, er nimmt nicht ab, sondern ist bereits in Namibia. Pustekuchen – es klingelt keine dreimal, da meldet er sich. »Was ist los?« Für eine Begrüßung reicht die Zeit nicht.

»Der Besitzer von Namib Rand hat einen Antrag gestellt, aber irgendwas ist mit den Papieren schief gelaufen. Es scheint da ein paar Unstimmigkeiten zu geben«, sagt Rolf.

»Und was jetzt?« Diese Frage können wir uns nur selbst beantworten. Wir vertagen die Entscheidung auf später. Gleich wenn ich daheim bin – und das ist gegen 18.00 Uhr –, werden wir erneut telefonieren.

Zu Hause bin ich auch nicht viel schlauer, trotzdem greife ich zum Telefonhörer. Ich versuche, mir im zweiten Anlauf einen besseren Überblick über die Situation zu verschaffen. Schließlich sollten wir morgen um die gleiche Zeit längst in Namibia unterwegs sein. Die Geparden sind wichtiger als irgendwelche bürokratischen Hemmnisse, die vor Ort ohnehin viel besser gelöst werden können. Nach dem Motto »Alles oder nichts« entscheiden wir uns trotzig zu fliegen. Noch an diesem Abend organisiere ich mein Gepäck. Laut Liste sollte ich nichts Wesentliches vergessen haben. Als ich die

Treppe hochkrieche – zu mehr bin ich nicht mehr in der Lage – bleibt mein Blick an dem Gemälde von der Gepardin hinter Gittern hängen.

»Hol mich hier raus«, schweigt sie mich an.

»Nur noch wenige Tage«, lege ich ein stilles Gelübde ab. Dann bleiben mir höchstens zehn Schritte. Ich falle auf das Bett und sinke unverzüglich in tiefen Schlaf. Für Träume bin ich schlicht und ergreifend viel zu erschöpft.

Der Weg in die Freiheit

Am nächsten Morgen kehre ich von weither in die Realität zurück. Mir bleibt gerade noch Zeit, die wichtigsten Dinge im Büro zu organisieren. Gegen Mittag fahre ich zu Rolf, und von dort geht es nach München, wo wir uns via Flugzeug nach Namibia gerne aus der zivilisierten Welt verabschieden. Ein Tag in Deutschland war mehr als genug.

Helga und Wolfgang, Freunde von Rolf, haben vor Ort die Auswilderung in Namibia logistisch vorbereitet. Es ist Freitagvormittag, als wir uns in Windhoek beraten. Sie wissen noch nichts von den möglichen Schwierigkeiten mit der Genehmigung. Warum auch. Es hätte sie nur unnötig verunsichert. Wir sind überzeugt, dass alles wie geplant genehmigt wird. Deshalb sitzen wir hier. Das Konzept und die lange Vorbereitung sind überzeugend genug. Nur weil ein Rad in der Maschinerie versagt hat, stellt das die Auswilderung als solche nicht in Frage. Wichtig ist einzig und allein, dass sich im entscheidenden Moment alles wie in einem perfekten Uhrwerk zusammenfügt: Der Tierarzt muss verfügbar sein, das Flugzeug für den Transport muss entsprechend präpariert zum richtigen Zeitpunkt eintreffen, das Auto für den Transport bereitstehen, und überhaupt jeder einzelne Schritt muss Hand in Hand gehen. Jeder im Team muss seinen Part gewissenhaft erfüllen. Der geringste Ausfall könnte alles, aber auch alles zunichte machen.

Da wir im Ministerium an diesem Freitag niemanden mehr erreichen, der uns wirklich weiterhelfen könnte, verfahren wir nach Plan. Zunächst möchte ich schleunigst in das Namib-Rand-Naturreservat. Nur wenn ich mir ganz sicher bin, dass die Beutetierpopulation auch fast ein Jahr später stabil ist, kann ich es verantworten, die Geparden dorthin zu bringen. In dieser Hinsicht darf und will ich kein noch so geringes Risiko eingehen.

Wolfgang ist Pilot und hat ein Ultraleichtflugzeug. Das ist perfekt. Aus der Luft werden wir viel besser eine Zählung von Beutetieren vornehmen können. Wir treffen noch am selben Tag einen der Besitzer von Namib Rand, der sein Büro in Windhoek hat, und stimmen meine Pläne ab. In aller Frühe brechen wir am darauf folgenden Morgen von der namibischen Hauptstadt auf: zwei Geländewagen und ein Lkw mit Trailer, in dem das Ultraleichtflugzeug verstaut ist.

Viel lieber wäre ich jetzt gleich in den Norden zu meinen Geparden im Gehege gefahren. Bis dahin wird noch einige Zeit ins Land gehen. Während der ganzen Fahrt muss ich unablässig an sie denken. Das Gehege ist jetzt größer. Mit hoher Wahrscheinlichkeit hat sich die Gruppendynamik vollends verändert. Ich habe noch kein Gefühl für die neue Situation im Gehege, weil ich seither nicht dort sein konnte. Unversehens bin ich mir keineswegs mehr sicher, ob die Auswilderung der richtige Weg ist. Urplötzlich verlässt mich alle Überzeugung, die ich mir in monate-, wenn nicht jahrelanger Auseinandersetzung angeeignet habe.

»Wehe, es geht irgendetwas schief«, macht mich mein Gewissen mürbe. Es ist niemand da, mit dem ich meine Angst teilen könnte. Keiner kennt die Katzen im Gehege so genau wie ich. Es ist meine Entscheidung. Sie hängt allein mir bis zum bitteren Ende an.

»Nimm dich zusammen«, kämpfe ich gegen meinen inneren Schweinehund an. Es hilft nur für einige kurze Augenblicke, wie wenn man müde ist und sich Minute um Minute weitertreibt, bis auch das versagt und dann …

»Du schaffst das«, lasse ich nicht locker. Aber was heißt eigentlich »du«? Hauptsache, die Geparden bewältigen den Schritt in die Freiheit. »Also gut, Hauptsache die Geparden schaffen es«, versuche ich Frieden mit mir zu schließen. Außerdem beruhige ich mich damit, dass noch mindestens zwei Wochen zwischen dem jetzigen Zeitpunkt und dem Transport liegen. Und innerhalb dieser Spanne fließt viel Wasser den Fluss hinunter.

»Welcher Fluss?« Mit diesem abwegigen Gedanken finde ich vorläufig einen Ausweg aus meinem persönlichen Gedankenkonflikt, denn die Landschaft ist verflucht ausgedörrt. Just auf der Anhöhe des Streetshoogte-Passes ist uns ein erster Blick auf die Namib vergönnt – jene trockenste Wüste der Erde. Wie eh und je fragt sie mich mit dem gähnend leeren Blick der vom Wind geformten Landschaft aus riesigen Sanddünen, ob ich tatsächlich zu ihr hinabsteigen will. Und ob – ich will es, weil ich die Schönheit der Wüste liebe und natürlich den Geparden zuliebe.

Den Rest der Strecke fahre ich. Ich gebe dem Wagen dermaßen die Sporen, dass meine Ängste nicht die kleinste Chance haben, mich zu überholen. Dennoch, wann immer ich in den Rückspiegel schaue, scheinen sie mir auf dem Fuß zu folgen. Es gibt kein Entrinnen!

Als wir die Route in Richtung Namib Rand einschlagen, fühle ich mich nahezu daheim. Traditionell legen wir eine Pause in Solitaire ein. Wir tanken unser Gefährt auf und gönnen uns im Schatten ein Stück Kuchen und Kaffee. Für eine halbe Stunde vergessen wir den Staub und die Hitze der Wüste. Bevor wir schließlich die Reise fortsetzen, legen wir uns ein beträchtliches Depot an Wasserflaschen an. Denn eines ist im wahrsten Sinne des Wortes sonnenklar: Die Angelegenheit wird heißer, als wir für diese Jahreszeit vermuten konnten.

Lange Pausen können wir uns jetzt nicht mehr genehmigen, wenn wir uns bei Tage noch ein funktionierendes Camp einrichten wollen. Folglich konzentriere ich mich, die Karre sicher über die Schotterpiste zu lenken. Dabei bleibt keine Muße für irgendwelche Gedankenspiele am Rande. Glücklicherweise quatscht Rolf neben mir allerlei belangloses Zeug. Über die Geparden verliert er kein Wort. Dafür bin ich ihm dankbar.

Wir überqueren die Grenze zu Namib Rand. Es ist Nachmittag, was man unschwer an der Hitze spüren kann. Die Sonne kennt keine Gnade. Linker Hand, gut zwei Kilometer abseits der Straße, taucht die Farm des Verwalters auf. Dort sollen wir Achim treffen. Er wird uns zeigen, wo wir unser Camp aufschlagen können. Letztendlich muss Wolfgang entscheiden, wo er mit seinem Ultraleichtflieger am besten starten und landen kann.

Wir bewegen uns stets wie in Zeitlupe. Die Luft flirrt. Als ein Platz gefunden ist, müssen wir feststellen, dass es auf dem steinigen Boden fast undenkbar ist, ein Zelt aufzurichten, geschweige denn die Heringe einzuschlagen. Es muss uns aber gelingen, denn zuweilen kommt Wind auf, der dem Zelt kräftig zusetzen kann. Wir reden uns also gut zu, fluchen nicht selten und kommen schließlich sogar zu einem einigermaßen passablen Ergebnis.

Während Wolfgang sein Ultraleichtflugzeug zusammenbaut, nutze ich die kühleren Morgenstunden des nächsten Tages, um mir auf dem Landweg einen ersten Eindruck von Namib Rand anno 2001 zu machen. Ich fahre zusammen mit Achim. Er ist nicht ganz so euphorisch wie noch vor einem Jahr. Solange wir in Richtung der Dünenlandschaft von Wolwedans – im Herzen des Naturschutzgebiets – fahren, sehen wir nichts, was Geparden jagen könnten.

»Gegenwärtig sieht es mit Springböcken nicht sehr gut aus«, meint Achim und denkt einige Zeit nach. »Es hat dieses Jahr viel geregnet, und größere Gruppen der Gazellen sind vor einigen Monaten aus dem Namib-Naukluft-Park in unser Territorium gewandert, jetzt aber offensichtlich weitergezogen.«

Freilich spricht Achim von der Vergangenheit. Ich hingegen überlege, die Geparden jetzt hierher zu holen. Im Geiste rechne ich. Zwei bis drei Springböcke verdrückt ein Gepard pro Woche. Nein, ich höre lieber auf, solche Kalkulationen aufzustellen. Ich muss Entscheidungen fällen. »Du bist Gepard«, rede ich mir ein. Das hilft. Wenn ich mich in zwei bis drei Tagen frage, ob ich als Gepard hier leben wollte, kann ich einen sicheren Entschluss fassen.

Immerhin begegnen uns einige Strauße, bevor sich der Landrover mühsam die Dünen hochquält. Achim hat den Reifendruck ordentlich zurückgenommen. Nur dadurch kann das Gefährt die Spur im weichen Sand halten. Mit harten Reifen würde sich das Auto binnen kürzester Zeit in den Steilpassagen eingraben. Trotzdem sind wir oben in den Dünen lieber zu Fuß unterwegs. Wir haben einen phantastischen Rundblick, allerdings gänzlich ohne Tiere, zumindest solche, die für eine Ansiedlung von Geparden sprechen würden. Allmählich werde ich unruhig. Als wir jenseits der Sanddünen in die Grasebene fahren, komme ich noch einmal auf das Thema der Beutetierpopulation zurück.

»Es macht wenig Sinn, wenn die Springböcke nur zeitweise in genügender Anzahl auf Namib Rand leben«, gebe ich zu bedenken. »Offensichtlich ist trotz der Größe des Gebietes nicht ganzjährig ausreichend Grünfutter für die Gazellen vorhanden. Sie müssen also gezwungenermassen auch benachbarte Areale aufsuchen, um zu überleben. Anders kann ich mir die Situation nicht erklären. Sobald die Geparden jedoch auf das Gebiet von Schaffarmern wandern, weil sie ihren Beutetieren folgen, wird es gefährlich.« Ich kann das Risiko einfach nicht eingehen, dass die Geparden geschossen werden. Ich hoffe, Achim kann das akzeptieren, auch wenn ich weiß, wie sehr er sich Geparden im Naturschutzgebiet wünscht. Seit nahezu zwei Jahren fiebere ich der Auswilderung entgegen. Es wäre für mich eine persönliche Katastrophe, wenn das Projekt am Ende scheitern würde.

Zur Mittagszeit kehren wir ins Camp zurück. Inzwischen hat Wolfgang das Ultraleichtflugzeug aufgebaut und mit Seilen sorgsam gesichert, denn der Wind droht dem Flieger ordentlich zuzusetzen. Auf der einen Seite macht die Brise die Hitze etwas erträglicher, auf der anderen Seite ist unsere Flugexkursion am Abend erheblich in Gefahr. Bei solchen Turbulenzen ist das leichte Fluggerät schnell manövrierunfähig.

Sowie die Sonne steil steht, ist es das Angenehmste, sich einfach unter den Lkw zu legen. Das ist zwar etwas gewöhnungsbedürftig, aber allemal besser, als in der prallen Sonne zu darben und nach und nach die Beherrschung über seine Sinne zu verlieren. Obendrein ist die Luftfeuchtigkeit nahe null. Der Schweiß auf der Haut wird sofort aufgesogen. Viel zu leicht vergisst man zu trinken und trocknet gefährlich aus.

Am Abend können wir tatsächlich nicht starten, weil der Wind sich zu einem kleinen Sturm gemausert hat. Der Tag ist gelaufen, und ich bin enttäuscht und gleichzeitig schrecklich aufgeregt. Die morgendliche Inspektion hat mein Bild von Namib Rand jedenfalls stark verändert. Ich hatte gehofft, die Wildzählung aus der Luft würde meine Befürchtungen zerstreuen können. Nun muss ich mindestens eine weitere Nacht warten, ehe ich Gewissheit bekomme, denn es ist keinesfalls sicher, dass sich der Wind bis zum nächsten Morgen legt. Im Gegenteil, die Böen zerren mit zunehmender Heftigkeit an meinem Zelt, immer wieder beult sich die Zeltwand weit nach innen. Draußen höre ich Wolfgang, der das kleine Flugzeug stets von neuem sichert.

Meine Gedanken drehen sich im Kreis. Die Sorgen lasten so schwer, dass sie mir den Sauerstoff zu rauben drohen. Meine Sinne schwinden dahin. Nach einer mehrstündigen Phase der Ohnmacht erlange ich am frühen Morgen das Bewusstsein zurück. Es ist vollkommen ruhig. Ich krieche aus dem Zelt und trete in die silbrig graue Wüstenlandschaft: Tatsächlich, es weht kein Lüftchen mehr. Wolfgang war schon vor mir wach. Er präpariert den Flieger.

»Perfekter Morgen«, begrüßt mich der Pilot mit dem obligatorisch erhobenen Daumen.

»Wir werden sehen«, gebe ich mich zurückhaltend. Perfekt wird der Morgen erst dann, wenn wir auf Anhieb mindestens drei bis vier Gruppen mit Springböcken sichten. Alles andere wäre eine Enttäuschung. Ich wasche mir den Schlaf aus den Augen. Wenig später rollen wir den Flieger zum Start zurecht, und ab geht es in den Morgenhimmel! Das Ding hebt in der Tat butterweich nach fünfzig Metern Anlauf ab. Schnell erreichen wir eine Höhe, von der aus wir problemlos auch eine Gazelle erkennen können und trotzdem ein weites Areal überblicken. Schließlich lugt die Sonne erstmals über die Bergspitzen. Sie beleuchtet mit unglaublich farbigem

Licht die vielfältigen Landschaftsmosaike unter uns und hilft uns, selbst kleinste Details zu bestimmen.

Wir fliegen in Richtung der Sanddünen. Die gelben Grasebenen sind übersät mit kreisrunden roten Gebilden – eines der unerforschten Rätsel der Namib. Auf einer runden Fläche, die einen Durchmesser von etwa sechs Metern hat, wächst nicht einmal der kleinste Grashalm. Diese Inseln von rotem Wüstensand setzen sich scharf vom fahlgelben Gras der Steppen ab: ein Kunstwerk der Natur.

Eine Herde Zebras zieht durch das Land, ein wunderschöner Anblick von hier oben.

»Ach, könnten es nicht Springböcke sein«, denke ich mir. Unser seltsamer Vogel ist den gestreiften Pferden nicht geheuer. Sie flüchten, und wir folgen ihnen für einige Zeit. Die Pferde sind bei weitem wendiger als wir. Sie schlagen uns ein ums andere Schnippchen und schütteln uns binnen kurzer Zeit ab. Recht so – schließlich wollen wir ja Beutetiere für Geparden aufstöbern, und Zebras gehören nicht dazu.

Wir fliegen lange, viel zu lange, weil ich noch immer die Hoffnung nicht aufgebe, mehr zu entdecken als ein paar Strauße und eine Hand voll Springböcke. Und prompt kriegen wir die Quittung dafür, dass wir die Zeit vergessen haben. Der Flug zurück zum Camp ist aufgrund des wieder aufkommenden Windes eher mit Wellenreiten vergleichbar. Das wäre nicht so schlimm, aber Wolfgang hat gehörige Schwierigkeiten, den Flieger sicher nach unten zu bringen. Sooft wir eine Landung versuchen, erfasst uns eine Böe und macht alles zunichte. Wir müssen den Vogel wieder nach oben ziehen und einige Runden drehen, um es erneut zu versuchen, sobald der Wind sich zu legen scheint. Irgendwann im Laufe des Vormittags bekommen wir tatsächlich wieder festen Grund unter die Füße.

»Na, wie war es?«, nimmt mich Rolf in Empfang. Auch ihn hat das Gepardenfieber ganz schön gepackt, und er wäre ebenso enttäuscht, wenn sich Namib Rand als ungeeignet für die Auswilderung erweisen würde.

Ich weiß nicht, was ich sagen soll, und beantworte Rolfs Frage lieber mit einem namibischen Fluch, und zwar einem dreifachen. Fürs Erste muss er sich damit begnügen. Es war schlechter, als ich es mir in meinen schlimmsten Träumen vorgestellt habe. Damit muss ich jetzt erst einmal allein fertig werden. Kein leichtes Unterfangen, denn mein Hirn kocht in der Hitze, und ich kann keinen klaren Gedanken fassen. Darüber vergehen die Stunden, und leider vermasselt uns wieder der Wind einen Flug am Abend.

Stattdessen gehe ich mit Rolf auf Erkundungsfahrt. Wir stoßen auf riesige Ansammlungen von Felsen, die allesamt für sich schon ein kleines Paradies abgeben, und Landschaften, wie man sie sich bezaubernder kaum vorstellen kann. Es ist ein Paradies für vielerlei Tiere – aber in dem jetzigen Zustand ganz offensichtlich nicht für Geparden.

Niedergeschlagen beichte ich Rolf meine Erkenntnisse. »Das Gebiet ist aller Wahrscheinlichkeit noch auf Jahre hinaus kein Platz, um Geparden anzusiedeln. Sicher könnten sie hier überleben, aber die Gefahr, dass sie auf ihren ausgedehnten Beutezügen benachbartes Farmland betreten, ist viel zu groß geworden. Das hat sich noch vor einem Jahr anders dargestellt, aber die ökologischen Systeme in einem so trockenen Land wie dem Süden Namibias sind bisweilen äußerst fragil. Was heute gut scheint, ist morgen völlig anders«, gebe ich offen zu.

Rolf wundert das keineswegs. Er hat sich so etwas gedacht. Wenigstens drängt er mich nicht, die Auswilderung hier mit der Brechstange zu versuchen. Stattdessen analysieren wir die neue Lage und überlegen, wie wir weiter vorgehen.

Morgen früh werde ich ein weiteres Mal mit Wolfgang große Teile von Namib Rand abfliegen. Sollte sich dadurch kein besseres Bild ergeben, brechen wir das Camp ab und fahren umgehend nach Windhoek zurück. Dort kümmern wir uns um die Genehmigung, um dann ein anderes Gebiet aufzuspüren und wie geplant zwei Geparden in die Freiheit zu bringen. Wie einfach das klingt!

Egal, wenigstens erhalten wir uns unseren Optimismus, das

heißt, Rolf bewahrt ihn sich. Ich schwanke zwischen Zweifel und Zuversicht, was ich oberflächlich gut verbergen kann. Aber im Zelt, wenn ich mit mir alleine bin, ist alles ganz anders. Ich mache mir mittlerweile Vorwürfe, überhaupt nach Sambia gegangen zu sein, anstatt in Namibia nach weiteren Gebieten für die Auswilderung zu suchen. Andererseits – wir hatten ja bereits die Genehmigung für die Aktion, und vor einigen Monaten war die Situation auf Namib Rand eben noch eine völlig andere. Außerdem wollte ich neue Territorien für unsere Geparden finden, und Sambia hätte eine echte Chance sein können.

»Ich habe eben bereits einen Schritt weiter gedacht«, verteidige ich meine Strategie vor mir selbst. »Idiot!«, tadelt mich mein Gewissen dennoch. Ich und mein Gewissen streiten hinfort heftig. Wir streiten die ganze Nacht, während des morgendlichen – frustrierenden – Spähflugs und noch etliche Stunden länger, denn meine weiteren Erkenntnisse sind nur dazu angetan, die negative Bilanz zu bestätigen. Ich signalisiere Rolf mit dem Daumenzeig nach unten, dass wir schleunigst nach Windhoek zurückkehren sollten. Wir tun es.

In Windhoek widerfährt uns ein afrikanisches Wunder. Im Ministerium klärt sich das Problem mit der Auswilderungsgenehmigung in Windeseile, zumindest als wir darlegen, dass sich Namib Rand in der derzeitigen ökologischen Situation nicht für die Ansiedlung von Geparden eignet. Allmählich wird die ganze Situation transparenter für uns. Anscheinend gibt es tiefgreifendere Unstimmigkeiten zwischen den Besitzern von Namib Rand und dem Ministerium, als wir bis dato wussten. Vorsichtshalber interessieren wir uns kein bisschen dafür. Es wäre nur Zeitverschwendung. Trotzdem wäre es schön gewesen, wir hätten die Zusammenhänge vorher gekannt. Das hätte unsere Nerven geschont, und wir hätten unsere Energie gleich dafür verwenden können, ein anderes Gebiet in Namibia zu suchen.

Schließlich unterbreitet uns das Ministerium den Vorschlag, die Geparden auf der privaten Wildfarm »Erindi« im Norden des Landes auszuwildern. Das Angebot kommt etwas überraschend. Ich kenne die Farm nicht, aber die Beschreibung klingt vielversprechend, und so brechen wir mit neuer Hoffnung und einem guten Gefühl auf, zumal wir als kleines Geschenk die Genehmigung für die ganze Aktion mit auf den Weg bekommen.

Erindi ist ähnlich wie Namib Rand ein privates Naturschutzgebiet, welches ausschließlich den Wildtieren und einigen wenigen Safaritouristen erschlossen ist. 65 000 Hektar herrliches Berg- und Buschland umfasst die Farm, aber ich möchte keine Vorschusslorbeeren verteilen. Gesprochen wurde bis dahin genug, wir hingegen müssen uns sicher sein, dass das Gebiet zwei Geparden ernährt. Um das herauszufinden, möchte ich mehrere Tage bleiben.

Der erste Eindruck von der Farm ist fürwahr sehr positiv. Wir passieren das Tor und folgen der Beschilderung, die uns zum Farmhaus führen soll. Dabei wird uns auch gleich die Dimension des Gebietes bewusst, denn wir fahren ziemlich lange und zweifeln mehr als einmal, ob wir wirklich auf dem richtigen Weg sind. Die meiste Zeit durchqueren wir relativ offenes Buschland, und unabhängig davon, dass wir bereits einige Gruppen von Springböcken, Oryx und Zebras gesehen haben, spricht die gesamte Vegetation für Tierreichtum. Auch dass die Verbuschung fehlt, die auf kommerziell genutztem Farmland üblich ist, fällt uns angenehm auf.

Das Farmhaus oder besser gesagt die Farmhäuser sind bestens ausgestattet mit einigen Safarifahrzeugen und einem Helikopter, um auch abgelegene Gebiete zu erreichen. Das scheint nämlich nicht so einfach zu sein, denn neben den Busch- und Steppenarealen ist Erindi auch durch gewaltige und schwer zugängliche Bergmassive geprägt.

Wir werden freundlich empfangen. Vernet und Paul, die Verwalter, bieten uns an, in einem der Farmhäuser zu übernachten. Da wir den enormen Aufwand scheuen, ein eigenes Camp zu errichten, willigen wir gerne ein. Wir wollen wirklich keine Zeit mehr vergeuden. Sobald ich mir sicher bin, dass Erindi ein gutes Gebiet für die Geparden ist, möchte ich auf dem kürzesten Weg zu den Auswilderungskandidaten auf Günters Farm.

Wir erläutern Paul und Vernet unser Anliegen. Um schneller voranzukommen, beschließen wir, die Arbeit zu teilen. Während sich Rolf um technische Dinge kümmert, inspiziere ich gemeinsam mit Vernet das Gebiet. Sie zeigt mir die zahlreichen Wasserlöcher, die beeindruckenderweise alle gut besucht sind. Natürlich interessiere ich mich überwiegend für die kleinen und mittleren Grasfresser, und die sehe ich zuhauf. Hinter manchen Büschen linsen die riesigen Ohren von Kudus hervor, die aus sicherem Abstand die ratternde und stinkende Kiste auf vier Rädern beäugen. Besonders die zahlreichen Giraffen gefallen mir. Sie können sich einfach nicht so dezent in die Landschaft einfügen wie die Kudus, und über so manchen Busch ragt ein nicht wenig erstauntes Gesicht. Es dauert nicht lange, bis ich mir sicher bin, mit Erindi das vorläufige Gepardenparadies gefunden zu haben.

Der Nebel um meine Seele lichtet sich. Das neu gewonnene Selbstvertrauen mündet in stürmischen Wind, der die letzten Fetzen vertreibt. Der Blick wird klar und ist voller Perspektive. Endlich tauchen wieder Visionen von glücklichen und freien Geparden vor meinem inneren Auge auf. Schon allein die Vorstellung, ich würde als Gepard durch dieses wundervolle Stück Erde streifen, erfüllt mich mit einer unglaublichen Zufriedenheit. Ich werde bald in dem Gehege mit meinen Lieblingen sein und ihnen guten Gewissens in die Augen schauen können: »Ich habe für mindestens zwei von euch eine bessere Zukunft mitgebracht, nämlich die Freiheit!«

Spätestens jetzt gönne ich mir den Luxus, weniger nach Springböcken als nach dem geeigneten Platz für die aus der Narkose aufwachenden Neuankömmlinge Ausschau zu halten. Warum sollte er nicht in der Nähe eines Wasserlochs sein? Die Geparden haben sicher nichts dagegen zu trinken, nachdem sie in ihrer neuen Heimat zu sich gekommen sind, oder Tiere zu jagen, die von dem erfrischenden Nass angelockt wurden.

»Das ist Wasserloch Nr. 5«, erklärt Vernet.

»Wie langweilig – Wasserloch Nr. 5«, denke ich mir, aber vorerst fällt mir auch kein geeigneter Name ein. Trotzdem, die Stelle ist gut. Um den kleinen See herum ist ein offener Streifen von etwa fünfzig Metern, dahinter wachsen vereinzelt Büsche, und noch etwas weiter entfernt wird das Buschwerk richtig dicht.

Vernet, die anfänglich recht schweigsam war, erzählt inzwischen ziemlich viel. Es fällt mir schwer, ihr zuzuhören, denn im Geiste bereite ich den Ablauf der Auswilderung vor.

»Da drüben ist ein optimaler Busch, unter den wir die schlafenden Geparden legen könnten«, unterbreche ich meine Begleiterin, als sie gerade schildert, mit welch hohem Aufwand sie hier einen Damm errichtet haben, um der Wasserstelle ganzjährig Wasser zu sichern.

Vernet stimmt mir zu. Auch sie meint, der Platz wäre gut, um die Geparden der Natur zurückzugeben. Na also, manchmal gehen Dinge sogar in Namibia rasend schnell. Wir treffen noch vor Sonnenuntergang im Farmhaus ein. Rolf und Wolfgang haben schon die erste Runde Bier hinter sich gebracht. Auch ich bin bester Stimmung, denn morgen geht es endgültig zu den Geparden. Weil wir in aller Frühe aufbrechen wollen, sprechen wir alles Weitere für die Auswilderung ab. Wir hoffen, dass wir in rund zehn Tagen mit den Geparden per Flugzeug eintreffen. Ich kann es kaum glauben – wir scheinen dem Ziel ganz nah!

In aller Frühe treffen wir kurz vor Otjiwarongo wieder auf die Hauptstraße nach Tsumeb. Die ist geteert und birgt schon allein deshalb erhebliche Gefahren. Die Straßen sind nämlich sehr schmal und – als wäre das nicht genug – auch recht eintönig. Allzu leicht gerät man auf den unbefestigten Seitenstreifen, und ebenso häufig hat das Auto danach nur noch Schrottwert. Nicht wenige Autolenker haben eine derartige Nachlässigkeit sogar mit ihrem Leben bezahlt. Trotzdem komme ich nicht umhin, all diese Warnungen über Bord zu werfen und lieber in mich versunken über die Auswilderung nachzusinnen. Plötzlich habe ich eine Idee. Ich sollte aufhören, die Geparden mit Fleischstückchen zu füttern, damit sie sich wieder an ihre natürlichen Beutetiere gewöhnen. Aber wie soll ich das anstellen? Springböcke gibt es auf der Farm nicht, und extra dafür Beutetiere zu kaufen, scheint mir widersinnig. Da kommen mir als Ausweg Impala-Antilopen in den Sinn. Günter hat einmal erwähnt, dass ohnehin zu viele dort leben. Das könnte für die Geparden ein hervorragendes Training für die Freiheit sein. Eingehend diskutieren Rolf und ich das Für und Wider und vertreiben uns damit die Zeit.

Wir werden von Marius auf der Farm empfangen. Ich bin etwas überrascht zu hören, dass er nur noch wenige Tage hier sein wird, bevor er nach Deutschland zurückgeht. An seiner Stelle wird Helmut als neuer Verwalter die Farm künftig in Schuss halten. Nach Marius' Dafürhalten haben sich die Geparden im neuen Gehege gut eingelebt. Zu der Entwicklung der Gruppen kann er nichts sagen. Schade, das hätte mir weitergeholfen. Aber letztlich muss ich mir ohnehin selbst ein gutes Bild verschaffen. Es geht um das Ganze, nämlich das Leben und Überleben in der Freiheit!

Weil der Tag schon zu weit fortgeschritten ist, möchte ich keinen Versuch starten, noch schnell selbst eine Fütterung im Gehege vorzunehmen. Zunächst soll für die Geparden alles wie üblich weiterlaufen – bloß keine hektischen Veränderungen. Das würde nur unnötige Unruhe schaffen.

Einstweilen können wir unser Camp notdürftig für die Nacht richten. Gegen sechs Uhr wird gefüttert. Otto, der als Vorarbeiter auf der Farm so ziemlich alles im Griff hat, macht das routiniert wie eh und je. Er füttert in dem Vorgehege zwischen den zwei Toren, wie ich es mir gewünscht habe. Eigens dafür hat er eine Falltür gebaut, die er von außen über zwei Rollen und einen Draht bedienen kann. Später möchte ich die Auserwählten in dem kleinen Gehegeabschnitt isolieren und betäuben. Ich sehe es in Gedanken schon vor mir, während ich die überaus aggressiven Geparden beobachte. Jede Attacke ist recht, um sich die Fleischbrocken, die Otto über den Zaun wirft, gegenseitig streitig zu machen. Die Enge des Vorgeheges trägt natürlich nicht zur Entspannung der Situation bei. Das gefällt mir weniger. Ich hoffe, sobald ich ab morgen im richtigen Gehege füttere, wird sich die Kampfeslust vermindern. Emma und Alice bleiben zurück, während sich der Rest der Meute aus dem Staub macht. Ich knie vor dem Zaun nieder. Die beiden Gepardinnen sind wohlauf. Ich bin erleichtert. Schließlich gurre ich und rufe »gepardisch« miauend. Zuweilen gurren die beiden auch, sammeln die verbliebenen Fleischhäppchen auf und verschwinden gleich darauf. Just da sie durch die Falltür huschen, bin ich mir keineswegs so sicher, ob die beiden Katzen nicht doch an körperlicher Substanz verloren haben. In der Kürze des Moments kann ich das nicht genau beurteilen. Jedenfalls ist es ein schönes Gefühl, meine Geparden jetzt wieder so nahe zu wissen.

Bevor der Tag auf der Farm zu Ende geht, bespreche ich noch mit Marius und Helmut den neuen Speiseplan der Geparden, welcher einzig frische und unzerteilte Impala-Antilope enthalten soll. »Kein Problem«, versichert mir Helmut. Er will mir jeweils passgenau eine Antilope schießen. Wenn das mal gut geht.

Frühmorgens gehe ich das neue Gehege ab. Günter hat ganze Arbeit geleistet. Das umzäunte Terrain ist so groß, dass ich die Geparden vorerst überhaupt nicht entdecke. Zudem gibt es viele Versteckmöglichkeiten. Irgendwo dort werden sie sich verbergen. Zwar hätte ich gerne mehr über die Zusammensetzung der Gruppen erfahren, andererseits möchte ich die Geparden keinesfalls sinnlos in Aufruhr versetzen. Ich bin Beobachter. Als solcher möchte ich nach einem Prozess von vielleicht einer Woche die richtige Entscheidung für zwei Geparden treffen. Ich darf nicht daran denken. Dieser Zeitpunkt ist weit, sehr weit in der Zukunft und doch so nah. Wie eine ruhelose Raubkatze erwische ich mich wieder und immer wieder, wie ich um das Gehege streife. Trotzdem bleibe ich bei meinem Entschluss, erst am Abend in das Gehege hineinzugehen.

Den Mittag vertrödle ich mit Zeichnen. Ich bringe Gepardengesichter aus der Erinnerung zu Papier. Sie haben allesamt große Augen und blicken hoffnungsfroh, fast selbstsicher in die Zukunft, was ich von mir weniger behaupten könnte. Es gelingt mir einfach nicht, meine verdammten Zweifel abzuschütteln. Manchmal fällt es mir sogar schwer, den nächsten Strich der Zeichnung zu verantworten, als hätte ich das Zeichnen verlernt.

Am Nachmittag frage ich mich, warum auf der Farm bisher kein Schuss gefallen ist. Einige Zeit später ist noch immer kein Knall zu vernehmen. Ich fürchte, Helmut hat mich versetzt. Doch bald erlöst mich die Explosion einer Gewehrkugel. Helmut hat zugeschlagen. Auf die Minute genau liefert er den Gepardenbraten ab: einen imposanten Impalabock. Ich denke fest und einzig an die Geparden, sonst würde mir das Tier schrecklich Leid tun. Der Impalabock ist erstaunlich schwer. Wir hieven ihn auf die Ladefläche des Pick-up und fahren los, auch wenn es noch viel zu früh ist. Was soll ich sonst tun? Mich treibt die Ungeduld.

Als ich das Auto durch die zwei Tore am Eingang des Geheges bringe, bin ich überrascht, ehrlich gesagt sogar erschrocken, denn ich habe nicht damit gerechnet, bereits auf Geparden zu treffen. Emma und Alice haben es sich in der vorderen Ecke des Geheges bequem gemacht. Von dem Rest der Gepardenmeute ist auf weiter Flur nichts zu sehen. Ich fahre dennoch wie eh und je in die Mitte der Anlage, die sich mittlerweile aufgrund der veränderten Abmessungen verlagert hat. Tja, und da sitze ich dann und harre der Dinge, die da kommen oder auch nicht kommen werden. Ich habe keinen speziellen Plan. Zumindest beschließe ich schon einmal, den Bock im Gras auszulegen. Ich finde eine passende Stelle und hoffe, die Geparden mögen das ähnlich sehen. Jedenfalls bin ich schrecklich aufgeregt. Für den Moment kann ich mir noch gar nicht vorstellen, wie sich die nunmehr sieben Geparden an der Beute verhalten werden und welche Beziehungsgeflechte sich dabei herauskristallisieren. Ich muss mit mir und den Geparden allein sein, um dieser Frage auf den Grund zu gehen. Außerdem bin ich ein – wenn auch unauffälliger – Teil dieses Beziehungsgeflechts. Die Karre allerdings gehört nicht dazu. Deshalb signalisiere ich Rolf, er möge das Auto wegfahren.

Da sitze ich nun im Gras, vor mir ein toter Impalabock, und warte auf hungrige Raubkatzen. Die lassen sich nicht blicken. Doch – eine schon, nämlich Kleopatra. Ich erwarte, dass sie sich voller Freude auf die frische Beute stürzt. Stattdessen schleicht sie mit hängendem Kopf näher. Kein Kunstkritiker könnte so argwöhnisch dreinschauen. Ich versuche, mit Gurren ihr Vertrauen zu gewinnen. Sie fremdelt, gurrt schüchtern und wendet kein Auge von der Beute ab. Nach der ersten Unentschlossenheit bemüht sie sich doch näher. Vorsichtig schnüffelt sie an dem Braten. Gleich darauf zupft sie an dem Fell und beißt probehalber hinein: »Ist der wirklich echt?« Sie ist keineswegs so sicher. Also wiederholt sie die Kostprobe in einer verschärften Form. Mit Leichtigkeit reißt sie das Fell an den Hinterläufen auf. Der Bock blutet, und sie kostet: »Vorzüglich.« Kleopatra richtet sich auf. Sie betrachtet das Buschland rundherum, dann mustert sie mich. Als ich glaube, sie würde jetzt endlich fressen, geht sie gut und gerne fünf Meter zur Seite und legt sich ins Gras.

»Schöne Scheiße, ich habe vergessen, den Geparden eine Bedienungsanleitung zum Fressen von Antilopen an die Hand zu geben!« Ich bin entsetzt. Auf Kleopatras Verhalten kann ich mir keinen Reim machen. Manchmal steht sie auf, pirscht sich an die Beute, schnüffelt und schnieft, aber dabei bleibt es.

Die höchsten Bäume werden längst von unten beschienen. Spätestens in einer halben Stunde wird die Sonne am Horizont verschwinden, und eine weitere Stunde später ist es dunkel. Ich bin total am Boden. Die Auswilderung kann ich vergessen. Wenn Kleopatra nicht in der Lage ist, das Beutetier zu zerlegen, dann können es die anderen erst recht nicht. Offensichtlich haben die in weiser Voraussicht schon überhaupt keine Lust, den Impala zu kosten. Sie haben es allem Anschein nach einfach verlernt. Ich habe mich geirrt. Alles war umsonst.

»Okay, bring es hinter dich«, gebe ich mir einen Ruck und signalisiere Rolf, den Wagen näher zu fahren. Ich will den Impalabock aufladen und für morgen in mundgerechte Fleischstücke aufbereiten, sozusagen mein Abschiedsgeschenk für Geparden, die wohl nie mehr die Freiheit sehen werden.

»Einstweilen könnte ich die Beute zurechtrücken, damit es mit dem Aufladen besser klappt«, überlege ich. Aber da habe ich die Rechnung ohne Kleopatra gemacht. Kaum lege ich Hand an den Bock, schnellt sie hoch wie eine Furie. Zwei Sprünge, schon ist sie neben der Beute: »Nur über meine Leiche!« Böse Gepardenaugen haben mich im Visier. Wenn sie nicht gerade faucht, packt sie die Beute und zieht sie zu sich heran. Meine Ungeduld hat mir einen Strich durch die Rechnung gemacht. Jetzt habe ich ein Problem mit der Gepardin. Ich muss auf das Spiel eingehen. Ich gebe mich, als wäre ich genauso erbost. Glücklicherweise ist zwischen uns der Impala. Sooft sie mit der Tatze nach mir schlägt, verfehlt sie ihr Ziel. Ich räume ihr einen Vorteil ein, und sie schleift mit Erfolg die Beute von mir weg. Diese Strategie rettet mir letztendlich die heile Haut. Während wir gestritten haben, haben sich vier weitere Geparden an uns heranpirscht. Sie werfen sich ohne lange Umschweife auf das tote Tier: zuerst Zeus, gefolgt von Miesepeter und dem Philosophen, zuletzt Gandalf, der sich seine weise Zurückhaltung bewahrt hat. Die Geparden zerreißen den Impala förmlich in der Luft. Das Fressen, und nicht nur das, fliegt ihnen regelrecht um die Ohren. Man könnte meinen, sie hätten schon seit Wochen nichts mehr zwischen die Zähne bekommen. Jedenfalls ist der Impala binnen kürzester Zeit bis zur Unkenntlichkeit entstellt. Einzig Kleopatra frisst nicht. Sie ist nach wie vor verärgert. Jedes Mal, wenn ich mich der illustren Gesellschaft annähern will, wehrt sie mich ab. Ich habe keine Lust, das zu akzeptieren, und fahre auf »gepardisch« aus der Haut. Sie ist spürbar irritiert, wie oft und entschlossen ich mit der Hand auf den Boden trommle. Mein Fauchen schäumt über vor Ärger. Na endlich, unentschieden – Kleopatra frisst, und ich sitze bei den Geparden und schaue zu. Das ist ein tragbarer Kompromiss. Trotz der blutrünstigen Situation ist es ein wahnsinnig schönes Gefühl, nach all der langen Zeit im Kreise der Geparden zu sitzen.

Beinahe hätte ich übersehen, dass Emma und Alice nicht mit von der Partie sind. Es fällt mir erst auf, als sie nach Sonnenuntergang hinzueilen. Sofort gibt es eine heikle Auseinandersetzung, aus der ich mich gerade noch heraushalten kann. Die fünf an der Beute haben nicht die geringste Lust, die beiden Gepardinnen an ihrem Mahl teilhaben zu lassen. Wütend fallen sie über die Neuankömmlinge her, obgleich beide in den höchsten Tönen beschwichtigen. Das verhindert hingegen nicht, dass sie nach Strich und Faden verprügelt werden. Dennoch wollen die Geschundenen nicht auf einige Happen verzichten, was mit viel Leid für sie verbunden ist. Die Gruppendynamik hat sich in der Tat nach der Zusammenlegung aller Geparden – wenn auch in einem viel größeren Gehege – völlig verändert. Alice und Emma haben eine Zweckgemeinschaft gegründet. Sie sind von den anderen Geparden nicht mehr akzeptiert. Später wird sich das noch zur Genüge zeigen. Immer wieder bekommen die beiden Gepardinnen die krallenbewehrten Tatzen der Artgenossen zu fühlen, sofern es auch nur den Anschein hat, sie würden ihnen etwas vor der Nase wegschnappen. Die Bedrohung für mich ist die plötzliche unkontrollierte Konfusion. Ich muss in Auseinandersetzungen ordentlich mitmischen, um nicht in die gefährliche Rolle des Unterlegenen zu geraten. Insofern wird der Abend für uns alle ziemlich anstrengend, und zwar so lange, bis auch der letzte Rest des Aases vertilgt ist. Zu dieser Zeit ist es bereits dunkel. Rolf holt mich ab, und im Auto diskutieren wir eingehend das Geschehen. Später führe ich die Diskussion mit mir allein weiter. Schließlich muss ich meine neuen Erkenntnisse verarbeiten, denn von ihnen hängt die Auswahl der Tiere ab, die für ein Leben in Freiheit geeignet sind.

Am nächsten Morgen krabble ich kreuz und quer durch das Gehege. Ich suche nicht zwangsweise den Kontakt zu den Geparden. So unmittelbar vor der Auswilderung ist das nicht in meinem Sinne. Mir geht es vielmehr darum, einen intimen Einblick in die Verhaltensweisen der Raubkatzen zu gewinnen. Außerdem fällt es mir immer noch schwer zu akzeptieren, dass sich fünf und zwei Geparden zu Gruppen vereinigt haben, die untereinander gefährliche Rivalitäten austragen. Es scheint sich aber unmissverständlich so zu bestätigen.

Ich entdecke nach einer Weile des Suchens Kleopatra, Zeus, Miesepeter, den Philosophen und Gandalf. Sie haben einen Winkel im hinteren und neuen Teil der umzäunten Fläche zu ihrem Lieblingsplatz erkoren. Das Gras dort ist gleich einem Teppich flächig niedergedrückt. Von Alice und Emma fehlt jede Spur. Sie haben sich für mich unauffindbar in die Büsche verdrückt. Allem Anschein nach sind sie gehörig verunsichert. Das bereitet mir Sorgen. Ich habe allen Anlass zu vermuten, dass es nach der Zusammenlegung im großen Gehege heftige Auseinandersetzung gab. Gottlob gab es keine schwerwiegenden Verletzungen, aber ich sollte darauf vorbereitet sein.

Am Nachmittag setze ich mich unter einen Baum im Gehege und zeichne. Ich hoffe, die eine oder andere Bewegung um mich herum registrieren zu können, aber alles bleibt ruhig. Keine einzige Raubkatze bekomme ich zu Gesicht. Erst als ich das Areal verlassen möchte, sehe ich Alice und Emma. Sie haben sich auf der entgegengesetzten Seite der Anlage in den Büschen ein Versteck gesucht – also möglichst weit entfernt von den anderen Artgenossen.

Am Abend füttere ich nicht. Es schadet nicht, wenn die Geparden mal einen Tag leer ausgehen. In der Natur ist das häufiger der Fall. Dafür muss tags darauf wieder ein Impala herhalten. Diesmal spannt mich Helmut nicht auf die lange Folter. Der Bock liegt frühzeitig bereit. Das kommt uns entgegen, da Rolf heute Abend einige Szenen aus einer ungewöhnlichen Perspektive filmen will. Er hat sich in seiner Eigenschaft als Tüftler eine eigene, raffinierte Konstruktion gebaut: Eine kleine Kamera wird an einem rund vier Meter langen Stativarm befestigt. Weil sie über Drähte manövrierbar ist und fernbedient werden kann, ist sie frei schwenkbar. So, meint Rolf, könne er sich via Filmkamera unter die Geparden mischen, ohne sich der Gefahr auszusetzen, im Magen der Raubkatzen zu enden. Ob das so ist, wird sich zeigen. Ich hoffe nur, es sorgt nicht für Aufruhr unter den Tieren, da wir doch bemüht sind, die ganze Auswilderung so behutsam wie möglich vorzubereiten. Dieses seltsame Gerät ist wie vermutet alles andere als einfach aufzubauen. Es war richtig, eine gewisse Zeit dafür eingeplant zu haben.

Zunächst gibt es keine besonderen Vorkommnisse. Bis wir den etablierten Fütterungsplatz erreicht haben, glänzen die Geparden durch Abwesenheit. Daran ändert sich auch erst einmal nichts, was mich wundert. Schließlich ist die Katzenmeute einen ganzen lieben Tag lang leer ausgegangen. Wie dem auch sei, ich lege den Impala aus und muss es hinnehmen, dass Rolf sich mit dem Auto sechs bis sieben Meter neben dem Aas positioniert, sonst wäre der erhebliche Aufwand völlig umsonst gewesen.

Offenbar haben die Geparden ihren Spaß daran, uns zu narren. Diesmal schicken sie nicht einmal eine Vorhut. Inzwischen tippt Rolf nervös mit seinen Fingern auf das Metallrohr des Stativs. Zugegeben – ich lasse mich anstecken.

»Wenn die Geparden nicht kommen, war alles im wahrsten Sinne des Wortes für die Katz«, amüsiere ich mich und rette mich damit über das Warten. Aller Ironie zum Trotz bleiben wir für eine weitere Viertelstunde unter uns, bis unsere Gesellschaft endlich eilends heranbraust. Es sind vier Geparden, die mich einfach ignorieren und über die Beute herfallen. Kleopatra frisst von Anfang an mit. Sie kümmert sich genauso wenig um mich wie der Rest der »Bestien«.

Aber allen bin ich eben doch nicht egal. Offensichtlich ist Zeus heute für die Abwehr unliebsamer Gäste zuständig. Von Anbeginn zeigt er mir, dass er mehr als schlecht gelaunt ist, um nicht zu sagen, er ist auf hundertachtzig. Ich bin noch gar nicht richtig im Begriff, mich zu den Speisenden zu gesellen, da greift er schon an. Es läuft wie immer – zunächst. Ich halte dagegen, merke aber bald, dass ich mich schleunigst steigern muss, wenn ich nicht in die bedrohliche Situation eines Unterlegenen gelangen möchte. Folglich haue ich auf den Boden, was das Zeug hält, und fauche stoßweise, so dass sich meine Lunge beinahe nach außen stülpt. Das alles prallt an einem unerschütterlichen Zeus ab. Ich kann keinen einzigen Meter Boden gutmachen. Eigentlich müsste ich hemmungslos zuschlagen, aber davor habe ich Skrupel – der Gepard hingegen nicht. Zumindest gelingt es mir anfänglich, die fürchterlichen Schläge wenigstens mit dem Schuh zu parieren oder ihnen auszuweichen.

Kampfpause – wir sitzen uns in Abwehrstellung gegenüber und stieren uns an. Keine Körperreaktion des anderen kann unserer Aufmerksamkeit entgehen. Mein Herz schlägt bis zum Hals. Irgendetwas ist faul. Mein Widersacher hat nicht wirklich mich im Visier, sondern sein Blick streift über meinen Kopf hinweg. Zeus gurrt bedrohlich tief. Die Kampfpause dauert eine Ewigkeit.

»Scheiße, Rolf spielt mit seiner Kamerakonstruktion hinter meinem Kopf!«, schießt es mir blitzartig in den Sinn. Zeus meint nicht mich, sondern die Kamera, die noch dazu durch ihre Schwenkbewegungen eine scheinbar ernst zu nehmende Bedrohung darstellt. Meine Gedanken rasen im Kreis. Was soll ich tun? Auf die Schnelle finde ich keine Lösung.

Aber für den Bruchteil einer Sekunde bin ich nachlässig gewesen. Die Strafe folgt auf dem Fuß. Einer Kralle der Tatze kann ich nicht mehr ausweichen. Sie durchtrennt den Stoff meiner Hose wie Butter. Ich spüre einen heftigen Schmerz. Zeus hat meinen Oberschenkel erwischt. Ich blute dermaßen, dass er es in Kürze merken muss. Das reicht. Jetzt gibt es nur noch das Motto »Alles oder nichts«. Wütend werfe ich mich dem Angreifer entgegen. Wir berühren uns einige Male unsanft. Danach wiederholt sich die berühmt-berüchtigte Unterbrechung, in der jeder allein auf die Schwäche des anderen giert.

»Verdammt, schwenk ganz vorsichtig die Kamera weg«, zische ich Rolf zu und hoffe, er hört mich, denn wenn ich jetzt meinen Kopf abwenden würde, bräuchte ich mindestens eine kosmetische Operation, und das wäre noch das Beste, was mir widerfahren könnte. Dummerweise sehe ich natürlich nicht, was hinter meinem Rücken passiert. Ich kann lediglich versuchen, es aus der Mimik meines Gegners zu schließen. Der hat nach wie vor seine Killermiene aufgesetzt.

»Genau in diesem Moment müsste Rolf die Kamera wegschwenken«, versuche ich mir einen Reim auf den Vorgang hinter mir zu machen. Ist die Bewegung dabei zu hektisch, wird der Gepard es mit einer Attacke quittieren. Vorsichtshalber gurre ich sehr hoch, um Zeus zu beruhigen und zu beschwichtigen. Allmählich entspannt sich sein Gesicht. Wahrscheinlich empfindet er die Filmkamera jetzt nicht mehr als Gefahr, die es abzuwehren gilt. Er schenkt mir sogar einen Blick. Und der lässt berechtigte Hoffnung aufkommen, ich könnte die Angelegenheit ohne weitere Blessuren überstehen. Einige angespannte Momente vergehen, ehe Zeus sich abwendet. Er tut es mit allem erdenklichen Misstrauen. Nichtsdestotrotz gibt er mir damit die Chance, mich zurückzuziehen und meine Wunde notdürftig zu versorgen.

Sechs Geparden sind mittlerweile an der Beute, nachdem auch Alice und Emma hinzukamen. Einer fehlt: der Philosoph. Je länger ich darüber nachdenke, umso besorgter bin ich, zumal die gesamte Stimmung heute voll ungezügelter Aggression ist. Es wird ihm doch nichts zugestoßen sein? Das wäre das Allerletzte, was mir jetzt noch fehlen würde.

Ich schaffe es nicht mehr, meine Unruhe zu unterdrücken. Vorerst lasse ich Rolf mit seiner Kamerakonstruktion und den unverändert gefräßigen und streitenden Raubkatzen allein. Ich muss den Philosophen finden. Es kann nicht sein, dass er nicht zur Beute kommt. Das ist bisher noch nie passiert, zumal es ja gestern auch nichts zu fressen gab.

Während ich auf allen vieren durch das Gehege streife, male ich mir das Schlimmste aus. Es steigt immer wieder hoch. Die vier Geparden aus seiner Gruppe sind in einem schlimmen Kampfesrausch, und ich kann nicht ausschließen, dass sie den Philosophen schwer verletzt oder gar getötet haben. Möglich ist alles an diesem verrückten Abend.

Das Licht schwindet. Ich rufe unablässig »gepardisch«. Inzwischen habe ich weite Teile des Geheges durchrobbt. Lediglich in die dichtesten und dornigsten Gestrüppe bin ich nicht vorgedrungen. Ich bin mit den Nerven am Ende. Am liebsten würde ich meinen ganzen Frust frei herausbrüllen, aber das würde mir der Rest der Gepardengang vermutlich ausgesprochen übel nehmen. Folglich reiße ich mich zusammen, auch wenn ich weiß, dass die Auswilderung auf längere Sicht dahin ist, wenn dem Philosophen etwas zugestoßen ist. Ich müsste den Vorfall an das Ministerium in Windhoek melden. Vermutlich würden die die Genehmigung zur Auswilderung erst einmal aussetzen.

Während wir aus dem Gehege fahren, labert Rolf unablässig auf mich ein. Ich höre kaum, was er sagt. Ich glaube, er erzählt von den Furien, die den Impala vertilgt haben. Tut mir Leid, aber für den Moment klingt das alles ziemlich hohl. Ich bin sauer. Ich bin wütend. Ich bin am Ende.

Ich weiß nicht, wie oft ich an diesem Abend um das Gehege fahre. Zählen kann ich es nicht. Zuweilen stehe ich am Zaun, warte und rufe und schaue mit dem Fernglas, aber es ist alles umsonst. Am Ende ist es einfach dunkel, so stockdunkel, dass ich beim besten Willen nichts mehr sehe. Auch in mir gehen die Lichter aus. Ich lebe in einer kleinen düsteren Welt und finde keinen Ausweg, solange nicht wie eine Erscheinung der vermisste Gepard vor mir steht. Ich versuche mich damit zu beruhigen, das der Philosoph zwar ein sehr alter, aber durch und durch kräftiger Gepard ist. Ich habe ihn die vergangenen Tage ausführlich studiert und keinerlei Anzeichen von Krankheit und Schwäche registriert. Es hat also keinen Sinn, ständig darüber nachzudenken. Aber ich muss darüber nachdenken, denn ich kann im Dunkeln nicht weitersuchen. Hingegen kann ich im Dunkeln wiederum nicht schlafen, weil ich nicht weitersuchen kann. Die Erde dreht sich eine Nacht lang hundertfach schneller als gewöhnlich.

Vollkommen übermüdet und mit überreizten Sinnen mache ich mich am Morgen auf den Weg, sobald ein Silberstreifen über dem Buschland den neuen Tag ankündigt. Ich fahre ziellos am Zaun entlang. Warum ich so unüberlegt handle, das weiß ich selbst nicht. Schließlich gehe ich in die Anlage und robbe in die Büsche.

»Nein! Das darf nicht wahr sein!« Wenn es Situationen gibt, in denen einem tatsächlich die Augen ausfallen können, dann ist das zweifelsohne eine solche. Ich treffe auf fünf Geparden, darunter quietschvergnügt den Philosophen. Ich könnte heulen vor Glück, auch wenn ich zornig bin darüber, was er mir angetan hat. Es ist egal. Ohnehin würde er meine Emotionen nicht verstehen. Der Philosoph hatte gestern einfach keine Lust auf Antilope. Er ist eben auch nur eine Katze.

Dennoch macht mir dieses Erlebnis klar, dass ich keine Zeit mehr verlieren kann. Die Aggressionen im Gehege überschreiten das Maß des Vertretbaren. Ich muss handeln, eher heute als morgen. Die Auswilderung der Geparden ist in greifbare Nähe gerückt. Wir bereiten den Transport vor, wobei wir mit einigen logistischen Schwierigkeiten zu kämpfen haben.

Es ist nicht einfach, vom Busch aus zu organisieren, weil die Kommunikationsmöglichkeiten stark eingeschränkt sind. Schlussendlich kommen wir aber ganz gut voran. Rund 25 Kilometer südlich unserer Farm gibt es eine Buschpiste, wo ein zweimotoriger Sechssitzer starten und landen kann. Einige Dutzend Mal bin ich diese Strecke gefahren. Nicht genug, wir simulieren zweimal den Transport der Geparden dorthin. Das dürfte kein Problem sein.

Inzwischen hat Rolf seinen Freund Hartmut in Swakopmund über die aktuelle Entwicklung informiert. Hartmut ist Tierarzt. Er war jahrelang im namibischen Naturschutz tätig und ist, was den Transport von Wildtieren angeht, äußerst erfahren. Wir sind bereit, Hartmut kann mit dem Piloten aus Windhoek kommen. Alle weiteren Vorbereitungen wollen wir gemeinsam treffen, sobald die beiden bei uns sind.

Noch drei Tage. Ich habe eine Entscheidung getroffen. Für den einen Moment bin ich glücklich darüber, im nächsten Augenblick quälen mich schlimme Zweifel. Ganz klar – ich habe Angst, Angst, dass irgendeine Kleinigkeit schief geht, die all unsere Bemühungen zunichte macht.

Die Entscheidung, zu der ich mich durchgerungen habe, ist die einzig logische: Kleopatra und Zeus sind die ersten Kandidaten für ein neues Leben in Freiheit. Zeus ist noch jung und stark. Außerdem ist er voller Aggression. Je länger ich ihn beobachte, umso überzeugter bin ich, dass der Grund dafür sein ungestümer Freiheitsdrang ist. Warum soll ich warten, bis er eines Tages einem weiteren Kollegen im Gehege den Garaus macht, wo er doch in der Wildnis viel besser aufgehoben ist. Und Kleopatra hat ein erstaunliches Durchsetzungsvermögen. Im Club der vier Männchen behauptet sie sich hervorragend. Allmorgendlich ist sie die Erste, die zum Kontrollgang durch das Areal aufbricht. Sie soll bald die Chance haben, dasselbe in Freiheit zu tun.

Mit meiner Auswahl hoffe ich auch die Gruppendynamik innerhalb des umzäunten Gebietes positiv zu beeinflussen. Alice und Emma könnten sich mit den drei anderen Männchen zu einer lockeren Gruppe zusammenschließen. Ich werde sehen, wie es weitergeht. Jedenfalls werde ich alles tun, um die Aggression unter den zurückbleibenden Geparden zu dämpfen.

Noch zwei Tage bis zum Transport – Vernet und Paul vom Erindi-Wildreservat versprechen uns, vor unserer Ankunft auf der Landepiste mit zwei Geländewagen bereitzustehen. Das ist wichtig. Wir dürfen keinerlei Zeit vergeuden. Schließlich wollen wir die Geparden für den Transport nicht unnötig lange schlafen lassen, um ihren Kreislauf nicht über Gebühr zu belasten.

Mittlerweile bin ich zweimal am Tag für einige Stunden im Gehege. Ob Zeus und Kleopatra etwas ahnen?

Heute werden die Geparden zum letzten Mal vor der Auswilderung gefüttert, denn mindestens 24 Stunden vor der Betäubung sollten sie nichts mehr gefressen haben. Da mein Entschluss unumstößlich ist, möchte ich jeglichem Risiko, dass die Tiere sich jetzt noch verletzen, aus dem Weg gehen. Deshalb lege ich keine ganze Beute aus, sondern füttere Fleischstückchen, die ich so verteile, dass die Geparden möglichst keinen Grund haben, sich in die Haare zu bekommen. Ich sitze wie damals, als ich die Geparden zum allerersten Mal traf und ins Herz schloss, unter ihnen, beobachte und zeichne. Die künstlerische Auseinandersetzung mit der Angst, die ich nicht mehr abschütteln kann, hilft mir sehr, die letzten Tage einigermaßen zu überstehen. Bisweilen denke ich an die konfusen Gepardenporträts, welche ich unentwegt ineinander malte, bevor ich nach Sambia aufbrach. Jetzt sind es allesamt die Gesichter meiner Geparden aus der Serengeti, die mich anfeuern und mir alle erdenklichen guten Wünsche zukommen lassen, die ich für meine Mission benötige.

Es wird dunkel. Wieder scheint ein Tag geschafft. Ich fahre zum Tor des Geheges. Rund zwanzig Meter davor ist eine kleine Wasserstelle. Emma und Alice trinken. Ich kann in der einsetzenden Dunkelheit gerade noch ihre Gestalten erkennen. »Schade, vor knapp einem Jahr dachte ich noch, Emma sei die erste Kandidatin für die Freiheit«, kommt es mir in den Sinn. Ich schalte die ratternde Kiste aus und erinnere mich an damals. Doch der Rest der Gepardengang beendet meine gedankliche Rückblende abrupt. Sie fallen regelrecht hinterrücks über die zwei Gepardinnen her. Hilflos muss ich zusehen und kann nicht eingreifen. Sie kommen mir vor wie böse Geister, die willkürlich um sich schlagen und aufeinander eindreschen. Es tut einfach nur weh. Mir bleibt lediglich die vage Hoffnung, dass im letzten Moment nicht doch noch etwas Schlimmes passiert. Soweit ich es nachvollziehen kann, flüchten Emma und Alice schließlich in die Nacht. Die anderen Geparden sind von jetzt an wieder friedlich und verziehen sich. Ich fühle mich schrecklich allein mit meinen Sorgen.

Im Camp sprechen wir zum x-ten Mal die Vorbereitung und Durchführung des Transports durch. Jedes Mal kommen neue Aspekte hinzu.

Am Morgen kann ich es mir nicht verkneifen, noch ein letztes Mal unter den Geparden zu weilen. Die anderen auf der Farm müssen mich schon für total verrückt halten. Auffallenderweise treffe ich die Fünfer-Crew am Spielbaum. Sie sind gut aufgelegt. Das kann nicht schaden. Ich robbe ein wenig dahin und dorthin und frage mich, weshalb ich das tue. Aber warum muss hinter allem ein Sinn stehen? Ich lenke mich jedenfalls ab. Solange ich bei den Geparden bin, habe ich alles im Griff. Doch ehrlich gesagt schäme ich mich ein wenig bei dem Gedanken, dass ich die Geparden heute Abend in das kleine Vorgehege locke, indem ich ihnen vorgaukle, sie zu füttern. Am liebsten würde ich allein die zwei Kandidaten für die Auswilderung dort isolieren, aber das wird kaum gelingen. In ihrem Heißhunger werden sie unkontrolliert durch die Falltür huschen, und wenn wir sie dann nicht eingesperrt haben, eben so unkontrolliert das Vorgehege verlassen. Wir haben oft über Alternativen nachgedacht. Unser Tierarzt Hartmut muss sich bis auf zwanzig Meter nähern, um den Betäubungsschuss sicher anbringen zu können. In dem großen Gehegeteil hat er keine Chance, an die Auswilderungskandidaten heranzukommen.

»Sieben Geparden auf einer Fläche von höchstens zwanzig mal zehn Metern, und das eine ganze Nacht lang!« Bei diesem Gedanken drehe ich fast durch. Vor meinem inneren Auge sehe ich tote Geparden im Käfig liegen, und es gelingt mir allenfalls mit Mühe, diese schrecklichen Bilder aus meinen Gedanken zu verbannen. Es wird Zeit, die Geparden zu verlassen.

Der Nachmittag im Camp ist ein Warten auf den Abend. Jeder ist mit sich beschäftigt. Wir sprechen nicht viel. Rolf fährt zur Flugpiste, um Hartmut abzuholen. Meine Aufgabe ist es, die Geparden anzulocken. Dass sie möglicherweise gar nicht an das Tor in das Vorgehege kommen, daran habe ich überhaupt noch nicht gedacht.

»Schau, dass ihr vor Einbruch der Dunkelheit da seid«, gebe ich Rolf mit auf den Weg. Ich will Hartmut auf jeden Fall noch heute unsere beiden Kandidaten vorstellen. Ausgerechnet Emma und Alice sind am Abend die ersten zwei, die sich von dem vermeintlichen Futter täuschen lassen und durch die Falltür schlüpfen. Die anderen folgen kurz danach und huschen in ihrer Gier nach Futter so eilends durch die Öffnung in das Vorgehege, dass ich nicht den Hauch einer Chance habe, Zeus und Kleopatra von den anderen zu isolieren. Mir bleibt nichts anderes übrig, als alle einzusperren. Emma und Alice sind am vorderen Tor, die fünf anderen mit größtmöglichsten Abstand gegenüber. Sooft ich von außen zu nahe an das Tor trete, stürzt eine der beiden Gepardinnen auf mich zu. Allein der Zaun ist im Weg. Die Tatze schrammt über den Draht, aber die Nerven aller – inklusive meine – sind zum Zerreißen gespannt.

»Spart euch lieber eure Kraft auf, um euch gegen eure Mitgefangenen verteidigen zu können«, denke ich mir und versuche gurrend, die außer Rand und Band geratenen Gepardinnen zu beruhigen. In der Tat werden Emma und Alice erhebliche Vitalität benötigen, um ihr Fell unbeschadet zu halten. Immer wieder stattet ihnen nämlich Zeus einen unliebsamen Besuch ab. Das habe ich befürchtet, hoffte indes, es würde eben nicht so kommen. Fast hat es den Anschein, als wolle Zeus die beiden Damen zum Abschluss noch einmal nach Lust und Laune verprügeln. Er haut mit Macht auf die Gepardinnen ein, die sich, obgleich zu zweit, nur schwerlich verteidigen können. Zuweilen kommt ihnen Miesepeter zu Hilfe. Das lässt für die Zukunft hoffen. Doch die nächste Zukunft findet hier auf diesen wenigen umzäunten Quadratmetern statt. Die Nacht wird ein Horrortrip ohnegleichen.

Ich bin froh, als Hartmut rechtzeitig eintrifft und in der Dämmerung noch einen Blick auf die Meute werfen kann. Im Großen und Ganzen ist er zufrieden. Ich komme mit Hartmut gut klar, außer dass er meine Angst um die Geparden ins Unermessliche treibt. Er erzählt von einem Fall, als er einen Geparden in einem Gehege betäuben sollte. Zunächst verlief alles nach Plan, aber die Tiere waren ähnlich aggressiv wie die unsrigen. Sobald die betäubte Raubkatze begann, zu taumeln und Schwäche zu zeigen, fielen die Artgenossen über das nunmehr wehrlose Tier her und töteten es binnen weniger Augenblicke.

Na prima, eine bessere Gutenachtgeschichte hätte dem guten Hartmut nicht einfallen können. Ich weiß nicht, wie oft ich in den kommenden Stunden am Tor des Geheges stehe, um die Gepardinnen mit Gurren und Fauchen und was weiß ich allem vor Zeus in Schutz zu nehmen. Kaum bin ich im Zelt zurück, wird es wieder laut im Gehege, und die grauenhaften Bilder kehren in meine Gedankenwelt zurück. Irgendwie bringe ich auch diese Nacht hinter mich.

Am Morgen, weit vor dem ersten Licht, sitzen wir am Lagerfeuer und schlürfen eine Tasse Tee. Noch einmal, ein letztes Mal, planen wir den Tag, und zwar bis in das allerletzte Detail. Dann schießt Hartmut sein Gewehr ein. Nach dem vierten oder fünften Schuss ist er zufrieden. Nun gibt es nichts mehr, was uns davon abhalten könnte zu starten. Mit dem Pick-up fahren wir rückwärts an das Gehege heran. Ich habe die Ladefläche sorgsam mit Teppichen ausgelegt, damit die Katzen später möglichst weich und erschütterungsfrei liegen. Die Auswilderung kann beginnen.

Solange Hartmut die Betäubungsmittelmunition vorbereitet, versuche ich die aufgebrachten Geparden zu beruhigen. Es brodelt in dem viel zu kleinen Gehege. Emma und Alice sind außer sich. Die Armen haben mit mir etwas gemeinsam: Sie haben wohl die ganze Nacht kein Auge zugetan. Obgleich sie ziemlich müde aussehen, demonstrieren sie ihre Wut auf das Heftigste. Ich muss mein ganzes Repertoire an Beruhigungslauten zum Besten geben, ehe einigermaßen Stille einkehrt. Dabei bin ich wahrscheinlich der Aufgeregteste, zumal mir andauernd alle nur erdenklichen schrecklichen Dinge durch den Kopf gehen, die geschehen könnten. Ich muss aussehen wie ein Zombie. Gott sei Dank gibt es hier weit und breit keinen Spiegel. Die schlaflosen Nächte und die Sorgenfalten, die sich tief in mein Gesicht gruben, lassen Schlimmes erahnen.

Meine Blicke wandern von Gepard zu Gepard. Ausführlich mustere ich jedes Tier. Keiner scheint sich in der Nacht verletzt zu haben – welch ein Glück. Als Hartmut mit dem Betäubungsgewehr ans Tor tritt, wird es wieder hektisch. Es hat keinen Sinn, die Geparden zu beruhigen. Längst spüren sie, dass etwas Größeres im Gange ist.

»Lass es uns schnell hinter uns bringen«, denke ich mir, aber natürlich ist es die Entscheidung von Hartmut. Er ist der Akteur, und sein Schuss muss sitzen. Nochmals zeige ich dem Tierarzt die beiden Geparden. Hernach sind wir beide für uns. Vorsichtig schiebt Hartmut den Gewehrlauf durch den Zaun. Kalt schrammt der Stahl über die Drahtmaschen. Das Geräusch verursacht unweigerlich Gänsehaut. Die Gewehrmündung wandert hin und her. Hartmut räuspert sich. Ich glaube, er flucht. So genau höre ich es nicht, weil ich vollkommen paralysiert auf die Raubkatzen glotze, die wie von Sinnen am Zaun hin und her hasten und sich andauernd gegenseitig verdecken.

»Verflucht, jetzt bleibt doch mal stehen«, schimpft Hartmut. Die Ungeduld steht ihm inzwischen ins Gesicht geschrieben. Das kann gefährlich werden. Ich sage lieber nichts.

Endlich: Plopp – dumpf schießt die Ampulle aus dem Gewehrlauf. Zeus macht einen gewaltigen Bocksprung. Der Schuss sitzt, allerdings zu tief am Hinterbein.

»Na, wo habe ich dich denn getroffen?«, scherzt Hartmut, aber er hätte genauso gut »Scheiße« brüllen können. Trotzdem, seine gelassene Routiniertheit verfehlt nicht ihre beruhigende Wirkung auf mich. Freilich bleibt abzuwarten, wie Zeus auf das Betäubungsmittel anspricht. Vorerst passiert nichts, was in unserem Sinne ist, denn wir müssen Kleopatra betäuben, bevor Zeus Schwäche zeigt oder gar vorzeitig zusammenbricht.

In Windeseile lädt Hartmut nach. Mir dauert es trotzdem zu lange. Ich vergesse zu atmen. Sooft sich ein geträumtes Horrorbild aus der vergangenen Nacht greifbar in mein Gedächtnis schiebt, tue ich irgendetwas, was sich als lebenswichtig für die beiden Auswilderungskandidaten erweisen könnte. Dementsprechend lauere ich mittlerweile am Tor. Der Schlüssel steckt vorsorglich im Schloss. Für den Fall, dass die Geparden das betäubte Tier attackieren, habe ich mir fest vorgenommen einzugreifen, und zwar ohne

Rücksicht auf die Folgen für mich. Das ist ein Teil meiner Verantwortung für die Geparden.

Zeus wankt und strauchelt, aber er fällt nicht. Sein Wille ist ungebrochen: »Bloß nicht aufgeben.« Seine Augen sind weit aufgerissen. Jetzt werde ich richtig nervös. Hartmut muss endlich Kleopatra betäuben. Das weiß er selbst. Freilich ist es leichter gesagt als getan. Kleopatra kommt immer wieder im Pulk mit den anderen Geparden wütend auf uns zu. Die Ampulle muss den Schenkel des Hinterlaufs erwischen, was in dem Gewirr schwierig ist. Zusehends wird die Lage angespannter.

Glücklicherweise ist mittlerweile Otto hinzugekommen. Aufgeregt gebe ich ihm Zeichen: Er hat eine letzte wichtige Aufgabe. Sobald die beiden Geparden einknicken, muss er flugs Fleischstücke in das große Gehege werfen und die Luke dorthin für die verbleibenden Geparden öffnen. Wenn sie dann draußen sind, wird er das Tor schließen, damit wir sofort an die betäubten Tiere herankönnen.

»Ach, das klingt alles so perfekt«, schwanke ich zwischen Zuversicht und Zweifel. Nach dem Motto »Jetzt oder nie« löst Hartmut den Schuss. Er trifft Kleopatra denkbar ungünstig schräg von hinten. Sie zuckt unter dem Schmerz zusammen. Aber mehr – der Schuss war auf etwas zu kurze Distanz und notgedrungen aus einem ungünstigen Winkel. Deshalb ist die Verletzung größer als bei Zeus, der zwischenzeitlich immer öfter stolpert. Kleopatra blutet ziemlich heftig. Das hätte besser nicht passieren sollen. Letztlich müssen wir versuchen, das Beste daraus zu machen.

Mir zittern die Hände. Mit der einen Hand bin ich schon am Schloss des Tores. Mit der anderen spiele ich am Schlüssel. Zeus liegt endlich benommen am Boden. Für ihn interessiert sich glücklicherweise niemand. Stattdessen lenkt Kleopatra alle Aufmerksamkeit auf sich. Ruhelos streift sie durch das Gehege, so gut sie es eben noch kann. Freilich verliert sie von Augenblick zu Augenblick mehr die Kontrolle über sich. Sämtliche Geparden folgen ihr auf dem Fuß. Sie beschnüffeln die Wunde. Kleopatra weiß, was die

Stunde geschlagen hat. Sie ist in höchster Gefahr. Immer wieder fährt sie fuchsteufelswild herum und versucht die Angreifer abzuwehren. Anfänglich gelingt das nicht schlecht. Je mehr das Betäubungsmittel wirkt, desto verzweifelter schlägt sie um sich. Zuweilen knickt sie ein. Das ist das ultimative Zeichen.

»Falltor auf! Füttern!«, schreien wir Otto an. Der schafft es gerade so, das Tor am Draht hochzuziehen. Miesepeter und der Philosoph haben Kleopatra just böse in der Mangel. Ich schlage mit der Hand an den Drahtverhau und fauche.

»Verdammt noch mal – schau, dass die Geparden dich bemerken«, fahren wir den armen Otto an, denn die Meute ist so konfus, dass sie zunächst den Zugang zum Futter gar nicht findet.

Endlich, die erste Raubkatze hat die Fleischstückchen gewittert und wirft sich mit einem lauten Knurren auf die Beute. Das macht die anderen glücklicherweise neugierig. Einer nach dem anderen wendet sich von Kleopatra ab und entschwindet in den großen Gehegeteil. Es wurde höchste Zeit, Kleopatra hätte sich nicht mehr aus eigener Kraft verteidigen können.

Mir fällt ein Stein vom Herzen. Ich habe jedes Gefühl für die Zeit verloren, aber es kommt mir vor, als dauere alles eine qualvolle Ewigkeit. Wir lassen das Tor der Luke fallen. Noch bevor es sich schließt, betrete ich das Gehege. Zeus ist noch nicht ganz ohne Bewusstsein. Er hat nur einen Teil der Dosis abbekommen. Er wehrt sich, indem er bösartig brummt und versucht, mit den Tatzen nach uns zu schlagen. Doch heraus kommt nur ein müdes Zucken. Dennoch injiziert Hartmut noch ein wenig mehr des Betäubungsmittels. Schließlich schläft der Gepard fest. Vorsichtig heben wir den Kerl auf den Geländewagen. Er ist ganz schön schwer. Als wir zu Kleopatra zurückkehren, ist sie schon weit ins Reich der Träume entrückt. Die Geparden liegen auf der Ladefläche des Pick-ups und strahlen eine friedliche Ruhe aus, die ich für mich nicht im Geringsten beanspruchen kann. Gewiss, ein erster Stein ist aus dem Weg geräumt. Ich bin froh. Es hätte böse ausgehen können.

Während Hartmut notwendige Untersuchungen durchführt,

streiche ich über das Fell der Tiere. Meine Finger spielen mit ihren Nackenhaaren, und ich stelle mir vor, was die Geparden wohl empfinden, wenn sie später in ihrer neuen Heimat aufwachen. Doch ich kann mich bei diesen Überlegungen nicht aufhalten. Ich muss den Geparden die Halsbänder mit den Sendern anlegen. Das nimmt einige Zeit in Anspruch.

»Die beiden sind okay«, gibt Hartmut zu verstehen, nachdem der letzte Test abgeschlossen ist. Jetzt sind wir bereit für den Aufbruch.

Ich will nichts dem Zufall überlassen. Deshalb fahre ich das Auto selbst. Mehr als dreißig Kilometer pro Stunde sind nicht möglich. Hartmut bewacht die Katzen hinten auf der Ladefläche. Er lässt sie keine Sekunde aus den Augen. Das ist mir auch wichtig.

Der Zeitplan ist auf die Minute perfekt. Wir treffen am Flugzeug in Otavi ein. Der Pilot hat alles vorbereitet. Keine fünf Minuten später liegen die Geparden in der Maschine. Die Sitze sind ausgebaut, so dass wir die schlafenden Tiere flach und ausgestreckt zurechtrücken können.

Leider ist die Piste im Busch zu schmal. Wir müssen den Flieger mit Muskelkraft in die Startposition rücken. Auch das meistern wir in Rekordzeit.

»Fertig für den Start?«, fragt der Pilot.

»Alles in bester Ordnung«, geben wir Bescheid, nachdem wir ein allerletztes Mal die Lage der Geparden überprüft und unsere Sitzgurte geschlossen haben.

Jack – so heißt der Pilot – bringt den rechten Propeller auf Touren und gleich darauf den linken. Ich kenne den Vorgang zur Genüge und schenke den Handgriffen des Manns im Cockpit keinerlei Beachtung. Stattdessen richte ich mich lieber in aller Ruhe so ein, dass ich Zeus und Kleopatra während des Fluges ganz in meiner Nähe habe. Die beiden gähnen bisweilen im Schlaf oder schniefen. Hartmut checkt den Herzschlag. Mit dem Daumen nach oben verkündet er seine Zufriedenheit.

Der Pilot ist weniger glücklich. Aus irgendwelchen Gründen sind die Propeller ausgegangen. Jack versucht die Maschine wieder hochzufahren. Das Flugzeug stottert willenlos vor sich hin. Die Propeller drehen sich vielleicht einige Dutzend Mal. Je häufiger Jack es versucht, umso weniger drehen sich die Dinger, die wir nun mal brauchen, um in die Luft zu kommen.

Inzwischen jault der Motor nur noch gequält, wenn Jack Anstalten macht, seinen Vogel anzuschmeißen. Hartmut sagt kein Wort. Indes schaut er mich an, und das reicht dann auch. Bislang kam noch kein Wort aus dem Cockpit. Das ändert sich bald. Jack stößt wüsteste Flüche aus. Ich schließe mich diesem Reigen der Kraftwörter an, wenn auch in aller Stille.

Bisher hat alles so gut geklappt. Nun liegen die Geparden hier, exakt so betäubt, dass sie bald nach der Ankunft erwachen und der Kreislauf geringstmöglich belastet ist. Der Transport auf dem Landweg wäre ein Risiko, das wir nicht eingehen können. Wenn das Flugzeug ausfällt, können wir die ganze Aktion abbrechen.

»Verdammtes Scheißding, geh endlich an!«, schreit alles in mir. Der Pilot gibt solcherlei ungehemmt zum Besten, wohingegen die Maschine dazu unbeirrt schweigt.

Jack öffnet unwirsch die Fenster. Er ist schweißgebadet. Seine Finger spielen noch immer mit sämtlichen Knöpfen. Hartmut bläst missmutig die Backen auf. Ich bekomme fast keine Luft mehr. Lieber möchte ich sterben, als die Geparden wieder in das Gehege zurückzubringen. Langsam wird mir alles egal. Die unerträgliche Hitze tut ihr Übriges.

Die Propeller laufen. Weiß der Teufel, warum. Aber nachdem Jack in aller Verzweiflung fünf Minuten lang seinen Schädel an den Instrumenten anlehnte, hat er es wieder versucht und dabei so gotterbärmlich grässliche Flüche von sich gegeben, dass dem Flugzeug angst und bange wurde und es sich entschloss, doch besser anzuspringen.

Wir heben ab. Jack ist ein durch und durch übler Pilot, wie wir feststellen müssen. Einmal müssen wir die Geparden sogar festhalten, weil der Flieger dermaßen in Schräglage gerät, dass sie beinahe aufeinander rutschen. Hartmut zieht nur noch verwundert die Augenbrauen hoch. Gottlob schlafen die Geparden fest. Sie würden sich unentwegt übergeben.

Entgegen unserer schlimmsten Befürchtungen verläuft die Landung gut. Im Erindi-Wildreservat angelangt, klappt dann alles besser. Vernet erwartet uns wie vereinbart mit einigen Helfern und zwei Geländewagen direkt am Flugfeld. Wir laden die Katzen vorsichtig aus und fahren zu dem vorab ausgewählten Wasserloch. Als wir Kleopatra und Zeus dort von der Ladefläche hieven, kehren langsam, aber sicher deren Sinne zurück. Sie brummen verärgert und fuchteln schlaftrunken mit den Vordertatzen. Doch noch sind sie nicht in der Lage, uns gefährlich zu werden.

Behutsam betten wir die beiden Katzen in den Schatten unter einem Busch. Unter einem zweiten Busch zehn Meter entfernt arrangieren wir einen Springbock, der frisch geschossen wurde. Die Raubkatzen haben seit fast zwei Tagen keinen Bissen gefressen. Sie sollen sich noch einmal stärken, bevor sie ihren neuen Lebensraum erkunden. Zugleich testen wir die Sendehalsbänder. Wir überprüfen die Frequenzen der einzelnen Sender, damit wir die Tiere später im dichten Busch finden und auch voneinander unterscheiden können. Glücklicherweise gibt es mit der Technik keine Probleme. Vernet und ihre Helfer fahren weg, während Rolf, der die ganze Aktion mit seiner Filmkamera festhielt, und Hartmut einen schattigen Platz suchen, von dem aus wir die Geparden bis zum Sonnenuntergang überwachen können.

Seit wir vom Gehege aufgebrochen sind, sind gerade einmal vier Stunden ins Land gezogen. Trotz der Panne mit dem Flugzeug haben wir unseren Zeitplan nicht wesentlich überschritten. Nun bin ich endlich mit den Geparden allein. Vorerst kann nichts mehr schief gehen. Ich hätte gute Lust, alle Anspannungen einfach herauszuschreien, aber dazu bin ich viel zu erschöpft. Die Kraft reicht schwerlich aus, mich zu freuen. Mir geht es nicht anders als den beiden Geparden. Sie liegen reglos da. Manchmal heben sie mühsam den Kopf und blinzeln in die weite Welt, die sie in ihrem Zustand gewiss nicht verstehen. Trotzdem ist es anstrengend genug.

Der Kopf plumpst auf die Erde zurück. Für eine Weile war es genug der Strapaze. Je höher die Sonne steigt, desto kleiner wird der Schatten des Busches. Ich versuche die Geparden ein wenig umzubetten. Freilich muss ich aufpassen. Zumindest Zeus ist nicht Herr seiner Sinne. Die Zweige des Busches sind mit langen Dornen versehen. Wehe, die Geparden stolpern in diesem Zustand fehlender Kontrolle in das Gestrüpp. Es könnte böse Folgen für die Augen haben.

Kleopatra hingegen hat die geringere Dosis Schlafmittel abbekommen. Der Geruchssinn der Gepardin funktioniert schon wieder. Der Duft des Springbocks beherrscht ihr Verlangen. Unter Aufbietung all ihres Willens gelingt es ihr einen kurzen Moment, auf allen vieren zu stehen, doch beim ersten Schritt knickt sie ein. Wenn es so nicht geht, dann muss sie eben kriechen. Ich ziehe die Beute in den Schatten eines näher gelegenen kleinen Bäumchens, um ihr den Weg zu verkürzen. Es sollte wenigstens ein bisschen helfen. Die Gepardin kann sogar schon böse darüber sein. Sie robbt auf die Beute zu und faucht wütend. Die ganze Situation bringt sie dermaßen in Rage, dass sie beharrlich versucht, auf die Beine zu kommen. Hauptsache, der Springbock gehört am Ende ihr. Den gibt sie nicht mehr her. Sie scheut auch keine Mühe, das Fell aufzureißen und zu fressen.

Eine ganze Stunde vergeht, ehe Zeus sich an die Beute heranschleppt. Seine Vorderläufe funktionieren erstaunlich gut. Allerdings versagen die Hinterbeine des öfteren ihren Dienst. Er verliert immer wieder sein Gleichgewicht. Obendrein scheint er die Situation nicht zu verstehen. Sein Blick sagt nur eines aus: »Wo bin ich?« Unbeholfen taumelt er im Kreis um den Baum, denn auch er hat jetzt die Witterung des Springbocks aufgenommen. Die Raubkatze in ihm bricht durch. In seiner Erregung gelingt es ihm nicht, seine Beine zu koordinieren. Er gleitet aus und kommt gegenüber Kleopatra direkt am Mahl zu liegen.

Kleopatra und Zeus waren nun rund ein halbes Jahr auf engstem Raum zusammen. Nach allem, was ich beobachten konnte, haben sie sich mehr als gut verstanden. Mit einem Mal ist das vorbei. Kleopatra ist ein unliebsamer Gast – mehr noch, eine Konkurrentin. Zeus ist mürrisch. Zu mehr ist er für eine Weile nicht in der Lage. Aber dann kommt sein Gurren bedrohlich aus dem tiefsten Innern. Am liebsten würde er der Gepardin an den Kragen gehen. Kleopatra indes ist perplex. Ich sitze kaum fünf Meter neben den beiden, und aus dem Gesicht der Gepardin lese ich nur nacktes Entsetzen. Ein ums andere Mal versucht sie, einige Happen zu ergattern. Sie wirkt schüchtern.

»Hau bloß ab!«, Zeus hascht ruckartig nach der Rivalin. Um einen wirklichen Streit anzuzetteln, ist er auch nach mehreren Stunden nicht genug Herr seiner Sinne.

»Okay, okay«, lenkt Kleopatra ein. Ich bin froh, dass sie bereits genug gefressen hat. Die Katze weicht zurück. Sie steht auf und läuft verwirrt umher, wobei sie im näheren Umkreis bleibt. Unablässig hält sie inne und betrachtet ihren ehemaligen Gehegenachbarn: »Hey, wir sind doch Kumpel.« Zeus schert sich keineswegs um ihre Bemühungen um ihn. Je klarer seine Sinne werden, umso eifriger zerlegt er die Beute. Sobald die Gepardin aber in seinem Gesichtsfeld aufkreuzt, liest er ihr die Leviten. Aus und vorbei ist die Freundschaft.

Schließlich beleuchtet die Sonne die beiden mit ihrem farbigsten Licht. Es ist Abend. Nur wenige Minuten später verschwindet ein roter Feuerball hinter dem Horizont. Die Dämmerung bricht herein. Zeit, mich von den Geparden zu verabschieden. Es ist keineswegs sicher, ob ich sie im deckungsreichen Buschland wiederfinden werde. Die Funkhalsbänder haben im bergigen Buschland allenfalls eine Reichweite von rund einem Kilometer. Das ist bei der Weite Namibias beinahe nichts. Ich hoffe sehr, die Katzen mögen über Nacht hier in der Nähe bleiben. Aber nach alledem, was mich die Natur in den vergangenen Stunden gelehrt hat, kann ich mich darauf nicht verlassen. Insbesondere der Streit zwischen den beiden Kandidaten könnte schneller als erwartet für deren endgültige Trennung sorgen.

Ich sitze da und verfolge, wie sich die beiden Geparden in der rapide zunehmenden Dunkelheit auflösen. Schließlich starre ich nur noch ins Leere. In dieser Leere vermag ich mir zum ersten Mal bewusst zu machen, was heute eigentlich passiert ist. Es ist ein langer, langer Traum in Erfüllung gegangen. Ich habe ein großes Versprechen endlich einlösen können. Meine Emotionen gehen mit mir durch. Alles, was ich je mit Geparden zu tun hatte, rast in einem Film an mir vorüber. Alle Zweifel, die mich belasteten, fallen von mir ab. Ich bin einfach nur glücklich. »Tschüs, macht es gut«, hauche ich den Geparden zu, da wir zum Farmgebäude aufbrechen.

Im Geist war ich die ganze lange Nacht draußen im Busch. Zusammen mit Hartmut und Rolf mache ich mich vor Sonnenaufgang auf den Weg. Als wäre es die größte Selbstverständlichkeit, dass die Geparden noch am Wasserloch sind, fahren wir unaufmerksam und jeder in seinen Gedanken versunken dahin. Nicht lange, denn Hartmut tritt unversehens auf die Bremse. Ungläubig starren wir nach vorne. Keiner sagt etwas, obgleich wir alle im nächsten Augenblick den Geparden erkennen. Den Geparden? Es ist nicht irgendeiner. Es ist Kleopatra. Wir schätzen die Strecke bis zum Wasserloch, von wo aus sie gestartet ist, auf mindestens fünf bis sechs Kilometer. Dass sie so weit in der ersten Nacht wandert, hätten wir uns nicht in den kühnsten Träumen vorgestellt. Was ist passiert? Uns bleibt kaum Zeit, uns zu wundern. Die Gepardin verschwindet unauffindbar in die Büsche. Wir nehmen die Spuren auf der Sandpiste ins Visier. Es sind ohne Zweifel die Trittsiegel der Gepardin.

Aller Verblüffung zum Trotz fahren wir schleunigst zum Ort der Freilassung. Vielleicht erhalten wir dort Aufschluss über die Geschehnisse der letzten Nacht. Wir lassen das Gefährt in sicherer Entfernung stehen und nähern uns vorsichtig der Stelle. Falls Zeus in der Nähe ist, wollen wir ihn nicht aufschrecken.

Zeus ist nicht in der Nähe. Das ist durchaus nachvollziehbar. Ein anderer Umstand verwirrt uns aber gehörig. Da, wo gestern Abend noch die Reste des Springbocks lagen, ist nichts mehr, und zwar überhaupt nichts mehr. Kein noch so kleines Anzeichen zeugt von dem Gepardenmahl: kein Blut, kein Knochen, nicht einmal das Horn der Gazelle. Verwundert suchen wir in allen erdenklichen Richtungen zumindest nach Schleifspuren. Möglicherweise hat sich ja eine Hyäne über das Aas hergemacht. Auch darauf deutet nichts hin. Wir können uns auf all das keinen Reim machen. Wenigstens sind keine Zeichen eines Kampfes zu erkennen. Mehrfach gehen wir am Ufer des Wasserloches entlang. Vielleicht haben die Geparden getrunken und Spuren hinterlassen? Aber auch das bringt uns nicht weiter.

Stunde um Stunde fahren wir im Schritttempo durch wegloses Gelände. Ich sitze vorne auf der Motorhaube, damit mir auch nicht die geringste Bewegung weit und breit entgeht.

»Stop!« Just in dem Augenblick, in dem ich Rolf das Zeichen gebe, ist der kurze Auftritt von Zeus schon voll im Gange. Der Gepard kommt selbstsicher und elegant zwischen zwei Büschen hervor. Er bleibt für einige Sekunden stehen. Wache Blicke mustern uns. Damit hat er sich aber schon lange genug gezeigt. Er wendet sich ab und taucht in das nächste Dickicht ein. »Gott sei Dank, dem Geparden ist nichts zugestoßen!« Was in der Nacht stattfand, wird immer ein Rätsel bleiben.

Für etwa eine halbe Stunde verfolge ich den Geparden zu Fuß. Mitunter finde ich seine Spuren in einem Trockenfluss. Er zieht zügig nordostwärts, während Kleopatra bereits in der Nacht gen Südwesten wanderte. Die beiden Katzen wollen nichts mehr miteinander zu schaffen haben. Geparden sind eben Einzelgänger.

Am Nachmittag erhalte ich Funksignale von der Gepardin. Sie ist unweit der Stelle, wo wir sie am Morgen entdeckt haben. Zu Gesicht bekommen wir sie kein zweites Mal. Wahrscheinlich verdöst sie die heißeste Zeit des Tages unter irgendeinem Busch.

Wenn ich nicht suche, zeichne ich. Es sind fröhlich blickende Geparden, Geparden, die sich aber auch über die Freiheit wundern. Ich jedenfalls entdecke in ihrem Ausdruck etwas, das diese Freiheit spiegelt. Manchmal lege ich auch einfach Blatt und Zeichenstift zur

Seite und überlege mir, was die beiden Katzen wohl in diesem Augenblick so treiben. Haben sie schon gejagt? Das wäre zu schön, denn das ist die letzte und wichtigste Bewährungsprobe für meine beiden Zöglinge.

Meine weitere Suche bleibt allerdings erfolglos, und so bekommen meine gezeichneten Gepardengesichter zunehmend Sorgenfalten. Ich erhalte weder Funksignale, noch entdecke ich eine Spur. Trotzdem will ich sie finden, und zwar so sehr, dass all meine Gedanken nur noch um diesen einen Punkt kreisen. Wenn ich sie noch einmal gesehen habe, wenn ich weiß, sie haben mit Erfolg gejagt, dann – und nur dann – bin ich frei. Eine Woche bleibt mir, diese Freiheit zu erlangen. Hartmut ist längst abgereist. Für ihn ist die Auswilderung erfolgreich abgeschlossen.

Vom Boden aus suchen Rolf und ich die Nadel im Heuhaufen. Selbst der besten Telemetrie – das sind ein gutes Empfangsgerät, eine Antenne und Funkhalsbänder mit vollen Akkus – macht die Topographie des Geländes den Garaus. Die Hoffnung, aus der erhöhten Position eher ein Funksignal zu erhalten, lässt mich in der Folge zu einem passionierten Bergsteiger werden, aber auch diese Strategie bringt uns nicht weiter. Dennoch bleiben wir optimistisch und greifen zu moderneren Hilfsmitteln. Der Helikopter von Paul muss herhalten. Jeden Morgen fliege ich mit ihm das Wildreservat ab. Wir lassen keinen Winkel aus.

Der Helikopter ist offen, so dass ich die Antenne frei ausrichten kann. Allerdings ist das nicht so einfach, denn der Luftwiderstand ist gewaltig. Die Suche mit dem Helikopter wird mehr und mehr ein hartes Muskeltraining, noch dazu zunächst nicht mit dem geringsten Erfolg.

Es ist saukalt, als wir morgens starten. Ich packe mich dick ein, denn je höher wir steigen, umso unerträglicher wird es. Doch das Einzige, was mich wirklich wärmen könnte, wäre das Signal von einem der Tiere in meinem Kopfhörer – und das fehlt.

Inzwischen kenne ich das Gebiet einigermaßen gut. Demgemäß kann ich Paul auch in die gewünschte Richtung dirigieren. Freilich gerate ich manchmal durcheinander, denn ich hantiere mit zwei Kopfhörern – einem für die Geparden, dem anderen, um mit Paul zu sprechen, denn es ist so entsetzlich laut, dass man sich anders nicht verständigen kann.

Die Spitzen der Berge umspielt das erste Sonnenlicht. Es ist stets aufs Neue schön, von dort oben den Sonnenaufgang zu beobachten. Das sind die einzigen Momente, in denen ich nicht unglücklich bin, wenn nur Rauschen aus dem Kopfhörer dringt. Allerdings gestatte ich es mir nicht, den romantischen Anblick länger zu genießen. Ich bin einzig hier oben, um die Geparden zu finden. Bei Gelegenheit dreht Paul den Helikopter um die eigene Achse, damit ich mit der Antenne rundherum alle Areale erfassen kann. Sobald ich den Kopf schüttle, fliegt er weiter, ziehe ich die Augenbrauen hoch, wiederholt er das Manöver.

Wir schweben über Gebiete, die mit dem Auto beim besten Willen nicht erreichbar wären. Das Bergland ist viel zu zerklüftet und mit Felsbrocken übersät. Bisher sind wir hier noch nicht unterwegs gewesen, weil ich es mir einfach nicht vorstellen konnte, dass einer der Geparden in diesen unzugänglichen Teil des Reservats gewandert sein sollte.

Ich schalte den Empfänger auf die Funkfrequenz von Zeus. Im ersten Moment vermute ich, dass dadurch ein hohes Klicken im Kopfhörer entstanden ist. Aber nach dem zweiten Hinhören bin ich mir nicht mehr sicher. Weil mich Paul erwartungsvoll beobachtet, entgeht ihm mein Zaudern nicht. Aus eigenen Stücken fliegt er kleine Kreise.

Mist – was meine Ohren erreicht, ist kaum definierbar. Bekomme ich Zeus auf den Kopfhörer, oder ist es wieder nichts gewesen?

»Geh runter!«, brülle ich und zeige nach unten. Ich rücke den Kopfhörer für den Funkempfänger zurecht, damit mir der entscheidende Signalton nicht entgeht.

»Piep… Piep… Piep…«, säuselt es. Oh, welche Musik das in meinen Ohren ist. Unter mir tut sich eine faszinierende Welt auf.

Steil abfallendes Gelände wird von Büschen und kleinen Bäumen durchzogen. Die tiefen Schluchten hüllen sich in Schwarz und geben nichts von sich preis, schon gar nicht Zeus, der da unten irgendwo sein muss und dem der Krach des Helikopters wohl ordentlich auf den Geist geht.

Ich versuche, Paul in Zeichensprache in etwa das Gebiet zu beschreiben, von wo aus ich die eindeutigsten Pieptöne empfange. Er dreht und wendet die Kiste nach allen Regeln der Kunst. Sosehr wir auch nach einem geeigneten Landeplatz Ausschau halten, wir können keinen entdecken. Ich mache ein genervtes Gesicht, wohingegen Paul nur gequält mit den Schultern zuckt. Er hat halt keine Lust, seinen Helikopter in den nächsten Abgrund zu stürzen.

Wir müssen es aufgeben. Mit dem Gefühl, für einige Zeit in der Nähe von Zeus gewesen zu sein, muss ich vorlieb nehmen. Aber wir setzen unsere Suche dennoch fort, jetzt nach Kleopatra. Paul lenkt den ratternden Vogel in die Ebene. Ich bin nach wie vor überzeugt, dass Kleopatra die anfänglich eingeschlagene Wanderrichtung zumindest grob weiterverfolgt hat. Ich schalte den Funkempfänger auf ihre Frequenz. Konsequent arbeiten wir Quadratkilometer um Quadratkilometer ab. Es gibt tausend Zufälle, weshalb ich die Tage zuvor keine Funksignale empfangen habe, zumal ich stets zwischen beiden Frequenzen hin und her geschaltet habe.

Unsere Hartnäckigkeit siegt. Eine Stelle, die wir schon mindestens dreimal überflogen haben, bringt endlich das erlösende Piepen an meine Ohren! Noch dazu ist es außerordentlich gut zu hören. Mit erhobenem Daumen signalisiere ich Paul aufgeregt meine Entdeckung. Gerade noch kann ich verhindern, dass er im Feuereifer mit dem Helikopter nach unten geht. Die Gepardin würde nur davonlaufen. Ich muss mir die Stelle einprägen und dann schnellstmöglich auf dem Landweg anfahren.

»Wie sind die GPS-Daten?«, raunze ich in das Mikrofon.

Wild gestikulierend bedeutet mir Paul, dass er die Daten per Knopfdruck gespeichert hat.

»Nichts wie zurück«, feuere ich ihn kurzum an. Das ist möglicherweise meine letzte Chance, Kleopatra zu sehen. Zu wenig Zeit ist mir verblieben. Mir darf kein Fehler unterlaufen. Die Gruppen von Oryx und Springböcken, die das Buschland unter uns besiedeln, sind wunderschön anzusehen. Doch all das ist nichts gegen ein Wiedersehen mit meiner geliebten Kleopatra. Paul versteht das allzu gut. Außerdem fliegt er mit seinem Lieblingsspielzeug sowieso lieber am oberen Geschwindigkeitslimit.

Es vergehen keine zehn Minuten, bis der Helikopter bei der Farm aufsetzt. Ich befreie mich aus dem Gewirr von Sicherheitsgurten und springe heraus. Mich treibt es weg, nur weg von den ratternden Rotoren, hin zum Geländewagen. Wir haben Rolf bereits über Funk informiert, und er erwartet mich. Ich werfe die Geräte und die Antenne auf die Ladefläche des Autos, und los geht es.

Der arme Rolf bekommt meine ganze Begeisterung zu spüren. Er sitzt hinten auf der Ladefläche, während ich über die Piste presche. Ich habe nur eines im Sinn: innerhalb kürzester Zeit zu der Stelle zu gelangen, von der aus ich die Funksignale erhielt. Mitunter sind die Senken und Schlaglöcher äußerst heimtückisch und obendrein sehr tief. Auf dem Fahrersitz sind die Erschütterungen einigermaßen auszuhalten. Rolf hingegen schwebt regelmäßig für den Bruchteil einer Sekunde frei in der Luft, ehe er wieder aufschlägt. Er muss sich ganz schön viele blaue Flecken einhandeln. Jedenfalls flucht und schimpft er aufs Schlimmste, aber ich höre es kaum.

»Heiß, heiß, heißer«, sagt mir meine innere Stimme, und nicht nur das. Laut GPS sollten wir ganz in der Nähe sein. Komisch – von oben sah das Terrain offener aus. Hier unten fühle ich mich irgendwie hilflos. Wie sollen wir in diesem Gewirr von Büschen und Bäumen eine Gepardin finden? Für einige Augenblicke bin ich gelinde gesagt ratlos. Aber wir haben keine Zeit zu verlieren. Unverändert ist Eile geboten. Glücklicherweise haben wir ja auch noch das Funkhalsband. Ich halte an, erklimme den höchsten Punkt des Autos und stelle den Funkempfänger ein. In Zentimeterschritten drehe ich mich mit der Antenne in der Hand mehrfach um meine eigene Achse, um auch ja kein Signal zu überhören.

»Nichts, aber auch gar nichts.« Sollte ich mich in der Luft tatsächlich verhört haben? Nein, niemals.

»Vom Helikopter aus sind Signale verdammt weit zu hören Deshalb ist die über GPS festgelegte Stelle vielleicht nicht zuverlässig«, wirft Rolf ein. Wir besprechen uns und kommen zu dem Schluss, das Gebiet für die Suche nur großflächig einzuschränken, um dann die Kreise um die Gepardin enger zu ziehen. Das ist in der Theorie eine richtige Überlegung, die sich im namibischen Buschland hingegen nicht umsetzen lässt. Bereits nach kürzester Zeit müssen wir feststellen, dass wir mit dem Auto nicht weiterkommen, weil wir uns einen Platten einhandeln oder ganze Büsche roden müssten. Ich mache mich deshalb zu Fuß auf den Weg, verliere aber im Dickicht die Orientierung. Meine Gepardenrufe, die ich gelegentlich ausstoße, verhallen ungehört. Enttäuscht werfe ich erst einmal die Flinte ins Korn.

Gegen Mittag versuchen wir es erneut. Wir erklimmen innerhalb unseres Suchgebietes einen Felsenhügel. Der Aufstieg ist beschwerlich. Wir diskutieren über den Sinn und Unsinn unserer Aktion, aber zumindest der Blick von oben entschädigt uns. Eher aus Verzweiflung denn aus wirklicher Überzeugung setze ich den Kopfhörer auf, schalte den Empfänger ein und richte die Antenne nach und nach in alle Himmelsrichtungen. Es rauscht. Es rauscht ganz entsetzlich, weil ich die Lautstärke bis zum Anschlag aufdrehe. Es könnte ja sein, dass mir irgendein verdächtiger Ton entgeht. Mir stockt der Atem.

»Ein Signal!«, rufe ich aufgeregt, fast schreie ich. Das laute Rauschen verhindert die Kontrolle über meine Stimme, und Rolf starrt mich vollkommen entsetzt an. Ungläubig hantiere ich mit der Antenne. Das Piepen ist kaum wahrnehmbar, wird stärker und gleich darauf, als ich mich beginne abzuwenden, wieder schwächer. Ein ums andere Mal wiederhole ich das Ganze, so lange, bis ich die Richtung, in der die Gepardin sich befinden sollte, exakt bestimmen kann. »Mach jetzt bloß keinen Fehler«, denke ich unentwegt. Ein letztes Mal präge ich mir die Landschaft von oben ein. Ich weiß, wie sehr sich ihr Aussehen binnen weniger Schritte verändert, sobald ich in das unwegsame Buschland eintauche.

Wir sind uns nicht sicher, wie weit Kleopatra von uns entfernt ist. Deshalb kehren wir einstweilen zum Auto zurück, um auf vier Rädern weiterzusuchen. Der Motor stört. Er ist viel zu laut. Im Schritttempo taste ich mich auf einer sandigen Piste voran. Mein Blick schweift in die Ferne. Ich spüre, Kleopatra ist in der Nähe. Ich bin aufgeregt, schrecklich nervös, und in diesem Zustand hätte ich um ein Haar ein wichtiges Zeichen übersehen: eine Spur, nämlich die der Gepardin. Sekunden später beugen wir uns beide über die Trittsiegel, die dem Lauf der Piste folgen. Deutlich drücken sich die Ballen im losen Sand ab. Die Krallenabdrücke sind kaum noch auszumachen.

»Kleopatra ist vor kurzem hier vorbeigekommen«, stelle ich fest. Ich flüstere nur noch, weil ich mich von der Gepardin beobachtet fühle. Fast spüre ich ihren Hauch in meinem Nacken. Wir fahren weiter, noch behutsamer als vorher. Wir spähen so aufmerksam, als wollten wir die Büsche beiderseits der Piste mit unseren Blicken durchdringen. Immerhin wird wenig später das Land ein wenig offener. Das lässt mich hoffen.

»Was ist, wenn die Gepardin an irgendeiner Stelle im Schatten unter einem Busch liegt und wir sehen sie nicht?«, fällt es mir voller Entsetzen ein. Schließlich ist es heiß, und die Sonne brennt unbarmherzig vom nahezu wolkenlosen Himmel. Ich komme nicht dazu, mir diese Situation weiter auszumalen. Kleopatra steht am Wegesrand, fünfzig Meter vor uns. Vor Schreck würge ich den Motor ab, und dann stehen wir uns gegenüber. Mein Herz rast, und doch bin ich von der Situation so überfahren, dass ich mich im ersten Moment nicht einmal freuen kann. Vor lauter Aufregung fällt mir auch nichts ein, was ich der Gepardin auf »Gepardisch« mitteilen könnte.

»Dann eben nicht«, mag Kleopatra denken und verschwindet hinter einem Busch. Während ich mich noch über mich selbst ärgere, lege ich meine Knieschützer an. Sosehr ich mich auch anstrenge, die Gepardin sehe ich zunächst nicht noch einmal. Ich kann nur ahnen, wohin ihr Weg führt.

Vorsichtig schleiche ich die Piste entlang, bis zu dem Punkt, an dem Kleopatra stand. Ich betrachtete die Fußabdrücke, die sich deutlich abzeichnen. Vielleicht verfolgen mich gerade zwei wachsame Katzenaugen. Ich bin mir nicht sicher. Wohlweislich versuche ich, mit einem Gepardenruf auf mich aufmerksam zu machen und setze als Vierbeiner meinen Weg fort. Mühelos kann ich die Spuren der Raubkatze verfolgen. Sie hat sich alle Zeit der Welt gelassen. Wenn sie noch nicht all zu scheu geworden ist, sollte ich sie zu Gesicht bekommen. Vielleicht hat sie sogar noch einen Hauch Vertrauen in mich.

Und tatsächlich – meine Beteuerungen in Form von beruhigendem hohem Gurren verfehlen ihre Wirkung nicht. Kaum hundert Meter später hole ich sie ein. Sie liegt im Schatten eines Busches. Als sie mich sieht, macht sie keine Anstalten zu flüchten. Sie ruft, und ich antworte. Es ist faszinierend, obgleich ich in diesen Augenblicken gar nicht so genau weiß, was sie mir mitteilen möchte. Abermals ruft sie, und erneut folgt meine Antwort auf dem Fuß. Während wir uns in unserer Sprache unterhalten, krieche ich bedächtig näher. Sie lässt mich gewähren. Mir gelingt es, Kleopatra ausführlich zu betrachten. Sie sieht gut aus, so gut, dass ich sicher sein kann, sie hat bereits gejagt. Als mir das bewusst wird, kann ich mich wirklich freuen. Sie hat es geschafft! Ein Traum geht in Erfüllung. Am liebsten würde ich der Gepardin um den Hals fallen. Das kann ich natürlich nicht, aber trotzdem habe ich das Gefühl, dass wir uns tief innen sehr nah sind. Ich bin überrascht, wie dicht mich die Katze heranlässt, sie ist allenfalls fünf Meter entfernt. Einmal mehr ruft Kleopatra. Ich tue es ihr gleich. Vielleicht ist ein Zittern in meiner Stimme. Ich bin total aufgewühlt. Wie sooft entgleitet mir jegliches Gefühl für Zeit und Raum. Jedenfalls vermag ich die Situation nicht aufzulösen. Ich könnte ewig einfach daliegen und staunen.

Kleopatra erhebt sich. Ein letzter zögerlicher Blick. Sie ruft, geht ein paar Schritte und setzt dann unbeirrbar ihren Weg fort. Sie schaut nicht mehr, ganz im Gegensatz zu mir. Ich wende kein Auge ab. Kleopatra verschwindet hinter dem Busch. Zuerst raschelt es noch ganz sachte, aber dann ist sie nicht einmal mehr zu hören. Ein letzter Ruf von mir bleibt unbeantwortet, dabei war es der wichtigste: »Lebe wohl«, das ist das Mindeste, was ich der Gepardin wünschen will. Es bleibt keine Leere zurück. Das Leben in der Freiheit hat für die Gepardin gerade erst begonnen. Allein das Wissen darum ist für mich Belohnung genug.

Leider muss ich zwei Tage später nach Deutschland zurück. Vernet und Paul versprechen mir, nach den Geparden zu schauen. Fast auf den Tag genau vier Wochen nach der Auswilderung erhalte ich Nachricht aus Namibia. Paul hat Zeus entdeckt – der tatsächlich gerade ein kapitales Warzenschwein zur Strecke gebracht hat. Die letzte Phase der Jagd konnte Paul noch beobachten. Nur die geschicktesten Geparden wagen sich an ausgewachsene Warzenschweine heran, denn die sind schnell und äußerst wehrhaft. Zeus hat sich binnen kurzem außergewöhnlich gut eingelebt. Der Gepard ist ein guter Jäger geworden. Ich habe mich in meiner Einschätzung nicht geirrt. Die freudige Meldung war mir eine Flasche Champagner wert: »Hoch leben Zeus und Kleopatra! In Gedanken bin ich stets bei euch. Ich liebe Geparden!«

Danksagung

Es gibt Menschen, die würden an dieser Stelle tausend Worte verlieren. Das ist eine denkbare Möglichkeit. Ich sage einfach danke an meine Frau Monika, dass sie es mit mir noch immer aushält, und widme dieses Buch all denen, die keine Lust haben, Trübsal zu blasen, sondern stattdessen ihren Hintern heben, um die Zukunft zu gestalten.

Ein besonderer Dank geht natürlich an die Geparden. Ihr seid Klasse!

Einen dicken Kuss vom Gepardenmann.